电子信息科学与工程类专业规划教材

EDA 技术与 FPGA 应用设计
（第 2 版）

张文爱　张　博　主编

电子工业出版社

Publishing House of Electronics Industry

北京·BEIJING

内 容 简 介

本书主要内容包括 CPLD/FPGA 可编程逻辑器件介绍，可编程逻辑器件 EDA 开发软件使用，VHDL 硬件描述语言设计方法和 SOPC 应用，实验和设计实践 5 大部分。第一部分 CPLD/FPGA 可编程逻辑器件主要介绍可编程器件结构原理、设计流程、常用芯片特点及选用；第二部分重点介绍目前国内外常用 EDA 软件 isp Design EXPERT System、Quartus Ⅱ、ISE 开发流程及 ModelSim 仿真应用；第三部分重点讲述 VHDL 语言基础、描述方法及设计实例；第四部分主要介绍 DSP Builder、SOPC Builder、Nios Ⅱ 应用及实例；第五部分介绍实验及课程设计内容。

本书可作为高等学校电子信息类、电气信息类各专业的教材，也可作为电子工程设计技术人员的参考书。

未经许可，不得以任何方式复制或抄袭本书之部分或全部内容。
版权所有，侵权必究。

图书在版编目（CIP）数据

EDA 技术与 FPGA 应用设计/张文爱，张博主编. —2 版. —北京：电子工业出版社，2016.6
电子信息科学与工程类专业规划教材
ISBN 978-7-121-29022-0

Ⅰ．①E… Ⅱ．①张… ②张… Ⅲ．①电子电路-电路设计-计算机辅助设计-高等学校-教材 Ⅳ．①TN702

中国版本图书馆 CIP 数据核字(2016)第 128742 号

责任编辑：凌　毅
印　　刷：北京捷迅佳彩印刷有限公司
装　　订：北京捷迅佳彩印刷有限公司
出版发行：电子工业出版社
　　　　　北京市海淀区万寿路 173 信箱　邮编：100036
开　　本：787×1 092　1/16　印张：17.5　字数：448 千字
版　　次：2012 年 1 月第 1 版
　　　　　2016 年 6 月第 2 版
印　　次：2020 年 1 月第 5 次印刷
定　　价：39.80 元

凡所购买电子工业出版社图书有缺损问题，请向购买书店调换。 若书店售缺，请与本社发行部联系。
联系及邮购电话：(010)88254888，88258888。
质量投诉请发邮件至 zlts@phei.com.cn,盗版侵权举报请发邮件至 dbqq@phei.com.cn。
本书咨询联系方式：(010)88254528，lingyi@phei.com.cn。

第 2 版前言

随着集成电路技术和 EDA 技术的快速发展，数字系统设计方法不断演变，由原来单一的硬件逻辑设计发展成 3 个分支：硬件逻辑设计、软件逻辑设计、专用集成电路设计（ASIC）。基于可编程逻辑器件的 ASIC 设计成为数字系统设计的重要分支，有关可编程逻辑器件的开发与应用的课程成为电子信息类、电气信息类各专业的必修课程。

基于 PLD 的 EDA 技术主要包括可编程逻辑器件知识、EDA 开发软件、硬件描述语言、代表可编程器件最新发展的 SOPC、实验和设计实践 5 大部分。本书主要介绍 Lattice、Altera、Xilinx 公司的 CPLD、FPGA 系列器件，以及与其配套的 EDA 工具软件 isp Design EXPERT System、Quartus Ⅱ、ISE，硬件描述语言则介绍 IEEE 标准语言 VHDL。

本书共 12 章，第 1～2 章介绍可编程逻辑器件的发展演变、结构特点、产品系列等，侧重于根据需要选择适当器件；第 3 章主要介绍常用 EDA 开发工具的设计流程及仿真、验证的操作步骤；第 4～8 章详细介绍 VHDL 语言基础、语句结构、设计方法、设计实例、子程序结构、宏与 IP 核的应用等；第 9～10 章主要介绍最新可编程器件 SOPC 的应用实践；第 11～12 章为实验和设计环节。

本书在编写时，力求理论体系全面完整、实用性强，便于快速掌握；程序设计先介绍整体结构，再介绍语言细节、常用描述方法；针对学生易混淆的概念、易犯的错误及技术要点、难点，穿插适当的设计实例及相应的习题；所附设计实例都经过设计验证，可直接引用，为便于阅读，附加了有效的注释。建议**讲授课时 40～60 学时，实验课时 12～20 学时**。

本书由张文爱编写第 3、5 章，张博编写第 7、8 章，乔学工编写第 1 章，梁凤梅编写第 2 章，李鸿鹰编写第 4 章，冀小平编写第 6 章，阎高伟编写第 9 章，李瑞莲编写第 10 章，罗霄华编写第 11 章，李彦民编写第 12 章。全书最后由张文爱、张博修改定稿。

本书提供配套的电子课件和程序源代码，可登录华信教育资源网：www.hxedu.com.cn，注册后免费下载。

在本书第 2 版修订过程中，更新了 PLD 器件产品系列以及 EDA 开发软件的版本，增加了 ModelSim 仿真应用，对部分设计实例进行了删减。为方便实践环节的教学，补充了实验及设计章节。编写参阅了 Lattice、Altera、Xilinx、Mentor Graphics 等公司公开的技术资料，参考了许多相关的专著和教材，在此谨向相关公司和作者表示衷心的感谢。

由于编者水平有限，书中错漏和不足之处难免，殷切期望读者批评指正。

作者
2016 年 5 月

目　录

第 1 章　可编程逻辑器件概述 1
1.1　数字逻辑电路设计与 ASIC 技术 1
1.1.1　数字逻辑电路设计方法 1
1.1.2　ASIC 及其设计方法 1
1.2　PLD 概述 2
1.2.1　PLD 的发展 2
1.2.2　PLD 的分类 3
1.3　PLD 逻辑表示法 3
1.4　PLD 的设计与开发 5
1.4.1　PLD 的设计流程 5
1.4.2　PLD 的开发环境 7
1.4.3　IP 核复用技术 7
习题 1 8

第 2 章　大规模可编程逻辑器件 CPLD/FPGA 9
2.1　CPLD 结构与工作原理 9
2.1.1　Lattice 公司的 CPLD 器件系列 9
2.1.2　ispLSI 1016 的结构 10
2.1.3　ispLSI 系列器件的主要技术特性 14
2.1.4　ispLSI 器件的设计与编程 15
2.2　FPGA 内部结构与工作原理 16
2.3　CPLD/FPGA 产品概述 18
2.3.1　Altera 公司产品 18
2.3.2　Xilinx 公司产品 20
2.3.3　Lattice 公司产品 21
2.4　编程与配置 21
2.4.1　在系统可编程 ISP 21
2.4.2　配置 21
2.5　CPLD 与 FPGA 的比较和选用 23
习题 2 24

第 3 章　常用 EDA 软件 25
3.1　isp Design EXPERT System 编程软件 25
3.1.1　建立设计项目 25
3.1.2　原理图源文件输入 26
3.1.3　功能和时序仿真 29
3.1.4　器件适配 30
3.1.5　器件编程 31

         3.1.6　VHDL 源文件输入方法 33
　3.2　Quartus II 操作指南 35
         3.2.1　建立设计工程 35
         3.2.2　原理图源文件输入 37
         3.2.3　编译 40
         3.2.4　仿真验证 41
         3.2.5　器件编程 44
         3.2.6　VHDL 设计输入方法 46
　3.3　ISE 开发软件 47
         3.3.1　ISE 概述 47
         3.3.2　新建工程 48
         3.3.3　新建 VHDL 源文件 50
         3.3.4　波形仿真 53
         3.3.5　设计实现 56
         3.3.6　下载配置 59
　3.4　ModelSim 仿真软件 62
         3.4.1　ModelSim 与 VHDL 仿真概述 62
         3.4.2　ModelSim 仿真步骤 63
         3.4.3　VHDL 测试文件 67
　习题 3 71

第 4 章　VHDL 语言基础 72
　4.1　VHDL 语言的基本组成 72
         4.1.1　参数部分 73
         4.1.2　实体部分 74
         4.1.3　结构体部分 75
　4.2　VHDL 语言要素 78
         4.2.1　文字规则 78
         4.2.2　数据对象 80
         4.2.3　VHDL 中的数据类型 83
         4.2.4　VHDL 语言的运算符 88
         4.2.5　VHDL 的属性 92
　习题 4 93

第 5 章　VHDL 基本描述语句 95
　5.1　顺序语句 95
         5.1.1　顺序赋值语句 95
         5.1.2　IF 语句 99
         5.1.3　CASE 语句 102
         5.1.4　LOOP 语句 103
         5.1.5　NEXT 语句 105
         5.1.6　EXIT 语句 105
         5.1.7　WAIT 语句 106

		5.1.8 NULL 语句	107
5.2	并行语句		107
		5.2.1 并行信号赋值语句	107
		5.2.2 PROCESS 进程语句	109
		5.2.3 元件例化语句	113
		5.2.4 BLOCK 块语句	116
		5.2.5 GENERATE 生成语句	117
习题 5			118

第 6 章 子程序与程序包 124

6.1	子程序		124
		6.1.1 函数	124
		6.1.2 过程	126
6.2	程序包		128
		6.2.1 程序包定义	128
		6.2.2 程序包引用	129
		6.2.3 常用预定义程序包	129
习题 6			130

第 7 章 常用电路的 VHDL 描述 131

7.1	组合逻辑电路 VHDL 描述		131
		7.1.1 基本门电路	131
		7.1.2 编码器	133
		7.1.3 译码器	137
		7.1.4 数值比较器	138
		7.1.5 数据选择器	139
		7.1.6 算术运算	140
		7.1.7 三态门电路	141
		7.1.8 双向端口设计	142
7.2	时序逻辑电路 VHDL 描述		143
		7.2.1 触发器	144
		7.2.2 计数器	147
		7.2.3 移位寄存器	150
		7.2.4 状态机	152
7.3	存储器设计		155
		7.3.1 ROM 存储器设计	156
		7.3.2 RAM 存储器设计	157
习题 7			158

第 8 章 宏功能模块与 IP 核应用 163

8.1	LPM_RAM		163
		8.1.1 LPM_RAM 宏模块定制	163
		8.1.2 工程编译	166
		8.1.3 仿真验证	167

	8.1.4 查看 RTL 原理图	172
	8.1.5 LPM_RAM 应用	173
8.2	LPM_ROM 宏模块	174
	8.2.1 建立初始化数据文件	174
	8.2.2 LPM_ROM 宏模块配置	176
	8.2.3 仿真验证	179
	8.2.4 LPM_ROM 模块调用	181
8.3	时钟锁相环宏模块	182
	8.3.1 LPM_PLL 宏模块配置	182
	8.3.2 PLL 模块调用	187
	8.3.3 仿真验证	187
8.4	片内逻辑分析仪	188
	8.4.1 新建逻辑分析仪设置文件	188
	8.4.2 引脚锁定	192
	8.4.3 编程下载	193
	8.4.4 信号采样	195
习题 8		195

第 9 章 DSP Builder 应用 ... 196

9.1	DSP Builder 软件安装	196
9.2	DSP Builder 设计实例	196
	9.2.1 建立 Simulink 模型	196
	9.2.2 模型仿真	206
	9.2.3 模型编译	209
习题 9		213

第 10 章 SOPC Builder 应用 ... 214

10.1	SOPC Builder	214
10.2	Nios II 综合设计实例	215
习题 10		234

第 11 章 EDA 技术实验 ... 235

11.1	原理图输入方式	235
	11.1.1 实验一 1 位全加器	235
	11.1.2 实验二 两位十进制计数器	236
11.2	VHDL 文本输入方式	237
	11.2.1 实验三 显示译码器	237
	11.2.2 实验四 8 位加法器	240
	11.2.3 实验五 3 线-8 线译码器	241
	11.2.4 实验六 十进制加法计数器	242
	11.2.5 实验七 4 位十进制计数显示器	244
	11.2.6 实验八 用状态机实现序列检测器	247

第 12 章 综合设计 ... 248

12.1	移位相加 8 位硬件乘法器	248

- 12.1.1 设计要求 ... 248
- 12.1.2 设计原理 ... 248
- 12.1.3 部分参考程序 ... 249
- 12.1.4 设计步骤 ... 250
- 12.1.5 设计报告 ... 250

12.2 秒表 ... 251
- 12.2.1 设计要求 ... 251
- 12.2.2 设计原理 ... 251
- 12.2.3 部分参考程序 ... 252
- 12.2.4 设计步骤 ... 252
- 12.2.5 设计报告 ... 252

12.3 抢答器 ... 253
- 12.3.1 设计要求 ... 253
- 12.3.2 设计原理 ... 253
- 12.3.3 部分参考程序 ... 254
- 12.3.4 设计步骤 ... 256
- 12.3.5 设计报告 ... 256

12.4 数字钟 ... 256
- 12.4.1 设计要求 ... 256
- 12.4.2 设计方案 ... 257
- 12.4.3 部分参考程序 ... 257
- 12.4.4 设计步骤 ... 258
- 12.4.5 设计报告 ... 258

12.5 交通灯控制器 ... 259
- 12.5.1 设计要求 ... 259
- 12.5.2 设计原理 ... 259
- 12.5.3 部分参考程序 ... 260
- 12.5.4 设计步骤 ... 262
- 12.5.5 设计报告 ... 262

12.6 多路彩灯控制器 ... 262
- 12.6.1 设计要求 ... 262
- 12.6.2 设计方案 ... 262
- 12.6.3 VHDL 参考程序 ... 262
- 12.6.4 设计步骤 ... 264
- 12.6.5 设计报告 ... 265

附录 A DE2-115 实验板引脚配置信息 ... 266

参考文献 ... 270

第1章 可编程逻辑器件概述

可编程逻辑器件（Programmable Logic Device，PLD）是一种由用户根据自己要求来构造逻辑功能的数字集成电路，具有并行处理能力及在系统编程的灵活性，是实现 ASIC（Application Specific Integrated Circuit，专用集成电路）逻辑的一种非常重要而又十分方便有效的手段，已成为数字系统设计的主流平台之一。

1.1 数字逻辑电路设计与 ASIC 技术

1.1.1 数字逻辑电路设计方法

数字技术是当前发展最快的学科之一，数字逻辑器件已从 20 世纪 60 年代的小规模集成电路（SSI）发展到目前的中、大规模集成电路（MSI、LSI）及超大规模集成电路（VLSI）。相应地，数字逻辑电路的设计方法也在不断地演变和发展，由原来单一的硬件逻辑设计发展成 3 个分支。

① 硬件逻辑设计：由逻辑门、触发器等小规模集成器件或者常用的组合、时序中规模逻辑器件设计数字电路，即硬件方法设计硬件，是数字电路逻辑设计的基础。

② 软件逻辑设计：即软件组装的 LSI 和 VLSI，如微处理器、单片机等，系统功能由软件设计实现，是一种软件的设计方法。

③ 专用集成电路设计：根据用户需要设计的集成电路，用户需要通过软件描述并配置到相应集成电路中，即用软件方法设计硬件。

1.1.2 ASIC 及其设计方法

ASIC 是指专门为某一应用领域或为专业用户需要而设计制造的 LSI 或 VLSI 电路，它可以将某些专用电路或电子系统设计在一个芯片上，构成单片集成系统。按照功能的不同可分为：微波 ASIC、模拟 ASIC、数字 ASIC。

目前，ASIC 已经渗透到各个应用领域，从高性能的微处理器、数字信号处理器、手机、彩电、音响到电子玩具电路。ASIC 的品种不同，在性能和价格上会有很大差别，设计方法和手段也就有所不同。总的来说，我们希望在尽可能短的时间内、以最低的成本获得最佳的设计指标，占用最小的芯片面积。实际上要完全达到这些要求是很困难的，只能在芯片面积、性能、设计周期和成本之间作某种折中。

按照设计方法的不同，ASIC 可分为全定制和半定制两类。

1. 全定制

全定制是一种基于晶体管级的设计方法，它主要针对要求得到最高速度、最低功耗和最省面积的芯片设计，其设计周期较长，设计成本较高，适用于对性能要求很高（如高速芯片）或批量很大的芯片（如存储器、通用芯片）的设计生产。

2．半定制

半定制是一种约束性的设计方法。约束的目的是简化设计、缩短设计周期和提高芯片的产品率。主要有门阵列、标准单元和可编程逻辑器件（PLD）这 3 种。

① 门阵列（Gate Array）是一种预先制造好的硅阵列（称母片），内部包括几种基本逻辑门、触发器等，芯片中留有一定的连线区。用户根据所需要的功能设计电路，确定连线方式，然后再交生产厂家布线。

② 标准单元（Standard Cell）是以预先配置好、经过测试的标准单元库为基础的。设计时选择库中的标准单元构成电路，然后调用这些标准单元的板图，并利用自动布局布线软件（CAD 工具）完成电路到板图一一对应的最终设计。和门阵列相比，标准单元设计灵活、功能强，但设计和制造周期较长，开发费用也比较高。

③ 可编程逻辑器件（Programmable Logic Device，PLD）是 ASIC 的一个重要分支。与前两种半定制电路不同，PLD 是厂家作为一种通用型器件生产的半定制电路，用户利用 EDA 工具对器件编程以实现所需要的逻辑功能。PLD 是用户可配置的器件，其规模越来越大，功能越来越强，价格越来越低，相配套的 EDA 软件也越来越完善，当系统需要升级时，不需要修改硬件电路板，只需在软件上进行程序更新，将配置代码重新下载到可编程逻辑器件内即可。这样设计人员在实验室即可设计和制造出芯片，而且可反复编程、修改错误。

由于 PLD 设计使用灵活，设计周期短，可靠性高，因此应用普遍，发展迅速。目前，在电子系统开发阶段的硬件验证过程中，一般都采用 PLD，以期尽快开发产品，迅速占领市场，等大批量生产时，再根据实际情况转换成前面两种方法中的一种进行再设计。

1.2 PLD 概述

1.2.1 PLD 的发展

可编程逻辑器件经历了从 PROM，PLA，PAL，GAL，EPLD 到 CPLD 和 FPGA 的发展过程，在结构、工艺、集成度、功能、速度和灵活性方面都有很大的改进和提高。

可编程逻辑器件大致的发展演变过程如下：

20 世纪 70 年代，由全译码的与阵列和可编程的或阵列组成的 PROM，以及由可编程的与阵列和可编程的或阵列组成的可编程逻辑阵列 PLA（Programmable Logic Array）是可编程逻辑器件的起源。

20 世纪 70 年代末，AMD 公司开始推出可编程阵列逻辑 PAL（Programmable Array Logic）器件，它由可编程的与阵列和固定的或阵列组成。

20 世纪 80 年代初，Lattice 公司发明电可擦写的通用阵列逻辑 GAL（Generic Array Logic）器件，它的与或阵列有类 PLA 和类 GAL 两种，其输出结构包含一种可编程的输出逻辑宏单元 OLMC（Output Logic Macro Cell）。

20 世纪 80 年代中期，Xilinx 公司提出现场可编程概念，同时生产了世界上第一片现场可编程门阵列 FPGA（Field Programmable Gate Array）器件。同一时期，Altera 公司推出 EPLD（Erasable Programmable Logic Device）器件，较 GAL 器件有更高的集成度，可以用紫外线或电擦除。

20 世纪 80 年代末，Lattice 公司又提出在系统可编程技术 ISP（In System Program），并且推出了一系列具备在系统可编程能力的复杂可编程逻辑器件 CPLD（Complex PLD）。

20 世纪 90 年代后，可编程逻辑器件进入飞速发展时期，各种高速、超宽、超大系列的 CPLD/FPGA 芯片不断涌现，从芯片内置存储单元发展到片上可编程系统 SOPC（System On Programmable Chip）技术。SOPC 是 PLD 与 ASIC 技术的融合，在 FPGA 内植入处理器 IP 核，比如，Altera 公司开发了 Nios、Nios II 软核处理器，Xilinx 公司在其 FPGA 产品内植入了 MicroBlaze 软核及 PowerPC 硬核处理器。

目前世界著名的半导体器件公司，如 Altera、Xilinx、Lattice 等公司均可提供不同类型的 CPLD、FPGA 产品。各个公司的 PLD 结构不同，设计方法不同，其应用范围也有所不同，但其共同特点是，可以在实验室中将大量数字电路设计到一个单芯片中，从而实现系统的微型化和高可靠性。

1.2.2 PLD 的分类

可编程逻辑器件有许多品种，有些器件还具有多种特征，因此目前尚无严格的分类标准，下面介绍几种常用的分类方法。

1．按集成密度分类

可编程逻辑器件从集成密度上分为：低密度可编程逻辑器件（LDPLD）和高密度可编程逻辑器件（HDPLD）两类。

LDPLD 主要指早期发展起来的 PLD，包括 PROM、PLA、PAL 和 GAL 这 4 种，其集成密度一般小于 700 门/片，这里的门指 PLD 等效逻辑门。

HDPLD 包括 EPLD、CPLD、FPGA 这 3 种，其集成密度大于 700 门/片，目前最高的已达到 200 万门/片以上、3ns 的内部门延时的水平。

2．按编程工艺分类

可编程逻辑器件按编程方式分为 4 类：

① 一次性编程的熔丝（Fuse）或反熔丝（Antifuse）器件；

② UEPROM 编程器件，即紫外线擦除、电可编程元件；

③ EEPROM 编程器件，即电擦除、电可编程元件，ISP 器件采用此方法，编程次数可达 10000 次以上；

④ SRAM 编程器件，特点是断电后信息丢失，多数 FPGA 基于此技术。

3．按结构特点分类

目前常用的可编程逻辑器件都是从与或阵列和门阵列两类基本结构发展起来的，所以可以从结构上分为以下两大类。

① 阵列型 PLD：基本结构为与或阵列。

② FPGA：基本结构为门阵列。

1.3 PLD 逻辑表示法

PLD 器件的逻辑功能是由与阵列和或阵列实现的，基于与或阵列的 PLD 基本结构如图 1-1 所示。

PLD 器件的编程是指对阵列的编程，其形式有 3 种：

① 与阵列固定，或阵列可编程，如 PROM；

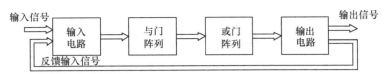

图 1-1 基于与或阵列的 PLD 基本结构

② 与阵列和或阵列都可以编程，如 PLA；
③ 与阵列可以编程，或阵列固定，如 PAL。

【例 1-1】试分别用 PLD 的 3 种阵列结构来表示逻辑函数：

$$O_2 = \overline{I_2}I_0 + I_2I_1$$
$$O_1 = \overline{I_2}I_1\overline{I_0} + \overline{I_2}I_1I_0 + I_2\overline{I_1}I_0 + I_2I_1I_0$$
$$O_0 = \overline{I_1}\,\overline{I_0} + I_1I_0$$

【解】（1）用与阵列固定、或阵列可编程的 PLD 来表示。
由于与阵列固定，故逻辑函数需转换成最小项表达式

$$O_2 = \sum\nolimits_m(1,3,6,7)$$
$$O_1 = \sum\nolimits_m(2,3,5,7)$$
$$O_0 = \sum\nolimits_m(0,3,4,7)$$

根据不编程的阵列交叉点处打"·"，可编程的阵列交叉点处打"×"的原则，PLD 表示图如图 1-2（a）所示。

（2）用与阵列和或阵列都可编程的 PLD 来表示。
可基于逻辑函数的最简与或式，对逻辑函数化简为

$$O_2 = \overline{I_2}I_0 + I_2I_1$$
$$O_1 = \overline{I_2}I_1 + I_2I_0$$
$$O_0 = \overline{I_1}\,\overline{I_0} + I_1I_0$$

在与阵列和或阵列的交叉点处均打"×"，则其 PLD 表示图如图 1-2（b）所示。
（3）用与阵列可以编程，或阵列不可编程的 PLD 来表示。
由于或阵列不可以编程，不仅要打"·"，而且"·"的位置也是固定的。与阵列虽然可以编程打"×"，但其位置必须与或阵列的打点处相对应。对逻辑函数化简，然后再画出 PLD 表示图，如图 1-2（c）所示。

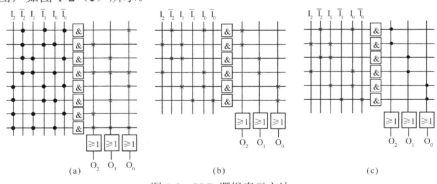

图 1-2 PLD 逻辑表示方法

1.4 PLD 的设计与开发

可编程逻辑器件的设计是指利用开发软件和编程工具对器件进行功能描述和硬件配置的过程。

1.4.1 PLD 的设计流程

高密度可编程逻辑器件 CPLD 或 FPGA 的设计流程如图 1-3 所示，一般可以分为设计准备、设计输入、设计处理和器件编程 4 个步骤，以及相应的前仿真（功能仿真）、后仿真（时序仿真）和器件测试 3 个设计验证过程。

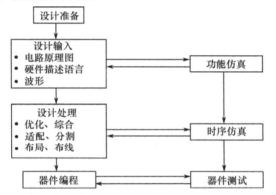

图 1-3　高密度可编程逻辑器件 CPLD 或 FPGA 的设计流程

1．设计准备

在对可编程逻辑器件进行设计之前，首先要进行方案论证、系统设计和器件选择等设计准备工作。设计者要根据任务要求，如系统所完成的功能及复杂程度、对工作速度和器件本身的资源、成本及连线的可布通性等方面进行权衡，选择合适的设计方案和适当的器件类型。

2．设计输入

设计输入就是将设计者所设计的系统或电路以开发软件要求的某种形式表达出来，并输入到相应的开发软件中。设计输入通常有以下几种方式。

（1）原理图输入方式

原理图是图形化的表达方式，使用元件符号和连接线等元素来描述设计。其特点是适合描述连接关系和接口关系，而描述逻辑功能则较烦琐，要求设计工具提供必要的元件库或逻辑宏单元。

原理图输入方式适用于小规模系统设计，当系统规模增大时，原理图设计系统结构复杂，可读性较差，不易检查错误。另外原理图输入方式不是标准化输入方式，在某一开发软件中编辑的原理图文件不能直接移植到其他开发软件中。

（2）硬件描述语言输入方式

硬件描述语言用文本方式描述设计，它分为普通硬件描述语言和行为描述语言。普通硬件描述语言有 ABEL-HDL、CUPL 和 MINC-HDL，它们支持逻辑方程、真值表、状态机等逻辑表达方式。

行为描述语言，如 Verilog HDL 和 VHDL，行为描述类似于 C 语言，在描述复杂设计时，非常简洁，具有很强的逻辑描述和仿真功能，已被采用为国际标准。

标准硬件描述语言的设计文件可在不同的开发软件中使用，移植性较好。

（3）波形输入方式

波形输入主要用于建立和编辑波形设计文件以及输入仿真向量和功能测试向量，适合时序逻辑和有重复性的逻辑函数。系统软件可以根据用户定义的输入/输出波形自动生成逻辑关系。

3．设计处理

设计处理是系统设计的核心环节。在设计处理过程中，编译软件将对设计输入文件进行逻辑化简、综合和优化，并适当地用一片或多片器件自动地进行适配，最后产生编程用的编程文件（熔丝图文件或位流文件）。主要包含以下过程：

（1）语法检查和设计规则检查

设计输入完成之后，在编译过程中首先进行语法检验，如检查原理图有无漏连信号线、信号有无双重来源、文本输入文件中关键字有无输入错误及各种语法错误，并及时列出错误信息报告供设计者修改；然后进行设计规则检验，检查总的设计是否超出器件资源或规定的限制并给出编译报告，列出违反规则情况以供设计者纠正。

（2）逻辑优化和综合

化简所有的逻辑方程或用户自建的宏，使设计所占用的资源最少。综合的目的是使层次设计平面化，将多个模块化设计文件合并为一个网表文件。

（3）适配和分割

确定优化以后的逻辑能否与器件中的宏单元及 I/O 单元适配，然后将设计分割为多个便于适配的逻辑小块，以逻辑块形式映射到器件相应的宏单元中。如果整个设计不能装入一片器件时，则将整个设计自动划分成多块，以装入同一系列的多片器件。

（4）布局和布线

布局和布线工作是在设计检验通过以后由软件自动完成的，它能以最优的方式对逻辑元件布局，并准确地实现元件间的互连。

布线后软件会自动生成布线报告，提供有关设计中各部分资源的使用情况等信息。

（5）生成编程数据文件

设计处理的最后一步是产生可供器件编程使用的数据文件。对 CPLD 来说，是产生熔丝图文件，即 JEDEC 文件（电子器件工程联合会制定的标准格式，简称 JED 文件）；对于 FPGA 来说，是生成位流数据文件（Bitstream Generation）。

4．设计校验

与设计处理过程同时进行的还有一个设计校验过程。在设计输入阶段，进行逻辑功能验证，所以又称功能仿真（前仿真）；在选择了具体器件并完成布局布线后进行的时序仿真称为后仿真或延时仿真。由于不同器件的内部延时不一样，不同的布局、布线方案也给延时造成了很大的影响，因此在设计处理以后，对系统和各模块进行时序仿真，分析其时序关系，估计设计的性能以及检查和消除竞争-冒险现象等是非常有必要的。实际上这也是与实际器件工作情况基本相同的仿真；在器件编程后，需要利用实验手段测试器件最终的功能和性能指标，具有边界扫描测试能力和在系统可编程能力的器件测试起来就较其他器件方便。

5．器件编程

编程、下载或者配置是指将设计阶段生成的 JEDEC 文件或位流文件写入具体的可编程器件。器件编程需要一定的条件，如编程电压、编程时序和编程算法等。普通的 CPLD 器件和

OTP 的 FPGA 器件需要一种编程专用设备，即编程器来完成器件编程；基于 SRAM 的 FPGA 可以由 PROM 或微处理器配置；如果使用 PROM 配置，也需要使用编程器；在系统可编程 ISP 器件不需要使用编程器。

1.4.2 PLD 的开发环境

可编程器件的设计离不开 EDA（Electronic Design Automation）开发软件，目前支持 CPLD 和 FPGA 的设计软件有多种。有的设计软件是由芯片制造商提供的，如 Lattice 公司开发的 isp Design EXPERT System 软件，Xilinx 公司开发的 ISE 软件，Altera 公司开发的 MAX+PLUS II、Quartus II 等；有的是由专业 EDA 软件商提供的，称为第三方设计软件，例如 Mentor Graphics、Synplicity、Cadence、Mental、Synopsys、Viewlogic 和 DATA I/O 等公司设计开发的综合或仿真软件，第三方软件往往能开发多家公司的器件。目前具有代表性的常用开发系统有：

1. isp Desgin EXPERT System 系统

isp Design EXPERT System 是 Lattice 公司针对其 CPLD 和 FPGA 产品开发的 EDA 软件，支持原理图输入方式和 ABEL-HDL、VHDL、Verilog HDL 等硬件描述语言输入方式。可以进行功能仿真和时序仿真，是目前流行的 EDA 软件中最容易掌握的设计工具之一，它的界面友好，操作方便，功能强大，并与第三方 EDA 工具兼容良好。

2. ISE 系统

ISE 软件是 Xilinx 公司推出的完整的可编程逻辑设计软件系列。它支持 Xilinx 公司所有的 CPLD 和 FPGA 可编程逻辑器件，支持多语言开发，具有很好的综合及仿真功能，是业界最强大的 EDA 设计工具之一。

3. Quartus II 系统

Quartus II 系统是由 Altera 公司提供的开发软件。该软件提供了一种与结构无关的设计环境，支持 Altera 公司的各种 PLD 系列芯片的设计。支持原理图和各种 HDL 设计输入选项，是目前较流行的设计软件之一。

4. ModelSim 仿真软件

ModelSim 是 Mentor Graphics 公司开发的一款非常优秀的仿真软件，具有友好的仿真界面，不仅支持 VHDL、Verilog 及 VHDL 和 Verilog 混合硬件描述语言，还支持系统级描述语言 System C 和 SystemVerilog。该仿真软件仿真速度快、精度高。ModelSim 可集成到 ISE 及 Quartus II 等 PLD 开发软件中，从而可在 PLD 开发软件中直接调用 ModelSim 进行波形仿真。

5. Synplify 综合软件

Synplify、Synplify Pro 和 Synplify Premier 是 Synplicity 公司开发的 PLD 综合工具，支持大多数半导体厂商的 CPLD 和 FPGA 产品，具有综合速度快、综合效率高等优点，最近几年在综合软件市场中排名保持第一。

1.4.3 IP 核复用技术

IP 核（Intellectual Property Core）指知识产权核或知识产权模块，是一段具有特定功能的硬件描述语言程序或具有特定功能的模块，与集成电路制造工艺无关，可以移植到不同的半导体工艺生产的集成电路芯片中。常用的 IP 核有 CPU 核、DSP 核、实现某一算法的 IP 核、存储器核、存储控制器核、通信协议核等。IP 核经过设计者的验证，可在系统设计中直接使用。

IP 核复用指设计者在系统设计中直接采用已有的功能模块,可大大减轻设计者的工作量并减少风险,缩短设计周期,提高系统性能,在 PLD 设计中有着十分重要的作用。

IP 核可分为软核、固核和硬核。

软核是用 VHDL、Verilog HDL 等硬件描述语言描述的功能模块,是与具体实现的工艺无关的 IP 核。软核以源文件形式出现,使用者可对软核的代码进行修改,扩展其功能,满足实际应用需求,使用灵活方便。

固核是以网表文件的形式提交用户使用的 IP 核,是完成了综合后的可重用 IP 模块。

硬核是一些已经经过布局、并对尺寸和功耗进行优化的、不能由使用者修改的 IP 核。硬核以设计的最终阶段产品——掩模提供。

习 题 1

1-1 数字电路的设计方法有哪些?
1-2 ASIC 的设计方法有哪些?
1-3 简述 PLD 的发展历程。
1-4 可编程逻辑器件的分类方法有哪些?
1-5 可编程器件的基本结构如何表示?
1-6 分别画出用 PROM、PLA 实现的半加器的逻辑阵列。
1-7 简述可编程逻辑器件的设计流程。
1-8 常用的可编程逻辑器件的开发环境有哪些?
1-9 什么是 IP 核? IP 核如何分类?

第 2 章　大规模可编程逻辑器件 CPLD/FPGA

从结构上看，目前常用的大规模可编程器件主要有基于与或阵列的 CPLD 和基于逻辑门的 FPGA 两大类。

2.1　CPLD 结构与工作原理

随着半导体制造工艺技术的发展，PLD 内部资源的集成度越来越高，产品已由最初的低密度 PAL 或 GAL 器件发展到高密度的 CPLD 系列。CPLD 基本采用 EEPROM 编程技术，产品不仅具有高密度、高速度和低功耗的优点，而且下载代码烧写到 CPLD 内部后不会丢失，即使系统掉电也可保持相应的逻辑功能。

CPLD 是在 PAL 和 GAL 器件基础上发展起来的，其内部结构与 PAL 器件基本相同，采用可编程的与阵列和固定或阵列结构。不同公司的 CPLD 产品内部结构不完全相同，各有自己的技术特点。CPLD 的内部结构基本可分为 3 部分，分别是可编程逻辑块、I/O 模块和可编程互连通道。

可编程逻辑块是 CPLD 的主要组成部分，用于实现系统逻辑功能的配置；I/O 模块实现 CPLD 输入/输出信号的引脚驱动及电平匹配；可编程互连通道实现 CPLD 内部各个功能模块的互连通信。

本节以 Lattice 公司 ispLSI 系列的 CPLD 产品为例，详细介绍 CPLD 的内部结构、CPLD 的主要技术特征及 CPLD 的设计编程方法等。

2.1.1　Lattice 公司的 CPLD 器件系列

Lattice 公司的可编程逻辑器件主要包括：高密度的 CMOS PLDs ispLSI、pLSI 和低密度的 CMOS PLDs ispGAL、ispGDX（通用数字互连）、ispGDS（开关矩阵）等系列产品。Lattice 公司的 CPLD 产品主要有 ispLSI、ispMACH 等系列。

1. ispLSI 系列

ispLSI 系列器件是 Lattice 公司于 20 世纪 90 年代以来推出的高性能大规模可编程逻辑器件，集成度在 1000～58000 门，引脚到引脚（Pin-to-Pin）延时最小可达 3ns，系统工作速度最高可达 200MHz，器件具有在系统可编程能力和边界扫描测试能力，适合在计算机、仪器仪表、通信设备、雷达、DSP 系统和遥测系统中使用。

目前，Lattice 公司生产的 ispLSI 器件分为 6 个系列，其基本结构和功能相似，都具有在系统可编程能力，但各系列器件在用途上有一定的侧重点，因而在结构和性能上有细微的差异，有的速度快，有的密度高，有的成本低，有的输入/输出（I/O）口多，适用对象具有一定的针对性。

（1）ispLSI 1000/1000E 系列

ispLSI 1000 和 ispLSI 1000E 系列器件是通用器件。该系列器件的集成度较高，性价比较高，适用于一般的数字系统，如网卡、控制器、高速编码器、测试仪器和游戏机等。

（2）ispLSI 2000/2000E/2000V/2000VE 系列

ispLSI 2000 系列器件适合高速系统设计。这个系列的器件速度高，引脚多，适合在速度要求高或需要较多输入/输出引脚的电路或系统中使用。例如：移动电话、RISC/CISC 微处理机接口和高速 PCM 遥测系统等。

（3）ispLSI 3000 系列

ispLSI 3000 系列是为复杂数字系统设计的。ispLSI 3000 系列器件集成度高，速度较快，适用于数字信号处理、数据加密或数据压缩等高集成度系统设计。该系列支持 IEEE1149.1 边界扫描测试规范，具有边界扫描测试能力。

（4）ispLSI 5000 系列

ispLSI 5000 系列器件是所有 CPLD 产品中输入/输出端口数和乘积项最宽的，适合用在具有 32 位或 64 位总线的数字系统中，如快速计数器、状态机和地址译码器等。该系列具有边界扫描测试能力。

（5）ispLSI 6000 系列

ispLSI 6000 系列器件在结构上增加了存储器。该系列器件把 FIFO 或 RAM 存储模块和可编程逻辑电路集成到同一块硅片上，是专门为 DSP 等设计的芯片，该系列也具有边界扫描测试能力。

（6）ispLSI 8000/8000V 系列

ispLSI 8000 系列器件是高密度的在系统可编程逻辑器件，片内可达 58000 个逻辑门的规模。可满足复杂数字系统设计的需要，用于外围控制器、运算协处理器、总线控制器等。该系列也具有边界扫描测试能力。

2. ispMACH4000 系列

ispMACH4000 系列是 Lattice 公司与 MACH 公司兼并后开发的高端产品。

ispMACH4000 系列的 ispMACH4000V、ispMACH4000B、ispMACH4000C 分别采用 3.3V、2.5V、1.8V 供电；而 ispMACH4000V 和 ispMACH4000Z 均支持军用温度范围。

ispMACH4000 系列引脚到引脚的传输延迟可以达到 2.5ns，系统速度可达 400MHz。

下面以 ispLSI 1000 系列的 1016 芯片为例介绍 ispLSI 的结构特点。

2.1.2 ispLSI 1016 的结构

IspLSI 1016 内部结构框图如图 2-1 所示，主要包含：通用逻辑模块 GLB（Generic Logic Block）、输入/输出单元 IOC（Input Output Cell）、集总布线区 GRP（Global Routing Pool）、输出布线区 ORP（Output Routing Pool）、时钟分配网络 CDN（Clock Distribution Network）。

1. 通用逻辑模块 GLB

对于 ispLSI 系列器件，最基本的逻辑单元是通用逻辑模块 GLB，1016 内有 16 个 GLB。每个 GLB 有 18 个输入，1 个可编程的与或阵列，4 个可以重构为组合型或寄存器型的输出；进入 GLB 的信号可以来自 GRP，也可以从外部直接输入；GLB 的所有输出都进入 GRP，以便它们能同器件上的其他 GLB 相连接。

GLB 在内部逻辑结构上可以分成 4 个组成部分：与逻辑阵列 LA（AND Array）、乘积项共享阵列 PTSA（Product Term Sharing Array）、输出逻辑宏单元 OLMC 和控制功能部分（Control Functions），其组成框图如图 2-2 所示，结构图如图 2-3 所示。

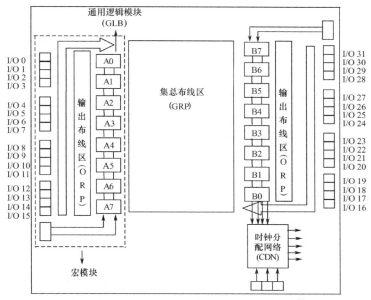

图 2-1 ispLSI 1016 内部结构框图

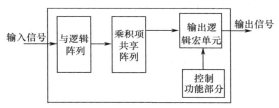

图 2-2 GLB 组成框图

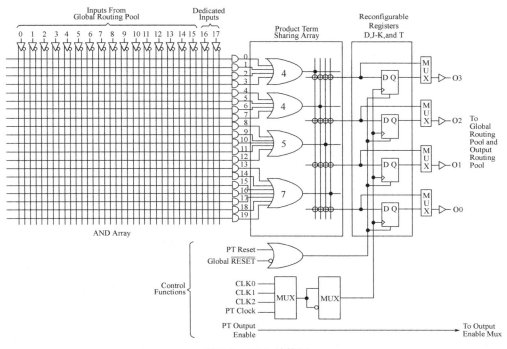

图 2-3 GLB 结构图

(1) 与逻辑阵列

与逻辑阵列共有 18 根输入信号线和 20 根乘积项输出线。18 个输入信号中有 16 个来自 GRP，其余两个信号来自专用输入引脚，输入信号通过互补缓冲器进入与阵列，为乘积项提供输入的原变量和反变量；乘积项的输出是 18 个输入信号的任意组合形成的与函数。

(2) 乘积项共享阵列 PTSA

乘积项共享阵列是 GLB 中的一个特殊结构，它允许 GLB 中的 4 个输出共享来自与阵列的 20 个乘积项。它相当于与或阵列中的或阵列，但在结构上做了改进。PTSA 共有 4 个或门，分别有 4 个、4 个、5 个和 7 个乘积项输入，或门的输出并不直接连接到输出逻辑宏单元，而是通过一个可编程的共享阵列接到下一级，增加连接的自由度。

(3) 输出逻辑宏单元 OLMC

包括 4 个 D 触发器，可用于实现寄存器输出，也可以进行配置来模拟 J-K 触发器、T 触发器或锁存器；如果需要组合形式输出，可以编程把寄存器旁路掉。

(4) 控制功能部分

控制 GLB 输出操作的各种信号由控制功能部分提供。寄存器时钟可来自时钟分配网络的 3 个时钟源或 GLB 内部的乘积项；GLB 的复位信号可来自全局复位引脚（$\overline{\text{RESET}}$）或 GLB 内的某一乘积项；与 GLB 有关的 I/O 单元的输出使能信号，如果需要也可以来自该块内的乘积项。

2. 输入/输出单元 IOC

如图 2-1 所示，输入/输出单元是芯片最外层的接口模块，用来作为内部信号到 I/O 引脚的接口。其结构如图 2-4 所示。

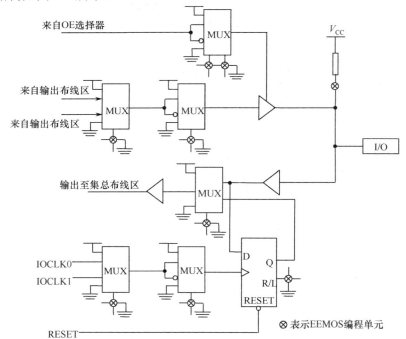

图 2-4　输入/输出单元 IOC 结构图

图 2-4 中第 2 行的两个 MUX 用来选择输出极性和选择信号输出途径。第 3 行的 MUX 则用来选择输入组态时用何种方式输入。IOC 中的触发器是特殊的触发器，它可以用两种工作

方式工作：一是锁存方式，触发器在时钟信号 1 电平时直通，0 电平时锁存；二是寄存器方式，在时钟上升沿将输入信号存入寄存器。这两种方式依靠对触发器的 R/L 端编程确定。触发器的时钟也由时钟分配网络提供，并可通过第 4 行的两个 MUX 选择和调整极性。触发器的复位则由全局复位信号 $\overline{\text{RESET}}$ 实现。

综合上面各功能可以得到如图 2-5 所示的各种 I/O 组态，再与 GLB 组态以及对 GLB 中 4 种输出组态方式相结合，便可得到几十种电路方式，所以 ispLSI 在使用上是非常灵活的，可以和 FPGA 相比拟。每个 I/O 单元还有一个有源上拉电阻，当该 I/O 端口不使用时，该电阻自动接上，从而避免因输入悬空引入的噪声，减小电路的电源电流。正常工作时若接上上拉电阻，也具有这些优点。

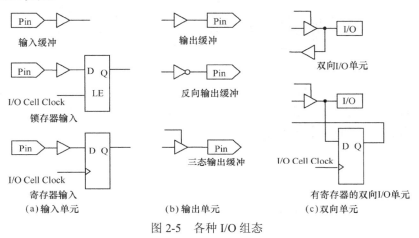

图 2-5　各种 I/O 组态

另外，器件内的信号输入方式有两种：一是每个 I/O 单元将其输入直接连到集总布线区 GRP，这样使器件内的每个 GLB 能够选取每个 I/O 的输入；二是每个宏模块有两个专用的输入与宏模块内的 8 个 GLB 直接相连。

3. 集总布线区 GRP

GRP 是器件的内部连线资源，IOC 到 GLB 以及 GLB 之间的信号连接都通过 GRP 进行。GRP 可提供 100%的连线布通率，而且互连延时是可预知的。整个器件只有一个 GRP，这种方式可以减少信号的传输延时。

4. 输出布线区 ORP

ORP 是界于 GLB 和 IOC 之间的可编程互连阵列，它引导各种信号从 GLB 输出到配置为输出或双向引脚的 I/O 单元。ORP 的输入是 8 个 GLB 的 32 个输出端；ORP 有 16 个输出端，分别与该宏模块中的 16 个 IOC 相连。其结构如图 2-6 所示。

设立 ORP 的目的在于提高分配 I/O 引脚的灵活性，简化布线软件。每个 GLB 输出对应 4 个 I/O 引脚，在布线时可以接到宏模块中任意一个引脚上。

为了进一步提高器件的灵活性，ispLSI 1000 还提供 ORP 旁路连接，即 GLB 4 个输出中的 2 个分别直接与 IOC 相连，使用此连接时，把 GLB 输出以更快的速度与特定的 I/O 单元相连，减少系统延时，但会限制器件的布线能力，所以只有关键信号才可使用 ORP 旁路连接。

5. 时钟分配网络 CDN

时钟分配网络如图 2-7 所示。它产生 5 个全局时钟信号，其中 CLK0、CLK1 和 CLK2 用作器件内所有 GLB 的时钟，IOCLK0 和 IOCLK1 用作器件上所有 IOC 的时钟。Y0、Y1、Y2

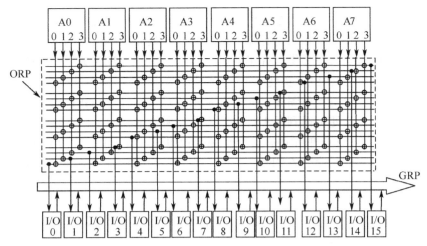

图 2-6 输出布线区结构图

为 3 个外部时钟输入端,通过时钟分配网络,这 3 个引脚上的时钟可以分配给任何 GLB 或 IOC。此外,时钟分配网络还可以利用器件中的某一专用时钟 GLB(如 ispLSI 1016 中的 GLB'B0')分频产生系统时钟,它的 4 个输出可以接到系统时钟上。

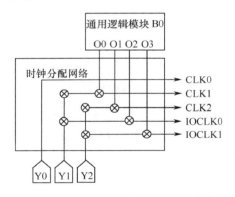

图 2-7 时钟分配网络

6. 宏模块结构

ispLSI 器件采用分块结构,宏模块是其中的一个大的结构单元。每个宏模块由 8 个 GLB、1 个 ORP、16 个 IOC 和两个直接输入 DI 组成,如图 2-1 所示,1016 芯片有 2 个宏模块。

宏模块的 8 个 GLB 公用两个直接输入引脚,并靠软件自动地分配。当这两个专用引脚分配给某个宏单元后,其他宏模块就不能再使用这两个直通输入引脚。

2.1.3 ispLSI 系列器件的主要技术特性

1. UltraMOS 工艺

ispLSI 系列器件在工艺上采用 UltraMOS 技术生产。UltraMOS 技术特点是集成度高、速度快,第五代的 UltraMOS 技术采用 $0.35\mu m$ 工艺,Pin-to-Pin 延时小于 3.5ns。利用 UltraMOS 工艺生产的 ispLSI 器件具有高密度、高性能的特点。目前 ispLSI 系列器件的系统工作速度已达 200MHz,集成度可达 58000 个逻辑门。

2. 在系统编程功能

ispLSI 系列器件采用了在系统编程技术，所有的 ispLSI 系列器件均为 ISP 器件，具有在系统编程能力。

所谓在系统可编程是指对器件、电路板、整个电子系统进行逻辑重构和功能修改的能力，这种重构可以在制造之前、调试过程中，甚至在交付用户使用之后进行。

Lattice 公司的 ISP 技术比较成熟。能够重复编程 10000 次以上，具有全部参数可测试能力；器件内部带有升压电路，可以在 5V 和 3.3V 条件下进行编程，使编程电压和逻辑电压一致；ispLSI 系列器件可以简单地利用 PC 的并口和简单的编程电缆进行编程和下载，而且多个 ispLSI 器件可以结成菊花链形式同时进行编程。全部编程操作通过 5 个 TTL 电平的接口信号来进行，这 5 个接口信号分别是：在系统编程使能（ispEN）、串行数据输入（SDI）、串行数据输出（SDO）、串行时钟（SCLK）和模式控制（MODE）。

3. 边界扫描测试功能

边界扫描测试功能主要解决芯片的测试问题。

ispLSI 器件中 ispLSI 3000、ispLSI 5000V、ispLSI 6000 及 ispLSI 8000 系列器件支持 IEEE1149.1 边界扫描测试标准。它们可以通过 5 个 ISP 编程引脚中的 4 个来传递边界扫描信号。

4. 加密功能

ispLSI 器件具有加密功能，防止非法复制 JEDEC 数据文件。ispLSI 器件中提供了一段特殊的加密单元，该单元被加密以后就不能读出器件的逻辑配置数据。由于 ispLSI 器件的加密单元只能通过对器件重新编程才能擦除，已有的解密手段一般不能破解，器件的加密特性较好。

5. 短路保护

ispLSI 器件采取了两种短路保护手段。首先，选用电荷泵给硅片基底加上一个足够大的反向偏置电压，这个反向偏置电压能够防止输入负电压毛刺而引起的内部电路自锁；其次，器件输出采用 N 沟道方式，取代传统的 P 沟道方式，消除 SCR 自锁现象。

2.1.4 ispLSI 器件的设计与编程

Lattice 公司的 ISP 器件设计编程同其他厂家的可编程器件设计方法类似，一般可分为设计输入、器件适配和编程这 3 个步骤。前两个是对设计的实现，而对器件的编程有时也叫下载。当一个设计完成，产生相应的 JEDEC 文件以后，就可以对器件进行编程。

ispLSI 器件的编程非常简单，除了 EDA 开发软件以外，具备以下 3 个条件就可以对 ispLSI 器件进行编程、检验和擦除：①ISP 编程电缆；②PC 机；③ISP 下载软件。如图 2-8 所示，需要编程时，ISP 编程电缆一端接到 PC 的并行口，另一端接到被编程器件所在电路板的 ISP 接口上。ISP 编程电缆及 ISP 下载软件是免费的，可以从 Internet 或 Lattice 代理商那里获得。

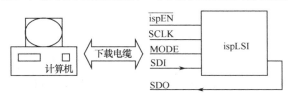

图 2-8　ispLSI 器件编程连接框图

多个器件的编程有并行和串行两种方式，串行菊花链编程结构如图 2-9 所示。

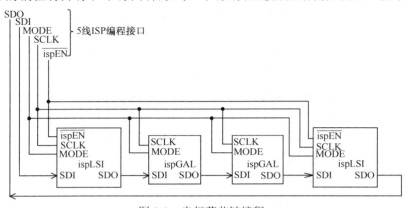

图 2-9　串行菊花链编程

2.2　FPGA 内部结构与工作原理

目前，FPGA 主要产品多数采用 SRAM 技术，上电后，配置数据写入 FPGA 片内 SRAM 中，对 FPGA 内逻辑单元进行编程，实现相应的逻辑功能。断电后，FPGA 内 SRAM 中数据丢失，FPGA 内已配置的逻辑功能消失。所以，FPGA 每次上电后，都要从存储芯片中读取配置数据并写入到 FPGA 内 SRAM 中。

不同厂家 FPGA 产品内部结构不完全相同，但其基本模块大同小异。下面以 Xilinx 公司的 Spartan 3E 系列 FPGA 产品为例介绍 FPGA 的内部结构。FPGA 内部结构主要包括可配置逻辑模块 CLB（Configuration Logic Block）、可配置输入/输出模块 IOB（Input/Output Block）和由可编程开关矩阵组成的可编程互连资源 IR（Interconnect Resource），如图 2-10 所示。

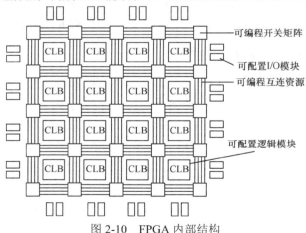

图 2-10　FPGA 内部结构

1. 可配置逻辑模块 CLB

可配置逻辑模块是 FPGA 内的重要组成部分，是实现系统逻辑功能的基本单元。每个可配置逻辑模块 CLB 由 4 个 Slice 和附加逻辑单元组成，如图 2-11 所示。

每个 Slice 内部包含两个 4 输入查找表 LUT（Look-Up Table）。4 输入查找表逻辑符号如图 2-12 所示。

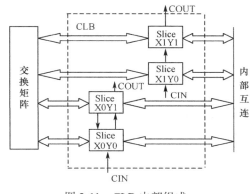
图 2-11 CLB 内部组成

图 2-12 4 输入查找表逻辑符号

查找表 LUT 可视为具有 4 根地址线的 16×1bit 的 RAM 存储器，通过 EDA 软件将 4 输入逻辑函数对应真值表取值写入到 16×1bit RAM 存储器中，输入变量连接到该 RAM 存储器的 4 根地址线，根据输入变量取值，即可从该地址对应的存储单元中读出数值，从而可实现任意 4 输入变量逻辑函数的功能，如图 2-13 所示，则 F=$\overline{ABCD}$+ABCD 。

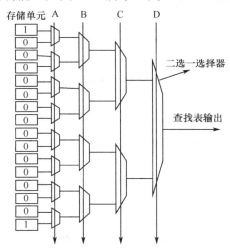
图 2-13 4 输入查找表内部结构

多输入变量逻辑函数可使用多个 4 输入查找表和多路选择器设计实现。

2. 可配置输入/输出模块 IOB

可配置输入/输出模块用来配置 FPGA 芯片引脚与外部模块通信信号的传输方向及输出信号的驱动电流大小。FPGA 的引脚可配置成输入信号、输出信号、双向传输信号及高阻态。

Spartan 3E 系列 FPGA 的输出信号可设置为 2mA、4mA、6mA、12mA、16mA 及 17mA 等输出电流，I/O 引脚可配置成多种电平标准，以满足不同应用。可支持的传输电平有：

① LVTTL（Low-Voltage），电压为 3.3V；
② LVCMOS33，电压为 3.3V；
③ LVCMOS25，电压为 2.5V；
④ LVCMOS18，电压为 1.8V；
⑤ LVCMOS15，电压为 1.5V；

⑥ LVCMOS12，电压为 1.2V；
⑦ HSTL_1_18，电压为 1.8V；
⑧ HSTL_III_18，电压为 1.8V；
⑨ SSTL18_1，电压为 1.8V；
⑩ SSTL2_1，电压为 2.5V。

Spartan 3E 系列 FPGA 的 I/O 引脚也可配置成多种差分信号电平，可支持的差分信号电平有：

① LVDS_25，电压为 2.5V；
② RSDS_25，电压为 2.5V；
③ MINI_LVDS_25，电压为 2.5V；
④ LVPECL_25，电压为 2.5V；
⑤ BLVDS_25，电压为 2.5V；
⑥ DIFF_HSTL_I_18，电压为 1.8V；
⑦ DIFF_HSTL_III_18，电压为 1.8V；
⑧ DIFF_SSTL18_I，电压为 1.8V；
⑨ DIFF_SSTL2_1，电压为 2.5V。

如在 ISE 开发软件中，使用下述语句对输出引脚进行文本约束：

```
NET "dataout"LOC="P12"|IOSTANDARD=LVTTL|DRIVE=12;
```

上述约束语句表示输出信号"dataout"定义在 FPGA 的 12 引脚、输出信号电平为 LVTTL、驱动电流为 12mA。

3. 可编程互连资源 IR

可编程互连资源连接 FPGA 内部的各功能模块（如：IOB，CLB，交换矩阵、DCM、Block RAM 等），实现各功能模块之间的通信。

Spartan3E 系列 FPGA 内的可编程互连资源有 4 种：Longe Lines、Hex Lines、Double Lines 和 Direct Connections。

2.3 CPLD/FPGA 产品概述

目前 CPLD/FPGA 生产厂商有十几家，国内市场上的 CPLD/FPGA 产品主要来自 Altera、Xilinx 和 Lattice 这 3 家公司。

2.3.1 Altera 公司产品

Altera 公司的 CPLD 产品主要有 MAX 3000A、MAX II、MAX V 等系列，其中 MAX II 系列 CPLD 功耗较低、性价比较高，广泛应用在通信、汽车电子、消费电子、军事、医疗、无线通信和其他工业领域，有着较高的市场占有率。

Altera 公司的 FPGA 产品包括低成本的 Cyclone 系列，如 Cyclone、Cyclone II、Cyclone III、Cyclone IV、Cyclone V 等；中端的 Arria 系列，包括 Arria GX、Arria II、Arria V 等；高端的 Stratix 系列，包括 Stratix、Stratix II、Stratix III、Stratix IV、Stratix V 等。

Cyclone II 系列是 Altera 公司于 2004 年推出的产品，该系列 FPGA 采用 90nm 工艺技术，比第一代 Cyclone 系列成本低，可满足低成本、大批量的应用需求，广泛应用在消费类电子产品设计中。Cyclone II 系列 FPGA 的内部资源见表 2-1。

表 2-1 Cyclone II 系列 FPGA 的内部资源

型号	逻辑单元（LEs）	块 RAM 个数（4Kbit/块）	内部 RAM 总容量(bit)	嵌入式乘法器数目	PLL（时钟锁相环）数目	最大用户 I/O 数目
EP2C5	4608	26	119808	13	2	158
EP2C8	8256	36	165888	18	2	182
EP2C15	14448	52	239616	26	4	315
EP2C20	18752	52	239616	26	4	315
EP2C35	33216	105	483840	35	4	475
EP2C50	50528	129	594432	86	4	450
EP2C70	68416	250	1152000	150	4	622

注：嵌入式乘法器为 18bit×18bit 乘法器。

Cyclone III 系列 FPGA 采用 65nm 低功耗工艺技术，成本比第二代 Cyclone II 系列产品还低，于 2007 年进入市场。Cyclone III 系列 FPGA 的内部资源见表 2-2。

表 2-2 Cyclone III 系列 FPGA 的内部资源

型号	逻辑单元（LEs）	块 RAM 个数（9Kbit/块）	内部 RAM 总容量(bit)	嵌入式乘法器数目	PLL 数目	全局时钟网络	最大用户 I/O 数目
EP3C5	5136	46	423936	23	2	10	182
EP3C10	10320	46	423936	23	2	10	182
EP3C16	15408	56	516096	56	4	20	346
EP3C25	24624	66	608256	66	4	20	215
EP3C40	39600	126	1161216	126	4	20	535
EP3C55	55856	260	2396160	156	4	20	377
EP3C80	81264	305	2810880	244	4	20	429
EP3C120	119088	432	3981312	288	4	20	531
EP3CLS70	70208	333	3068928	200	4	20	413
EP3CLS100	100448	483	4451328	276	4	20	413
EP3CLS150	150848	666	6137856	320	4	20	413
EP3CLS200	198464	891	8211456	396	4	20	413

Cyclone IV 系列器件建立在一个优化的低功耗工艺基础上，提供 Cyclone IV E 和 Cyclone IV GX 两种型号，其中 GX 系列集成了 3.125Gbps 收发器。表 2-3 列出了 Cyclone IV E 器件资源。

表 2-3 Cyclone IV E 系列 FPGA 的内部资源

型号	逻辑单元（LEs）	嵌入式存储器（Kbit）	嵌入式 18×18 乘法器	通用 PLL	全局时钟网络	用户 I/O 块	最大用户 I/O 数目
EP4CE6	6272	270	15	2	10	8	179
EP4CE10	10320	414	23	2	10	8	179
EP4CE15	15408	504	56	4	20	8	343
EP4CE22	22320	594	66	4	20	8	153
EP4CE30	28848	594	66	4	20	8	532
EP4CE40	39600	1134	116	4	20	8	532
EP4CE55	55856	2340	154	4	20	8	374
EP4CE75	75408	2745	200	4	20	8	426
EP4CE115	114480	3888	266	4	20	8	528

Altera 公司 PLD 产品的开发软件早期为 MAX+PLUS II，适合开发早期的中小规模 CPLD 和 FPGA，目前已经被 Quartus II 代替，其新版本的 Quartus II 15.0 可开发 Altera 公司所有的

CPLD 和 FPGA 产品。Altera 公司还是 SOPC 设计的倡导者，并提供 SOPC Builder 和 Nios II IDE 嵌入式开发软件。

2.3.2 Xilinx 公司产品

美国 Xilinx（赛灵思）公司是 FPGA 的发明者，主要生产 CPLD、FPGA 产品。Xilinx 公司的 CPLD 产品主要有 CoolRunner、XC9500 系列。

Xilinx FPGA 产品主要有 Spartan 系列和 Virtex 系列。Spartan 系列 FPGA 侧重于低成本应用设计，产品性价比较高，主要有 Spartan2、Spartan2E、Spartan3、Spartan3E、Spartan3A 和 Spartan6。

Spartan 3E 系列 FPGA 采用 90nm 工艺制造，最多可提供 376 个用户可编程 I/O 端口或 156 对差分 I/O 端口，最多可提供 36 个 18×18 的专用乘法器，内部可配置 MicroBlaze 软核处理器，是目前 Xilinx 公司性价比较高的产品，广泛应用在消费类电子产品设计中。Spartan 3E 系列 FPGA 内部资源分配见表 2-4。

表 2-4 Spartan 3E 系列 FPGA 内部资源

型号	系统门数	CLB 数目	Slice 数目	分布式 RAM 容量	块 RAM 容量	专用乘法器数目	DCM 数目	用户可用 I/O 数目	差分 I/O 对数
XC3S100E	100K	240	960	15Kbit	72Kbit	4	2	108	40
XC3S250E	250K	612	2448	38Kbit	216Kbit	12	4	172	68
XC3S500E	500K	1164	4656	73Kbit	360Kbit	20	4	232	92
XC3S1200E	1200K	2168	8672	136Kbit	504Kbit	28	8	304	124
XC3S1600E	1600K	3688	14752	231Kbit	648Kbit	36	8	376	156

Spartan 6 系列 FPGA 是 Xilinx 公司于 2010 年推出的 FPGA 产品。Spartan 6 系列基于 45nm 工艺制造，内部资源丰富，最多达 576 个用户可编程 I/O 端口，最多可支持 40 种 I/O 电平标准、内部包含高达 4.8Mbit 的嵌入式 Block RAM，内部可配置 MicroBlaze 软核处理器。Spartan 6 系列 FPGA 内部资源见表 2-5。

表 2-5 Spartan 6 系列 FPGA 内部资源分配

型号	Slice 数目	Logic Cells 数目	CLB 触发器数目	分布式 RAM 容量（Kbit）	块 RAM 个数（18Kbit/块）	DSP48A1 数目	CMT 数目	用户可用 I/O 数目	差分 I/O 对数
XC6SLX4	600	3840	4800	75	12	8	2	132	66
XC6SLX9	1430	9152	11440	90	32	16	2	200	10
XC6SLX16	2278	14579	18224	136	32	32	2	232	116
XC6SLX25	3758	24051	30064	229	52	38	2	266	133
XC6SLX45	6822	43661	54576	401	116	58	4	358	179
XC6SLX75	11662	74637	93296	692	172	132	6	408	204
XC6SLX100	15822	101261	126576	976	268	180	6	480	240
XC6SLX150	23038	147443	184304	1355	268	180	6	576	288
XC6SLX25T	3758	24051	30064	229	52	38	2	250	125
XC6SLX45T	6822	43661	54576	401	116	58	4	296	148
XC6SLX75T	11662	74637	93296	692	172	132	6	348	174
XC6SLX100T	15822	101261	126576	976	268	180	6	498	249
XC6SLX150T	23038	147443	184304	1355	268	180	6	540	270

注：一个 CMT（Clock Management Tiles）由 2 个 DCM（数字时钟管理单元）和一个 PLL（时钟锁相环）组成；一个 DSP48A1 单元由 1 个 18×18 的专用乘法器、1 个加法器和 1 个累加器组成。

Virtex 系列 FPGA 为 Xilinx 公司的高端产品，适于高端应用领域，主要有 Virtex2、Virtex2P、Virtex4、Virtex5、Virtex6 及基于 28nm 工艺设计的 Virtex7 系列。其中，Virtex7 系列内置 16 个 28Gbps 的串行收发器模块，内部资源丰富，功耗较低，可满足高端产品的性能需求。Virtex 系列 FPGA 多数包含 PowerPC 硬核处理器，并具有千兆位级高速串行收发器。

Xilinx 公司的 PLD 开发软件早期为 Foundation，目前升级为 ISE，新版本的 ISE 13.1 支持 Xilinx 公司所有的 CPLD 和 FPGA 产品。Xilinx 公司还提供嵌入式开发套件（EDK），用于开发其 FPGA 内嵌入的 PowerPC 硬核和 MicoBlaze 软核处理器。

2.3.3 Lattice 公司产品

Lattice（莱迪思）公司是 ISP 技术的发明者，ISP 技术极大地促进了 PLD 技术的发展，目前为世界第三大可编程逻辑器件供应商。

Lattice 公司主流的 CPLD 产品有 ispMACH 4000ZE、MachXO、MachXO2 系列。

Lattice 公司主流的 FPGA 产品有 LatticeECP3、LatticeECP2/M、LatticeSC/M、LatticeXP2 等系列。其中，LatticeSC 系列为高性能产品，如 LFSC115 型号 FPGA 内部包含 32 通道的 SERDES、1.84Mbit 的分布式 RAM、7.80Mbit 的 EBR RAM、942 个最大用户 I/O、12 个 DLL 等片内资源。

Lattice 公司早期的 PLD 开发软件为 ispLEVEL 和 ISP Design Expert System，目前开发软件已升级为 Lattice Diamond，支持所有的 Lattice CPLD 和 FPGA 系列产品，可实现设计输入、综合、仿真、器件适配、布局布线、编程及在系统测试等功能。

2.4 编程与配置

CPLD 基于 EEPROM（电可擦除只读存储器）或 Flash 技术制造，配置代码写入 CPLD 内部后可永久保持，掉电后也不会丢失。通常把配置代码烧写到 CPLD 的过程称为编程，配置代码写入 FPGA 内部的过程称为配置。由于 FPGA 基于 SRAM 技术制造，代码下载到 FPGA 内部 SRAM 存储器，系统掉电后，SRAM 中信息丢失，所以 FPGA 每次工作时，都需要重新对 FPGA 进行配置。

常见的编程及配置方式有如下几种。

2.4.1 在系统可编程 ISP

在系统可编程特性 ISP，是指在用户自己设计的目标系统中或电路板上，为重新构造设计逻辑而对器件进行编程或反复编程的能力。常规 PLD 在使用中通常是先编程后装配；而采用 ISP 技术的 PLD，可以先装配后编程，成为产品之后还可以反复编程，硬件设计变得像软件设计那样灵活且易于修改，硬件的功能也可以实时地加以更新或按预定的程序改变配置，这不仅扩展了器件的用途，缩短了系统的设计和调试周期，而且还省去了对器件单独编程的环节，因而也省去了器件编程设备，简化了目标系统的现场升级和维护工作。

除了 Lattice 公司的 isp 系列器件采用 ISP 编程方式外，其他公司的 CPLD 器件大多都采用该方式以实现在系统编程，编程连接见 2.1.4 节。

2.4.2 配置

FPGA 的配置方式可分为主动配置方式和被动配置方式。主动配置方式由 FPGA 从外部程序存储器 EEPROM 或 Flash 中主动读取配置代码；被动配置方式由外部处理器将配置代码写入 FPGA 中。下面以 Xilinx 公司 Spartan 3E 系列 FPGA 为例介绍 FPGA 的配置方式。

FPGA 的配置模式有 6 类：主串模式、SPI 模式、BPI 模式、从并模式、从串模式和 JTAG 模式。各模式的选择由 FPGA 的模式选择引脚信号 M[2:0]电平确定，对应关系见表 2-6。

表 2-6　FPGA 配置模式选择

配置模式	主串	SPI	BPI	从并	从串	JTAG
模式选项信号 M[2:0]	000	001	010 或 011	110	111	101

1. 主串模式

主串模式采用串行 Xilinx Platform Flash 作为配置代码存储芯片，如 XCF01S（存储容量 1Mbit）、XCF02S（2Mbit）、XCF04S（4Mbit），存储芯片型号的选择与所配置的 FPGA 型号有关，具体关系见表 2-7。

表 2-7　Spartan3E 系列 FPGA 型号与配置存储芯片选择关系

Spartan3E 系列 FPGA 型号	配置代码大小（bit）	配置存储芯片选择
XC3S100E	581344	XCF01S
XC3S250E	1353728	XCF02S
XC3S500E	2270208	XCF04S
XC3S1200E	3841184	XCF04S
XC3S1600E	5959696	两片 XCF04S

系统上电后，FPGA 的 CCLK 引脚输出时钟到 Xilinx Platform Flash，主动从 Xilinx Platform Flash 中读取配置数据。

主串配置模式原理电路如图 2-14 所示。

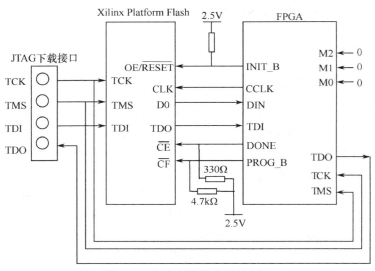

图 2-14　主串配置模式原理电路

2. SPI 配置模式

SPI 配置模式使用工业标准的 SPI 接口串行 Flash PROM 存储器作为 FPGA 配置代码存储芯片，系统上电后，FPGA 由内部晶振产生 CCLK 时钟输出到 SPI Flash 的时钟输入信号引脚，在 CCLK 时钟同步下，从 SPI Flash 内部以串行方式读取配置代码。

常用的 SPI Flash 主要有 STMicroelectronics（ST）公司的 M25Pxx 系列，如 M25P10（1Mbit）、M25P20（2Mbit）、M25P40（4Mbit）、M25P80（8Mbit）、M25P16（16Mbit）、M25M32（32Mbit）、M25P64（64Mbit）、M25P128（128Mbit）等。SPI 配置模式原理电路如图 2-15 所示。

3. BPI 配置模式

BPI 配置模式使用 Xilinx 并行 Platform Flash 或工业标准并行 NOR Flash 存储器作为 FPGA 配置代码存储器。系统上电后，FPGA 由内部晶振产生 CCLK 时钟输出到 Flash 的时钟输入信号引脚，在 CCLK 时钟同步下，从 Flash 内部以并行方式读取配置代码。

4．从并配置模式

从并配置模式一般通过外部处理器将 FPGA 配置代码以并行通信方式写入 FPGA，写入时钟由外部晶振产生。

5．从串配置模式

从串配置模式利用外部处理器或 Xilinx Platform Flash 存储器将配置代码以串行方式写入 FPGA，写入时钟由外部晶振产生。

6. JTAG 配置模式

JTAG 配置模式是在开发软件中通过下载电缆直接将配置代码下载到 FPGA，是项目设计验证阶段常用的下载方式。JTAG 下载模式电路原理图如图 2-16 所示。

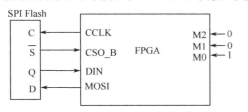

图 2-15 SPI 配置模式电路原理图

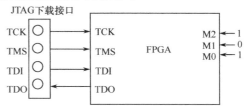

图 2-16 JTAG 下载模式电路原理图

2.5 CPLD 与 FPGA 的比较和选用

目前常用的 PLD 器件有 CPLD 和 FPGA，设计选择时可参考以下几点。

① CPLD 内部逻辑资源相对 FPGA 较少，且价格便宜，如果设计的项目逻辑功能简单，可选用 CPLD，如接口转换、简单逻辑控制系统。

② FPGA 内部资源多，并可嵌入微处理 IP 核，设计 SOPC 系统，可实现复杂系统设计。

③ CPLD 基于 EEPROM 工艺设计，系统掉电后，内部配置信息不会丢失，再次上电后，仍可继续使用；FPGA 基于 SRAM 工艺设计，系统掉电后，内部配置信息丢失，系统上电后，需要重新下载配置代码。实际应用中，FPGA 芯片周围通常使用一片存储器（PROM 或 Flash）用来保存 FPGA 的下载代码，系统每次上电后，FPGA 从存储芯片中读取配置信息，实现对应逻辑功能。所以 CPLD 无须配置芯片，硬件电路简单。

④ CPLD 结构基于与或阵列，适合于复杂组合逻辑设计；FPGA 基于查找表结构，内部含有丰富的触发器资源，适合于复杂时序逻辑设计。

⑤ CPLD 内部逻辑单元间的连线为连续式布线，信号延迟时间可预测，而 FPGA 内逻辑单元间信号延迟不可预测。

⑥ CPLD 保密性好，FPGA 保密性差。

⑦ 器件速度及功耗的选择。

另外，不同公司的产品各有所长，其配套的开发软件也不尽相同，免费提供的资源也不一样，还有芯片的封装方式等都是选择的参考因素。

习 题 2

2-1 CPLD 的全称是什么？CPLD 的内部基本结构包括哪几部分？

2-2 与传统的测试技术相比，边界扫描技术有何优点？

2-3 简述 ispLSI1000 系列产品的主要结构。

2-4 FPGA 的全称是什么？FPGA 的内部结构如何构成？

2-5 什么是在系统可编程技术（ISP）？

2-6 Altera 公司的 FPGA 产品有哪些系列？

2-7 Xilinx 公司的 FPGA 产品有哪些系列？

2-8 解释编程与配置这两个概念。

2-9 FPGA 的配置方式有哪些？

2-10 CPLD 与 FPGA 的主要区别有哪些？

第 3 章 常用 EDA 软件

目前国内流行的 EDA 开发软件有 Lattice isp Design EXPERT，Altera Quartus II，Xilinx ISE，还有 Mentor Graphics 公司开发的仿真工具 ModelSim。本章将重点介绍基于前三个 EDA 开发环境的 CPLD/FPGA 可编程器件设计的编辑、编译、综合、仿真、适配、编程配置等操作步骤及方法，以及基于 ModelSim 的 VHDL 仿真应用。

3.1 isp Design EXPERT System 编程软件

isp Design EXPERT 是 Lattice 早期推出的一套完整的 EDA 软件。设计输入可采用原理图、硬件描述语言、混合输入这 3 种方式，能对所设计的数字电子系统进行功能仿真和时序仿真。编译器是此软件的核心，能进行逻辑优化，将逻辑映射到器件中去，自动完成布局与布线，并生成编程所需要的熔丝图文件。软件支持 Lattice 公司的 ispLSI 系列和 MACH 系列器件。

本节以原理图输入方式的半加器设计为例，介绍 isp Design EXPERT System 应用步骤。

3.1.1 建立设计项目

1．启动

在程序栏中选择"Lattice Semiconductor isp Design EXPERT System"→"isp Design EXPERT System"命令，进入"isp Design EXPERT Project Navigator"主窗口，如图 3-1 所示。左边为项目源窗口，有一个默认的项目标题和器件，右边是相应源的处理过程窗口。

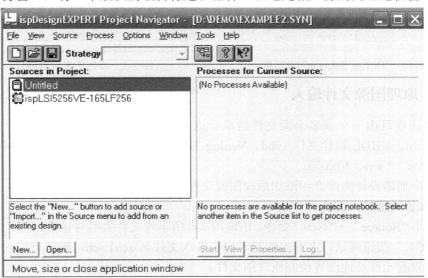

图 3-1 "isp Design EXPERT Project Navigator"主窗口

2．创建设计项目

isp Design EXPERT 以目录管理设计项目，所以必须为项目建立独立的目录。

选择菜单"File"→"New Project"命令，自建设计目录 D:\banjiaqi，输入项目名 bjq，并选择项目类型"Schematic/VHDL"，如图 3-2 所示，保存后项目管理窗口标题行显示新的设计项目 D:\BANJIAQI\BJQ.SYN，如图 3-3 所示。

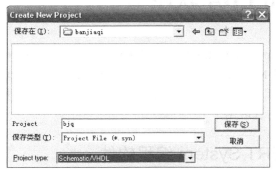

图 3-2　新建项目

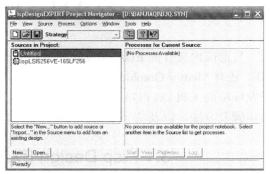

图 3-3　新建项目管理器窗口

3. 选择器件

双击源窗口中的默认器件 ispLSI ispLSI5256VE-165LF256，在图 3-4 的"Select Device"栏中选择"ispLSI 1K Device"项，在器件目录中找到并选中器件 ispLSI1016E。

确认修改后，项目管理器窗口如图 3-5 所示。

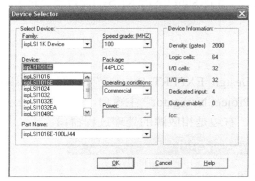

图 3-4　"Device Selector"对话框

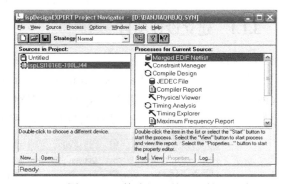

图 3-5　器件选择后的项目管理器窗口

3.1.2　原理图源文件输入

一个设计项目由一个或多个源文件组成。这些源文件可以是原理图文件 *.sch、ABEL HDL 文件*.abl、VHDL 设计文件*.vhd、Verilog HDL 设计文件*.v、测试向量文件*.abv 或者文字文件*.doc、*.wri、*.txt 等。

下面以半加器设计为例介绍添加原理图源文件的步骤。

1. 增加原理图输入源文件

选择菜单"Source"→"New"命令，出现图 3-6 所示源文件类型对话框，选择"Schematic"项，单击"OK"按钮确认，在弹出的对话框中输入文件名 sch1.sch，确认后进入原理图编辑器，添加需要的元件及连线等绘制原理图文件。

2. 添加元件符号

软件资源库中有 3 类元件符号库：宏单元库（PLSI）、通用元件库（GENERIC）和用户自定义元件库（LOCAL）。符号库与具体器件型号无关，包括下列元件库：数学运算元件

ARITHS；逻辑门电路 GATE；输入/输出元件 IOPAD；多路开关 MAXEX；寄存器 REGS 等。

添加元件符号，可以使用菜单栏中的"Add Symbol"命令，出现图 3-7 所示元件库对话框，在对应的元件库中找到元件符号，在图纸适当位置单击，放置元件。也可以使用图 3-7 左侧所示的工具栏添加元件。

采用上述方法，在 GATE.LIB 库中选择并放置与门 G_2AND 和异或门 G_XOR 元件符号。

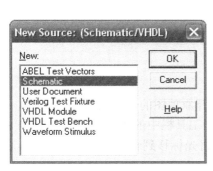
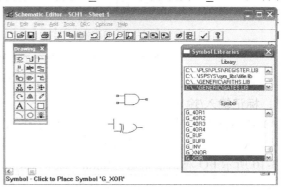

图 3-6　源文件类型对话框　　　　　　　　图 3-7　元件库对话框

3．添加输入／输出符号

当输入/输出与器件引脚对应时，需要加一个输入/输出符号，以便进行引脚锁定。方法是从 IOPAD.LIB 库中选择 G-INPUT、G-OUTPUT 符号放到图纸上相应的输入/输出位置，如图 3-8 所示。

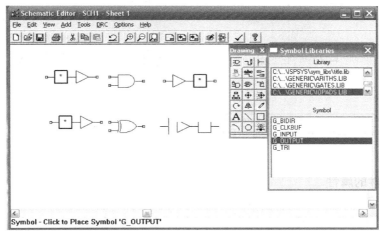

图 3-8　输入/输出符号

4．连线

从"Add"菜单中选择画线"Wire"命令，或单击工具栏中的"Add Wire"图标，单击开始画线，随后每次单击可弯折引线，双击则终止连线。

5．连线命名

添加连线和连线命名可同时完成。从"Add"菜单中选择"Net Name"命令，或单击工具栏中的"Add Net Name"图标，在屏幕底部状态栏输入连线名，回车后连线名会显示在鼠标的光标上；将鼠标移到需要的地方单击即可。如果按住左键并拖动鼠标，然后放开左键，可在画线同时标记连线命名，如图 3-9 所示。

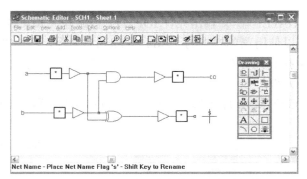

图 3-9　连线命名

6. 标记输入/输出

I/O Marker 是特殊的元件符号，它指明了进入或离开原理图的信号名称。

从"Add"菜单中选择"I/O Marker"命令，或单击工具栏中的"Add I/O Marker"图标，在图 3-10 所示 I/O 对话框中选"Input"或"Output"，将光标移到合适位置，按住鼠标左键，将输入、输出引脚名称框住，然后松开左键完成标记。

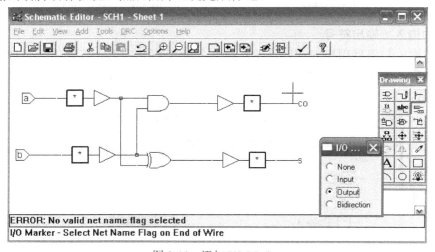

图 3-10　添加 I/O Marker

7. 定义器件的属性

为输出端口符号添加引脚锁定 LOCK 的属性。引脚的属性实际上是加到 I/O Pad 符号上，而不是加到 I/O Marker 上，只有当需要为引脚增加属性时，才需要 I/O Pad 符号，否则只需要一个 I/O Marker。引脚锁定号与选用器件及实验设备有关，ispLSI1016E 芯片有 32 个 I/O 引脚，分配情况视具体使用的实验板而定。

选择菜单"Edit"→"Attribute"→"Symbol Attribute"命令，出现"Symbol Attribute Editor"对话框；单击需要定义属性的输出 I/O Pad，对话框里出现一系列可供选择的属性，如图 3-11 所示。

选择"SynarioPin"属性，并且把文本框中的"*"替换成"16"；单击"Go To"按钮或关闭对话框，数字 16 出现在 I/O Pad 符号内。

注意：引脚锁定号与选用器件及实验设备有关，ispLSI1016E 芯片有 32 个 I/O 引脚，分配情况视具体使用的实验板而定。

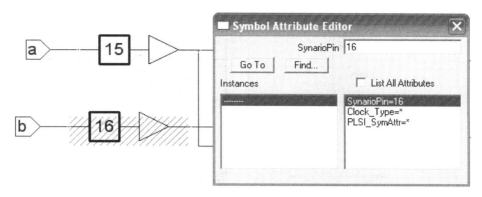

图 3-11 添加属性对话框

8．保存已完成的设计

编辑完成后的原理图如图 3-12 所示，选择菜单"File"→"Save"命令，存盘后退出原理图编辑器，原理图源文件输入完成。

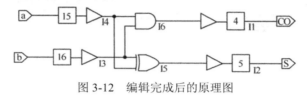

图 3-12 编辑完成后的原理图

3.1.3 功能和时序仿真

1．建立波形仿真源文件

添加选择源文件，在图 3-6 源文件类型对话框中选择"Waveform Stimulus"类型，在图 3-13 所示波形关联对话框中选择关联到器件 ispLSI1016E-100LJ44，以便进行功能和时序仿真；如果选择关联到原理图文件 sch1，则只能进行功能仿真。

2．编辑波形文件

输入波形文件名后，进入波形编辑窗口。首先导入输入信号，再选择菜单"Edit"→"Import Wave"命令，在图 3-14 所示对话框中把输入信号添加并显示到波形编辑窗口中；选择输入信号，并用光标画输入波形，方法是先选择区段，再选择状态，如图 3-15 所示；画好后存盘，退到项目管理器。

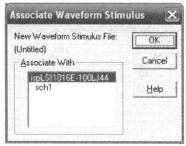

图 3-13 波形关联对话框

3．功能、时序仿真

在项目管理器的源窗口中，选择波形文件，右边过程窗口中显示相应的功能仿真和时序仿真选项，如图 3-16 所示。双击"Functional Simulation"选项，进入功能仿真，选择"Run"命令运行后，选择菜单"Edit"→"Show"命令，添加输出信号，显示相应仿真波形，如图 3-17 所示。

在图 3-16 中，双击"Timing Simulation"选项，可以进行时序仿真。时序仿真波形如图 3-18 所示。

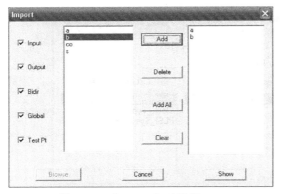

图 3-14 "Import"对话框

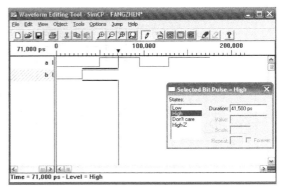

图 3-15 波形编辑窗口

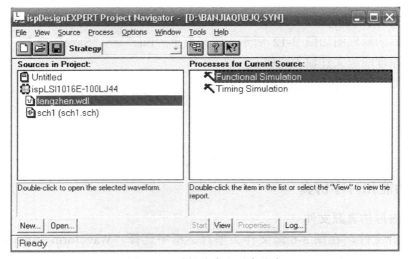

图 3-16 功能仿真和时序仿真

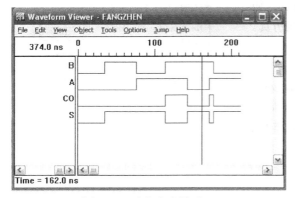

图 3-17 功能仿真波形

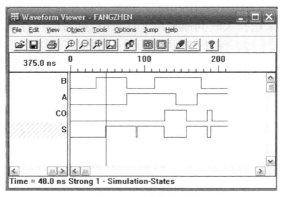

图 3-18 时序仿真波形

3.1.4 器件适配

在 isp Design EXPERT Project Navigator 主窗口中选中左侧的 ispLSI1016-100LJ44 器件，双击右侧的"Compile Design"选项，进行器件适配，如图 3-19 所示。该过程结束后，会生成用于下载的 JEDEC 文件。

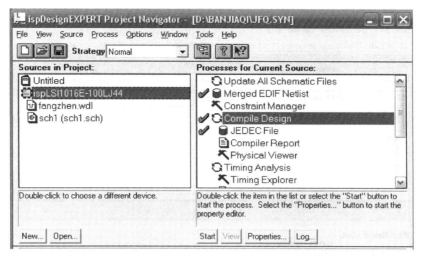

图 3-19 器件适配

3.1.5 器件编程

Lattice ISP 器件的在系统编程能够在多种平台上通过多种方法实现，在此仅介绍常用的基于 PC 机 Windows 环境的菊花链式在系统编程方法。由于在系统编程的结果是非易失性的，故编程又称为"烧写"或"烧录"。

在 isp Design EXPERT Project Navigator 主窗口的源文件区中选中器件名，如 ispLSI1016E-100LJ44，双击右侧的"ISP Daisy Chain Download"选项，如图 3-20 所示，打开 ISP 菊花链烧写窗口。

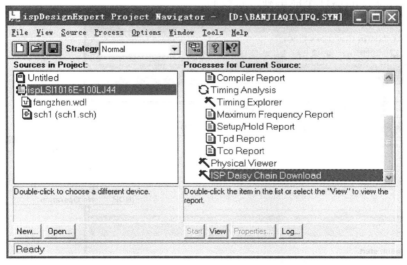

图 3-20 打开菊花链烧写窗口

1．结构文件

接好编程电缆后，选择菜单"Configuration"→"Scan Board"命令，执行之后就产生一个包含菊花链中所有器件的基本结构文件，并且信息窗口提示成功，如图 3-21 所示。

2．添加 JEDEC 文件

为菊花链中想要编程的每个器件选择一个 JEDEC 文件。

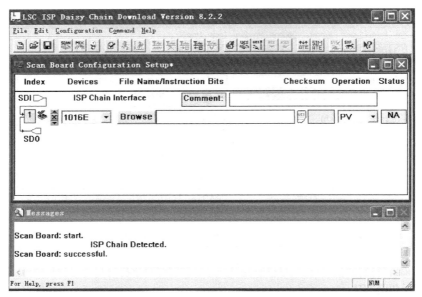

图 3-21 Scan Board 命令窗口

可通过向"File Name"栏中直接输入文件名称或单击"Browse"按钮来选择 JEDEC 文件。

编程方式可以从"Operation"栏中选择，如图 3-22 所示，默认方式为编程加校验 PV。编程 Program、校验 Verify 和读出存盘 Read & Save 都需要事先确定操作的文件名称；擦除 Erase、求熔丝阵列的检查 Checksum 和无操作 No Operation 则无须确定操作文件名称。

注意：经过加密的器件不能单独进行校验。

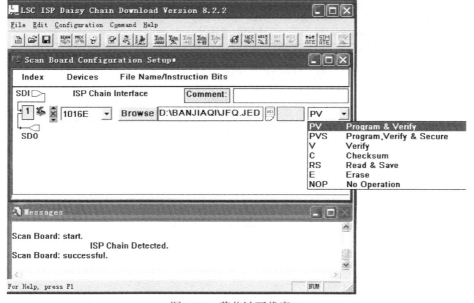

图 3-22 菊花链下载窗口

3．器件编程

结构文件建立并通过校验后，就可进行器件编程。

选择菜单"Command"→"Turbo Download"→"Run Turbo Download"命令，或者单击工具栏中的"Run"命令，即可启动编程，如图 3-23 所示。编程结束后，信息窗口提示成功与否信息。

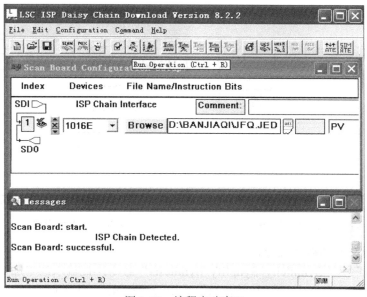

图 3-23　编程启动窗口

3.1.6　VHDL 源文件输入方法

除了支持原理图输入外，isp Design EXPERT 系统还支持 VHDL 和 Verilog HDL 语言的文本输入方式。以下仍以半加器描述为例介绍 VHDL 输入方法。

1. 建立项目

首先为设计建立新的设计项目，注意将项目存放在一个独立目录中，项目类型选为 Schematic/VHDL，如图 3-24 所示。

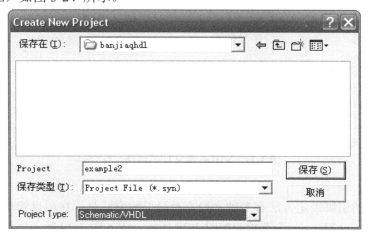

图 3-24　VHDL 项目类型

2. 添加 VHDL 源文件

选择菜单"Source"→"New"命令，在图 3-6 所示源文件类型对话框中，选择"VHDL

Module"类型,弹出图 3-25 所示对话框,输入文件名、实体名和结构体名,其中文件和实体同名。单击"OK"按钮,进入 VHDL 文本编辑器。

3. 编辑 VHDL 源文件

在文本编辑器中,输入如图 3-26 所示程序,存盘保存源文件。

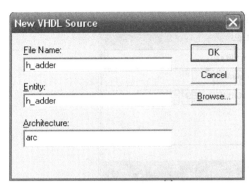

图 3-25　VHDL 源文件对话框

图 3-26　文本编辑器

4. VHDL 源文件的编译及综合

选择"Tools"→"Synplicity Synplify Synthesis"命令,把输入的半加器 VHDL 源文件 h_adder.vhd 添加到综合器中,单击"RUN"按钮对 VHDL 文件进行编译、综合,如图 3-27 所示。若整个编译、综合过程无错误,该窗口在综合过程结束时会自动关闭。若在此过程中出错,双击错误 ERRORS,根据提示修改并存盘,然后单击"RUN"按钮重新编译,显示 Done 表示通过。

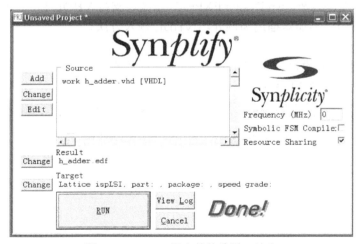

图 3-27　VHDL 源文件的编译、综合

5. 引脚锁定

VHDL 实体的引脚锁定方法有多种,最直观简单的方法是:在项目管理器的处理过程窗口中选择"Constraint Manager"选项,如图 3-28 所示,进入图 3-29 所示属性编辑窗口后,双击左侧的输入/输出信号使其进入右侧属性编辑表中,右击"LOCK"列下的选项,从快捷菜单中选择"Edit"命令,输入引脚号,编辑完后存盘。

VHDL 文件输入完成后,仿真及编程下载过程同原理图方式。

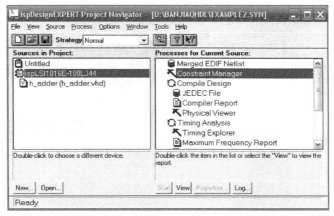

图 3-28　建立引脚锁定文件

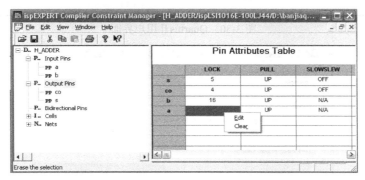

图 3-29　属性编辑窗口

3.2　Quartus II 操作指南

Quartus II 是 Altera 公司推出的可编程逻辑器件的开发工具软件，提供了完整的多平台设计环境，能满足各种 FPGA、CPLD 的设计需要，支持片上可编程系统 SOPC 的设计。Quartus II 支持原理图输入和 HDL 文本输入方式。

3.2.1　建立设计工程

1．Quartus II 软件启动

运行 Quartus II 即进入 Quartus II 用户界面，如图 3-30 所示。该界面由 Project Navigator 窗口、Status 窗口、Messages 窗口、快捷工具条和工作区等几部分组成。

2．创建工程

下面以半加器设计为例介绍开发流程。

选择"File"→"New Project Wizard"命令，指定工程的工作目录、工程名及顶层实体名，如图 3-31 所示。

3．选择 FPGA 器件

选择"Assignments"→"Device"命令，弹出"Settings"对话框的"Device"页面，如图 3-32 所示。在"Family"列表中选择目标器件系列，如 Cyclone，在"Available devices"列表中指定目标器件 EP1C12Q240I7。

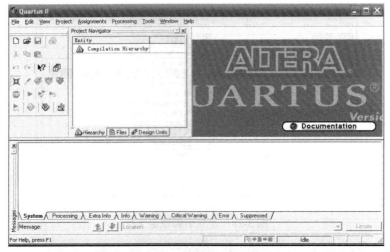

图 3-30　Quartus Ⅱ 用户界面

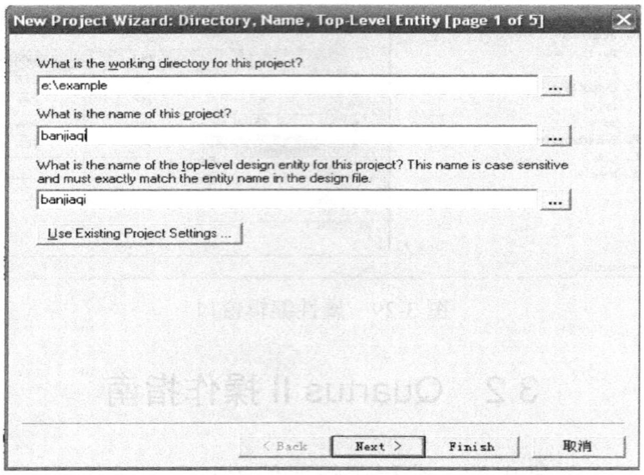

图 3-31　新建工程对话框

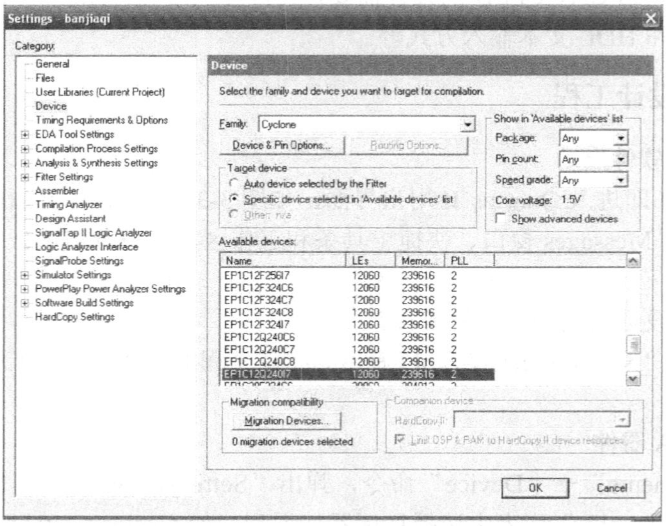

图 3-32　目标器件选择对话框

· 36 ·

3.2.2 原理图源文件输入

1. 建立原理图文件

创建好设计工程以后,选择"File"→"New"命令,弹出如图 3-33 所示的新建设计文件选择对话框。建立图形设计文件,选择"New"对话框中"Device Design Files"页下的"Block Diagram/Schmatic File"项,单击"OK"按钮,打开图形编辑器窗口,如图 3-34 所示,图中标明了每个按钮的功能,这些按钮在后面的设计中会经常用到。

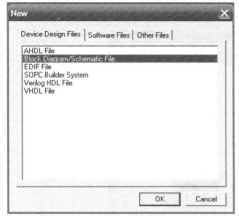

图 3-33 新建设计文件选择对话框

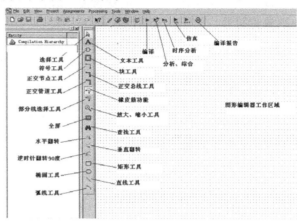

图 3-34 图形编辑器窗口

2. 输入基本单元符号

Quartus II 软件为实现不同的逻辑功能提供了大量的基本单元符号和宏功能模块,设计者可以在原理图编辑器中直接调用,如基本逻辑单元、中规模器件及参数化模块(LPM)等。可按照下面的方法调入单元符号到图形编辑区。

(1)在图 3-34 所示的图形编辑器窗口的工作区中双击,或单击工具栏的符号按钮,则弹出如图 3-35 所示的"Symbol"对话框。

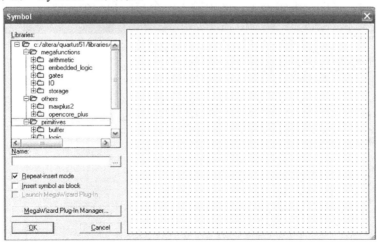

图 3-35 "Symbol"对话框

其中,兆功能函数(megafunctions)库中包含很多种可直接使用的参数化模块;其他(others)库中包括与 maxplus2 软件兼容的所有中规模器件,如 74 系列的符号;基本单元符号（primitives）库中包含所有的 Altera 基本图元，如逻辑门、输入/输出端口等。

（2）单击单元库前面的加号（+），使库中的图元以列表的方式显示出来；选择所需要的图元或符号，该符号显示在"Symbol"对话框的右边；单击"OK"按钮，所选择符号将显示在图 3-35 的图形编辑器工作区域，在合适的位置单击放置符号。重复上述两步，即可连续选取库中的符号。

如果要重复选择某一个符号，可以在图 3-35 中选中重复输入复选框，选择一个符号以后，则可以在图形编辑器工作区重复放置。放置完成后右击，从快捷菜单中选择"Cancel"命令取消放置符号，如图 3-36 所示。

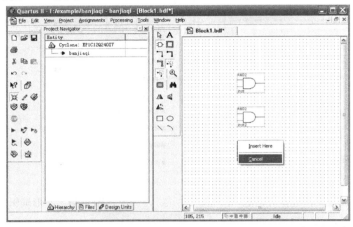

图 3-36 重复输入图形符号

（3）要输入 74 系列的符号，方法与（2）相似，选择其他（others）库，单击"maxplus2"列表，从其中选择所要的 74 系列符号。

如果知道图形符号的名称，可以直接在"Symbol"对话框的符号名称"Name"栏中输入要调入的符号名称，"Symbol"对话框将自动打开输入符号名称所在的库列表。

根据以上步骤，在图形编辑器工作区中输入一个与门和一个异或门，如图 3-37 所示。

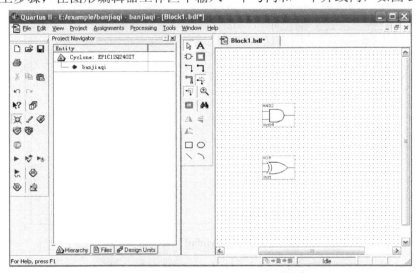

图 3-37 输入逻辑符号的图形编辑器

3．放置输入/输出引脚符号

引脚包括输入 input、输出 output 和双向 bidir3 种类型，放置方法与放置符号的方法相同，即在图形编辑窗口的空白处双击，在"Symbol"对话框的"Name"框中输入上述引脚名，或在基本符号库"primitives"的引脚"pin"库中选择，单击"OK"按钮，对应的引脚就会显示在图形编辑窗口中，如图 3-38 所示。

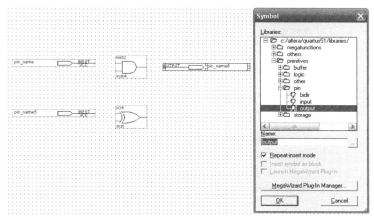

图 3-38　输入/输出引脚放置

4．连线

符号之间的连线包括信号线 Signal Line 和总线 Bus Line。如果需要连接两个端口，则将光标移动到其中一个端口上，这时光标指示符自动变为"+"形状，一直按住鼠标左键并拖动光标到达第二个端口，放开左键，即可在两个端口之间画出一条连接线。Quartus II 软件会自动根据端口是单信号端口还是总线端口画出信号线或总线。在连线过程中，当需要在某个地方拐弯时，只需要在该处放开鼠标左键，然后再继续按下左键拖动即可。

如果需要删除一根连接线，单击这根连接线并按 Delete 键即可。

5．为引线和引脚命名

引线的命名方法是：在需要命名的引线上单击，此时引线处于被选中状态，然后输入名称。对单个信号线的命名，可用字母、字母组合或字母与数字组合的形式，如 A0、A1、clk 等；对于 n 位总线的命名，可以采用 A[n-1..0]形式，其中 A 表示总线名，可以用字母或字母组合的形式表示。

引脚的命名方法是：在放置的引脚的 pin_name 处双击，然后输入该引脚的名称；或在需命名的引脚上双击，在弹出的引脚属性对话框的引脚名栏中输入该引脚名。引脚的命名方法与引线命名一样，也分为单信号引脚和总线引脚。命名后的连线图如图 3-39 所示。

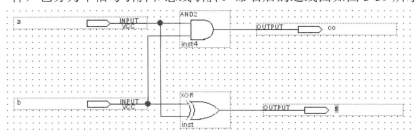

图 3-39　命名后的连线图

6. 保存设计文件

设计完成后,需要保存设计文件或重新命名设计文件。选择"File"→"Save As"命令,弹出如图 3-40 所示的对话框;选择好文件保存目录,并在"文件名"栏内输入设计文件名。如果需要将设计文件添加到当前工程中,则选中"Add file to current project"复选框,单击"保存"按钮即可保存文件。

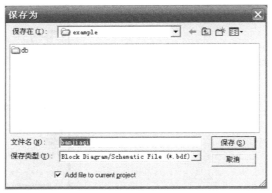

图 3-40 文件保存对话框

如果要关闭文件,选择"File"→"Close"命令,或单击图形编辑器右上角的关闭按钮,即可关闭图形编辑器窗口。

3.2.3 编译

1. 编译过程

在 Quartus II 软件中选择"Tools"→"Compiler Tool"命令,则出现 Quartus II 的编译器窗口,其中包含对设计文件处理的全过程,如图 3-41 所示,图中标出了全编译过程各个模块的功能。

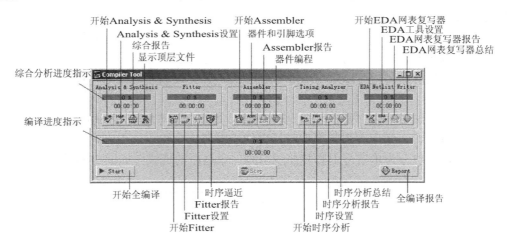

图 3-41 Quartus II 编译器模块

2. 分析综合

设计项目完成以后,首先使用 Quartus II 编译器中的分析综合模块(Analysis & Synthesis)分析设计文件和建立工程数据库。

要进行设计项目的分析和综合，可以采用下面的方法之一：

① 在图 3-41 中，单击"开始 Analysis & Synthesis"按钮，在综合分析进度指示中将显示综合进度；

② 选择"Processing"→"Start"→"Start Analysis & Synthesis"命令，单独启动分析综合过程，而不必进入全编译界面；

③ 直接单击 Quartus II 软件工具条上的快捷按钮。

综合完成后的窗口如图 3-42 所示。

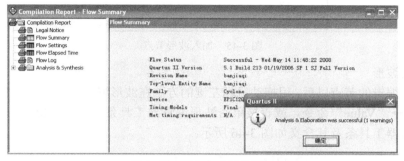

图 3-42　综合完成后的窗口

3.2.4　仿真验证

Quartus II 9.0 以前版本中自带有仿真器，支持矢量波形文件输入，通过定义输入波形，仿真生成网表文件，观察输出波形与输入波形的真值对应关系及时间延迟，完成功能和时序仿真。

1．建立波形仿真文件

（1）创建一个新的矢量波形文件

选择"File"→"New"命令，弹出"New"对话框；选择"Other Files"选项卡，从中选择"Vector Waveform File"项，如图 3-43 所示，单击"OK"按钮，则打开一个空的波形编辑器窗口，如图 3-44 所示。

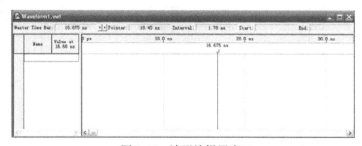

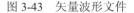

图 3-43　矢量波形文件　　　　　　　　　图 3-44　波形编辑器窗口

（2）在矢量波形文件中加入输入/输出节点

选择"View"→"Utility Windows"→"Node Finder"命令，弹出"Node Finder"对话框，查找要加入波形文件中的节点名；在"Filter"列表中选择"Pins:all"，在"Named"栏中输入"*"，然后单击"List"按钮，在"Nodes Found"栏中即列出设计中的所有节点名；选择要加入波形文件中的节点，然后按住鼠标左键，拖动到波形编辑器左边"Name"列的空白处放开，如图 3-45 所示。

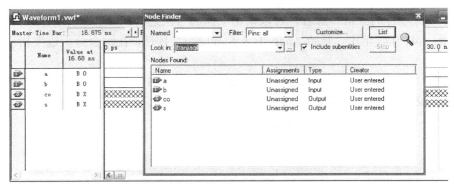

图 3-45　加入波形节点

（3）编辑波形

在选中要编辑的节点以后，用拖动鼠标左键的方法在波形编辑区中选中需要编辑的区域，选择"Edit"→"Value"命令，或直接单击波形编辑器工具条上的相应快捷按钮完成波形取值，波形编辑器工具条及其含义如图 3-46 所示。

图 3-46　波形编辑工具条及其含义

波形编辑完成后，如图 3-47 所示，选择"File"→"Save"命令保存波形文件。

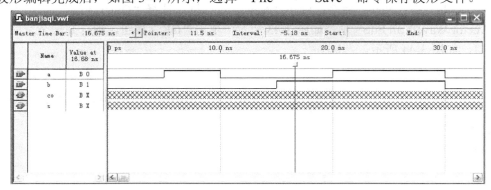

图 3-47　矢量波形

2．功能仿真和时序仿真设置

选择"Assignments"→"Settings"命令，在"Settings"对话框的"Category"列表中选择"Simulator Settings"，窗口右边显示仿真器页面，如图 3-48 所示。

要完成功能仿真，在仿真类型中选择"Functional"，在仿真开始前应先选择"Processing"→"Generate Functional Simulation Netlist"命令，产生功能仿真网表文件；要完成时序仿真，在仿真类型中选择"Timing"，在仿真前必须编译，产生时序仿真的网表文件。

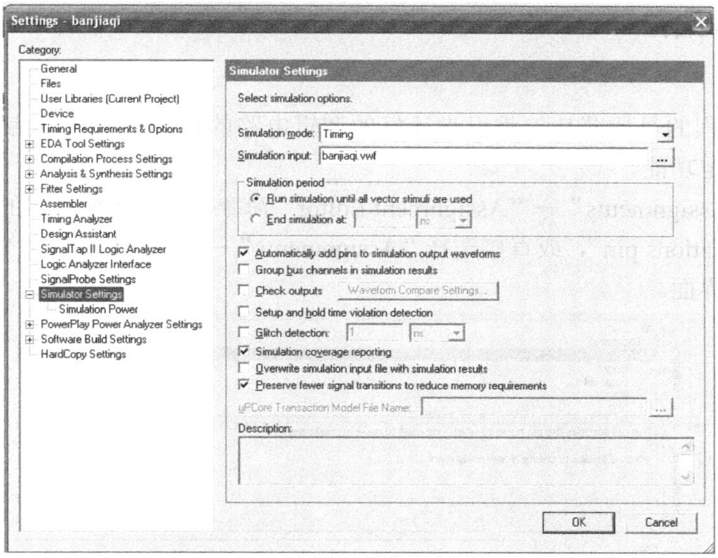

图 3-48 仿真器页面

3．启动仿真器

在完成上面的仿真器设置以后，选择"Processing"→"Start Simulation"命令即可启动仿真器。同时状态窗口和仿真报告窗口自动打开，并在状态窗口中显示仿真进度及所用时间。仿真结束后，在仿真报告窗口显示输出节点的仿真波形，图 3-49、图 3-50 分别为功能仿真波形、时序仿真波形。

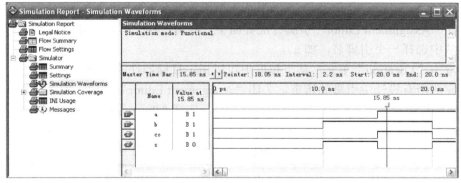

图 3-49 功能仿真波形

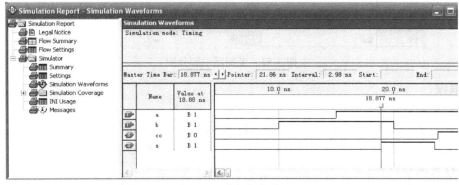

图 3-50 时序仿真波形

3.2.5 器件编程

1. 引脚分配

选择用于编程的目标芯片，将已设计好的逻辑电路的输入/输出节点赋予实际芯片的引脚，完成引脚锁定功能。

（1）选择"Assignments"→"Assignment Editor"命令，在分配编辑器的类别（Category）列表中选择"Locations pin"，或直接选择"Assignments"→"Pins"菜单命令，出现如图3-51所示的引脚分配界面。

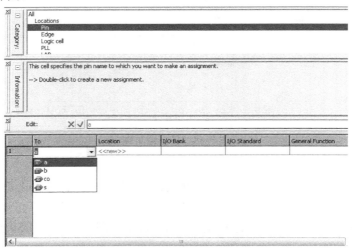

图 3-51 引脚分配界面

（2）在"Assignment Editor"引脚分配界面中，双击"To"单元，将弹出包含所有引脚的下拉框，从中选择一个引脚名，如 a。

（3）双击"Location"单元，从下拉框中可以指定目标器件的引脚号。

（4）完成所有设计中引脚的指定，关闭"Assignment Editor"界面，保存分配。

（5）在进行编译之前，检查引脚分配是否合法。选择"Processing"→"Start"→"Start I/O Assignment Analysis"命令，当提示 I/O 分配分析成功时，单击"OK"按钮关闭提示。

根据上述方法，半加器的 4 个输入/输出引脚分配如图 3-52 所示。

	To	Location	I/O Bank
1	a	PIN_5	1
2	b	PIN_6	1
3	co	PIN_2	1
4	s	PIN_3	

图 3-52 半加器引脚分配

2. 编程

（1）全局编译

在下载之前，先进行全局编译。选择"Processing"→"Start Compilation"命令，编译成功后有结果报告及成功与否提示，如图 3-53 所示。全局编译成功后，可以进行编程下载。

（2）打开编程器窗口

选择"Tool"→"Programmer"命令，打开编程器窗口，如图 3-54 所示。

图 3-53　全局编译

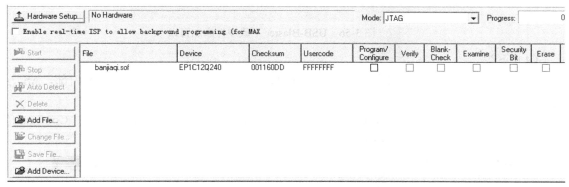

图 3-54　编程器窗口

（3）设置下载形式

第一次使用下载时，需要选择下载形式。在图 3-54 所示编程器窗口，单击"Hardware Setup"按钮，打开"Hardware Setup"对话框，然后单击"Add Hardware"按钮，选择"ByteBlaster Ⅱ"或者"USB-Blaster"后单击"Select Hardware"按钮，则把下载形式设置为 ByteBlaster Ⅱ或者 USB-Blaster，如图 3-55、图 3-56 所示。

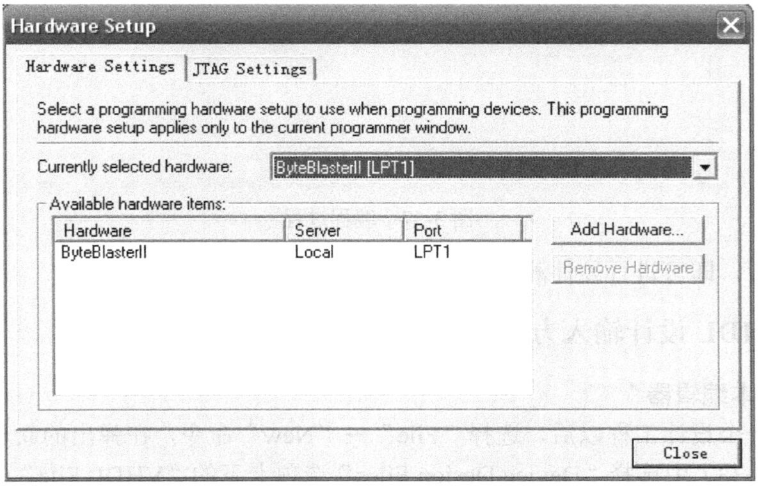

图 3-55　下载硬件添加窗口

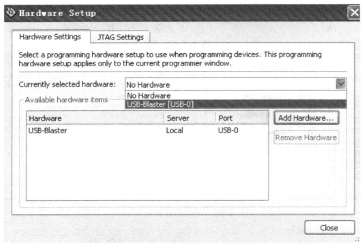

图 3-56　USB-Blaster 下载硬件添加窗口

（4）下载

下载可以选择 JTAG 方式和 AS 方式。JTAG 方式把文件直接下载到 FPGA 内部，AS 方式把文件下载到配置芯片内部。

如图 3-57 所示，单击"Add File"按钮，添加.sof 文件，选择"Program"→"Configure"命令，单击"Start"按钮后开始下载。

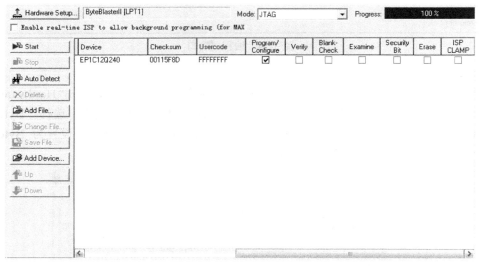

图 3-57　编程过程

下载完成后，即可进行硬件测试。

3.2.6　VHDL 设计输入方法

1. 打开文本编辑器

在创建好一个设计工程以后，选择"File"→"New"命令，在弹出的新建设计文件选择对话框（见图 3-33）中选择"Device Design Files"选项卡下的"VHDL File"（或 Verilog HDL File、AHDL File），单击"OK"按钮，将打开一个文本编辑器窗口。

2. 编辑文本文件

在文本编辑中，可以直接利用 Quartus II 软件提供的模板进行语法结构的输入，方法如下：

（1）将光标放在要插入模板的文本行；

（2）在当前位置单击鼠标右键，在快捷菜单中选择"Insert Template"命令，则弹出如图 3-58 所示的插入模板对话框。

Quartus II 软件会根据所建立的文本类型，在插入模板对话框中自动选择对应的语言模板。

（3）在插入模板对话框的"Template section"栏中选择要插入的语法结构，单击"OK"按钮。

（4）编辑插入的文本结构，输入 VHDL 源文件。

图 3-58　插入模板对话框

3. 保存文本设计文件

编辑完成后保存文件，注意 VHDL 语言的文件名与实体同名。

VHDL 文件输入后，仿真及编程下载同原理图方式。

3.3　ISE 开发软件

3.3.1　ISE 概述

ISE 为美国 Xilinx 公司推出的可编程逻辑器件集成开发工具，可完成设计输入、综合、仿真、实现和编程下载等功能，无须借助其他第三方软件就可实现 CPLD/FPGA 开发的全过程。ISE 软件已由最初的 ISE 3.1 版本发展到目前的 ISE 13.1 版本，用户可在 www.xilinx.com 网站上下载 ISE WebPACK 免费版本。本书将以 ISE10.1 版本为例，介绍该软件的基本开发使用流程。

ISE 软件安装后，双击电脑桌面上的 Xilinx ISE10.1 快捷图标启动 ISE 软件。软件启动后，将会打开上次关闭的工程项目，如果软件安装后第一次打开，则显示一个空的工程项目。下面以设计一个 4 位二进制加法计数器为例，详细介绍该软件的开发使用流程。

3.3.2 新建工程

1. 工程目录设置

在打开软件界面的菜单栏中，选择"File"→"New Project"命令，则弹出新建工程对话框，输入新建工程名称"counter4"，工程存放路径选择为 E:\ise_exam，如图 3-59 所示。

图 3-59 新建工程对话框

单击"Next"按钮，出现新建工程器件属性编辑对话框，如图 3-60 所示。通过各选择项的下拉列表选择该设计使用的 FPGA 芯片型号、封装、速度等级、设计综合工具、仿真工具、描述语言等信息。

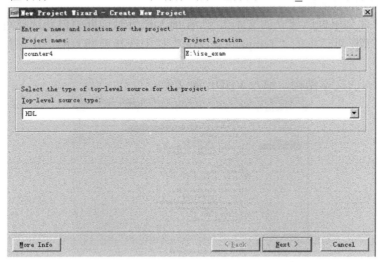

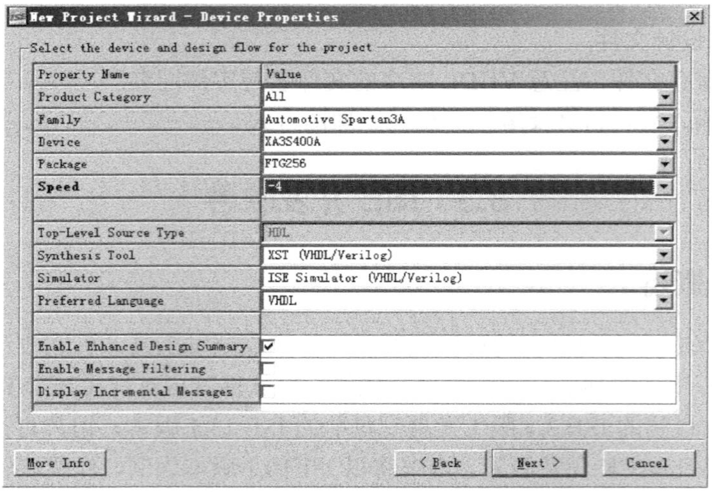

图 3-60 新建工程器件属性编辑对话框

2. 芯片选择

本例中，选用 Spartan3A 系列的 XA3S400A 型号，芯片封装为 FTG256，速度等级为-4。该项目综合工具选用 ISE 自带综合工具 XST，仿真工具选择 ISE 自带仿真工具 ISE Simulator，程序输入硬件描述语言为 VHDL，其他 3 个选项为默认选择。单击"Next"按钮，出现新建源文件对话框，如图 3-61 所示，跳过该设置，单击"Next"按钮进入添加已有文件对话框，如图 3-62 所示，跳过该设置，单击"Next"按钮，出现新建工程概要对话框，如图 3-63 所示，单击"Finish"按钮，新建工程完成，如图 3-64 所示。

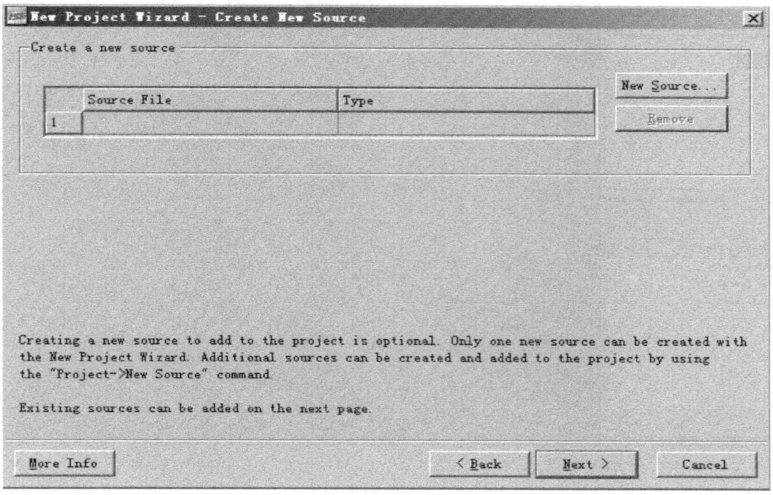

图 3-61 新建源文件对话框

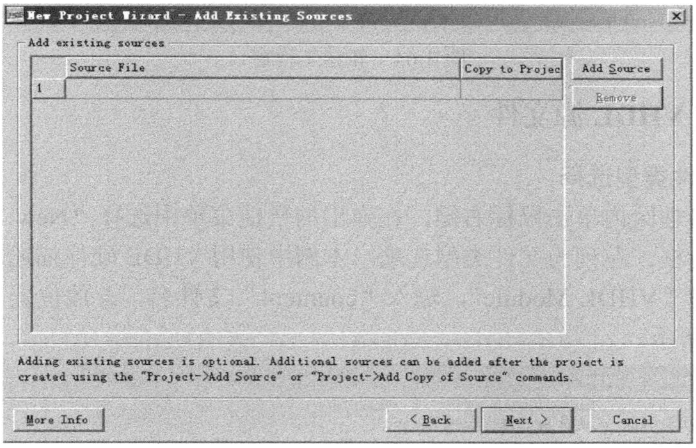

图 3-62 添加已有文件对话框

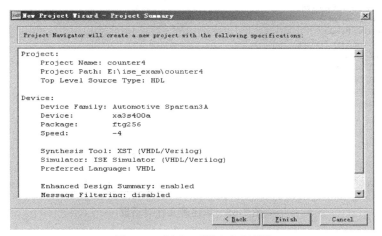

图 3-63 新建工程概要对话框

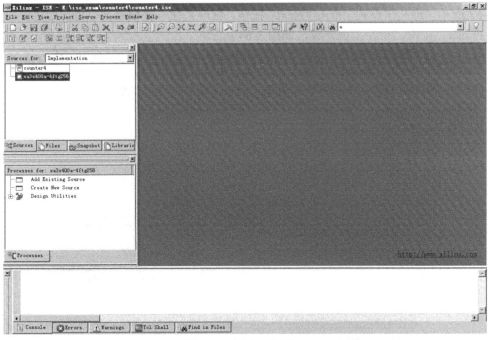

图 3-64 新建工程窗口

3.3.3 新建 VHDL 源文件

1. 新建源文件类型选择

在新建工程管理区内单击鼠标右键,在弹出的快捷菜单中选择"New Source"命令,出现新建源文件对话框。左列为文件类型选项,本例中使用 VHDL 硬件描述语言设计源文件,所以单击文件类型"VHDL Module",输入"counter4"文件名,存放位置为默认的该工程文件夹,如图 3-65 所示。

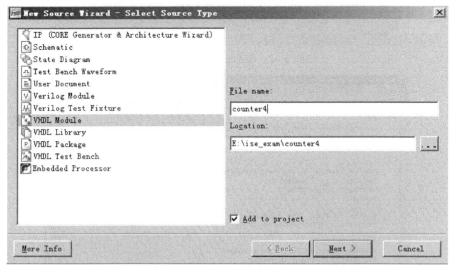

图 3-65 新建源文件对话框

2. 源文件端口设置

单击"Next"按钮，出现端口定义对话框，如图 3-66 所示。可以在该对话框中定义端口信号名及端口类型，也可不用定义端口信息，在后面程序设计时输入端口信号名及类型，本例不在该对话框中定义端口，直接单击"Next"按钮，出现新建源文件概要对话框，如图 3-67 所示。

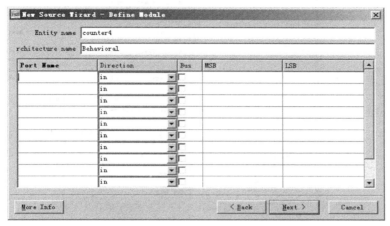

图 3-66　端口定义对话框

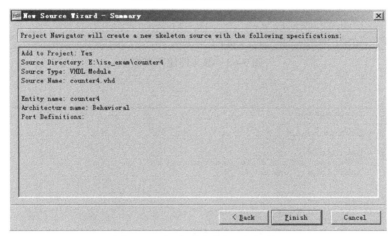

图 3-67　新建源文件概要对话框

单击"Finish"按钮，新建源文件完成，如图 3-68 所示。

3. 编辑源文件

在工程管理区显示出新建的源文件"counter4"，双击该文件，在右边编辑显示区中显示新建源文件模板，如图 3-69 所示。

在源文件模板中，定义了库、程序包、实体名、结构体名。在模板中添加完善程序，输入程序代码，输入完成后的代码如图 3-70 所示。

程序代码输入完毕后，单击工具栏中的保存按钮，将输入源文件保存。双击工程管理区下面的进程显示区中的"Synthesis-XST"图标，使用 XST 工具对工程源文件进行综合。若输入程序没有错误，则综合通过，在 Synthesis-XST 图标左边出现绿色对钩标号，如图 3-71 所示。

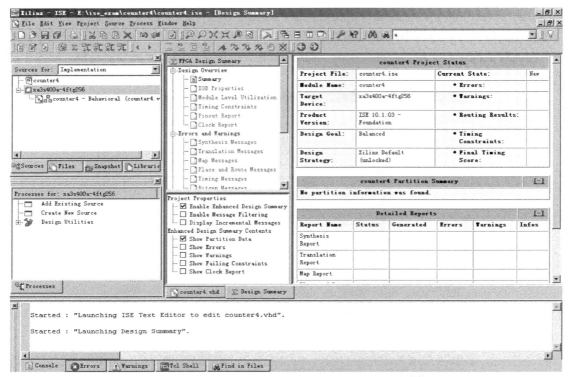

图 3-68 源文件建立界面

```
11   -- Description:
12   --
13   -- Dependencies:
14   --
15   -- Revision:
16   -- Revision 0.01 - File Created
17   -- Additional Comments:
18   --
19   ----------------------------------------------------------------
20   library IEEE;
21   use IEEE.STD_LOGIC_1164.ALL;
22   use IEEE.STD_LOGIC_ARITH.ALL;
23   use IEEE.STD_LOGIC_UNSIGNED.ALL;
24
25   ---- Uncomment the following library declaration if instantiating
26   ---- any Xilinx primitives in this code.
27   --library UNISIM;
28   --use UNISIM.VComponents.all;
29
30   entity counter4 is
31   end counter4;
32
33   architecture Behavioral of counter4 is
34
35   begin
36
37
38   end Behavioral;
```

图 3-69 新建源文件模板

```
20  library IEEE;
21  use IEEE.STD_LOGIC_1164.ALL;
22  use IEEE.STD_LOGIC_ARITH.ALL;
23  use IEEE.STD_LOGIC_UNSIGNED.ALL;
24  ---- Uncomment the following library declaration if instantiating
25  ---- any Xilinx primitives in this code.
26  --library UNISIM;
27  --use UNISIM.VComponents.all;
28  entity counter4 is
29       port ( rst : in  std_logic;
30              clk : in  std_logic;
31              cnt : out std_logic_vector( 3 downto 0)
32            );
33  end counter4;
34  architecture Behavioral of counter4 is
35  signal cnt_in : std_logic_vector( 3 downto 0);
36  begin
37    process(rst,clk)
38    begin
39      if   rst='0' then
40           cnt_in<=(others=>'0');
41      elsif clk'event and clk='1' then
42           cnt_in<=cnt_in+1;
43      end if;
44    end process;
45    cnt<=cnt_in;
46  end Behavioral;
47
```

图 3-70　输入完成后的代码

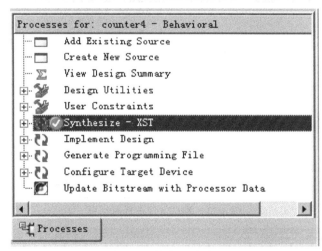

图 3-71　综合正确结果

3.3.4　波形仿真

下面对上述程序描述的 4 位二进制加法计数器进行波形仿真，验证其逻辑功能是否正确。仿真输入信号的波形设置有两种方法：一种是使用 VHDL 硬件描述语言编写测试波形文件；另一种方法是通过 ISE 波形编辑工具设置测试波形。下面介绍第二种方法的使用。

1. 创建波形文件

在工程管理区单击鼠标右键，从快捷菜单中选择"New Source"命令，在弹出的源文件类型选择对话框中选择"Test Bench Waveform"选项，在"File name"文本框中输入波形文件名"tbw"，如图 3-72 所示。

单击"Next"按钮，出现测试文件选择对话框，如图 3-73 所示。该窗口中选择"counter4"源文件，单击"Next"按钮，出现新建文件概要对话框，如图 3-74 所示，单击"Finish"按钮，出现输入信号波形初始化对话框，如图 3-75 所示。

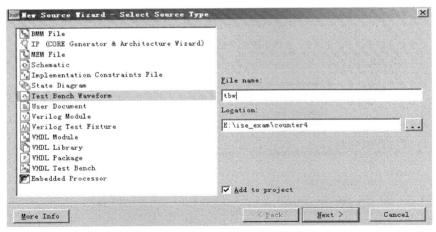

图 3-72　源文件类型选择对话框

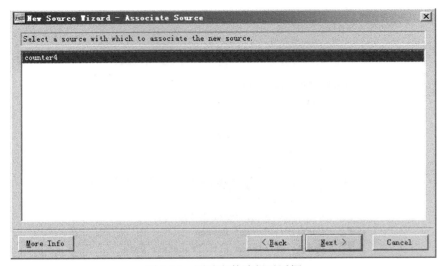

图 3-73　测试文件选择对话框

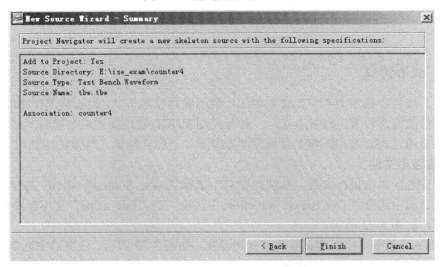

图 3-74　新建文件概要对话框

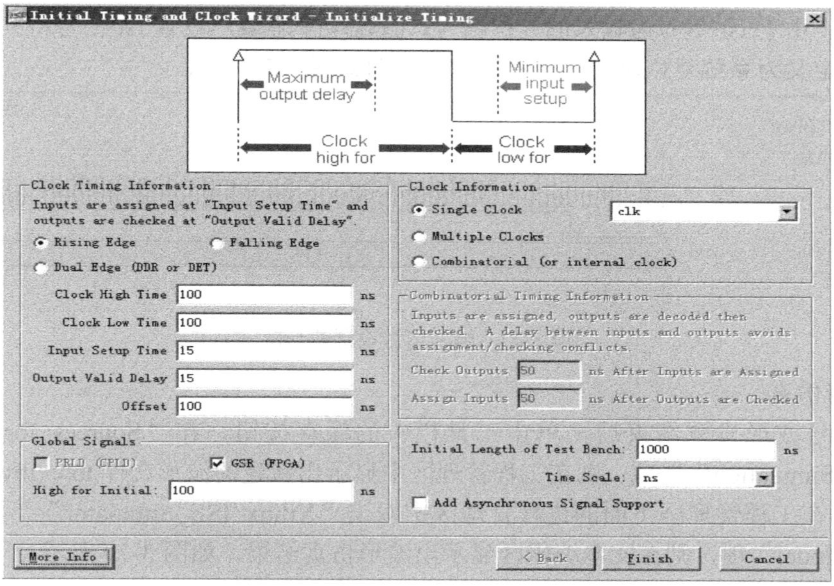

图 3-75 输入信号波形初始化对话框

2. 设置波形文件

根据设计程序的工作时钟频率，设置时序参数。时钟高电平和低电平时间相加为系统工作时钟周期，Input Setup Time 为输入信号建立时间，指在时钟信号上升沿到达前，输入信号必须保持稳定的时间；Output Valid Delay 为输出信号有效保持时间；Offset 为偏移时间。Initial Length of Test Bench 为波形仿真持续时间，本例中，将该时间长度由默认的 1000ns 改为 10000ns，其他参数为默认值，保持不变。单击"Finish"按钮，出现输入波形设置窗口，如图 3-76 所示。

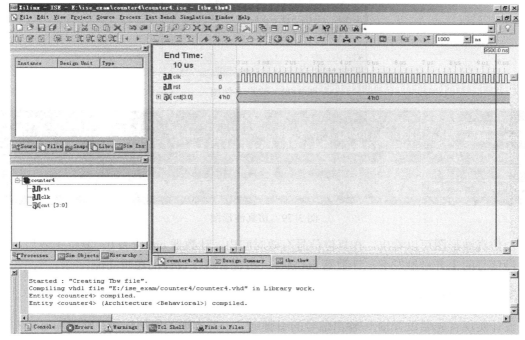

图 3-76 输入波形设置窗口

本例中,由于 rst 信号为输入的复位信号,且低电平有效,设置 rst 信号持续 6 个时钟周期低电平,定义为系统复位时间,设置后的波形图如图 3-77 所示。

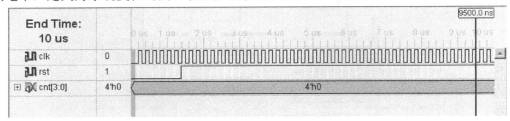

图 3-77　输入信号设置波形图

3. 波形仿真

输入信号波形设置结束后,单击工具栏中的保存按钮,在"Sources for"栏中选择"Behavioral Simulation"选项,则在工程管理区中显示出新建的波形文件 tbw (tbw.tbw),如图 3-78 所示,在工程管理区下面的进程管理区中双击"Xilinx ISE Simulator"下的 Simulator Behavioral Model"项,则在文本编辑区显示出波形仿真结果,如图 3-79 所示。

图 3-78　波形文件图

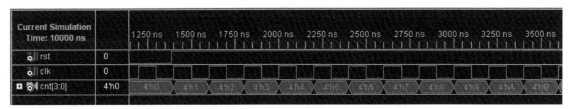

图 3-79　仿真波形图

由仿真波形图可以看出,在复位信号有效时间内,计数器 cnt 值为 0,复位无效后,在每个时钟信号的上升沿触发下,计数器 cnt 加 1,实现了程序设计的逻辑功能。

3.3.5　设计实现

设计实现首先要设置输入/输出信号的引脚定义,并实现工程的转换、映射和布局布线。

1. 新建引脚约束文件

在"Sources for"栏中选择"Implementation"项,如图 3-80 所示。右击工程管理区,在快捷菜单中选择"New Source",出现新建源文件对话框,如图 3-81 所示。

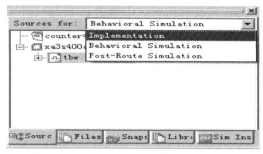

图 3-80 工程管理区

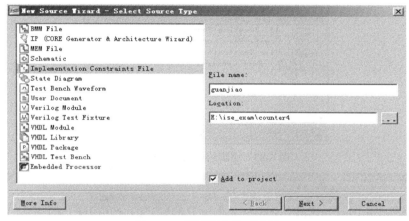

图 3-81 新建源文件对话框

选择新建文件类型为"Implementation Constraints File",输入文件名"guanjiao",单击"Next"按钮,出现新建文件概要对话框,如图 3-82 所示,单击"Finish"按钮。

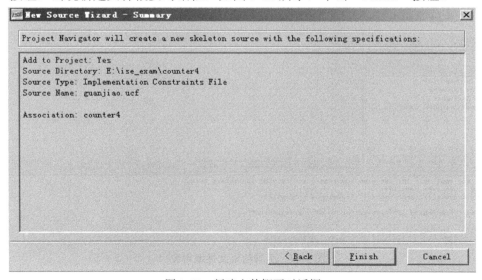

图 3-82 新建文件概要对话框

2. 编辑引脚约束文件

在工程管理区中显示出新建的引脚约束文件 guanjiao.ucf，如图 3-83 所示。单击 guanjiao.ucf 文件，在工程管理区下面的进程显示区中对应出现引脚约束文件的编辑操作，双击 "Edit Constraints(Text)" 项，在文件编辑区中弹出 guanjiao.ucf 编辑窗口，如图 3-84 所示。

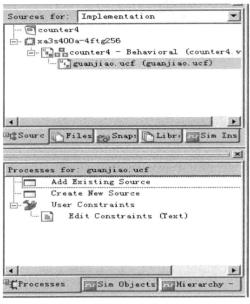

图 3-83 引脚约束文件编辑选项

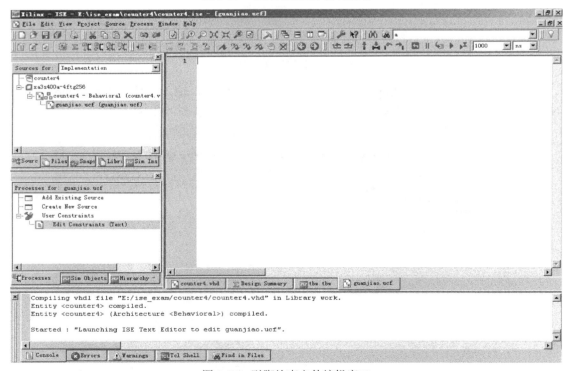

图 3-84 引脚约束文件编辑窗口

在引脚约束文件编辑窗口中，输入信号对应的引脚绑定，格式如图 3-85 所示。

```
1    NET    "clk"        LOC = "B8";
2    NET    "rst"        LOC = "A7";
3    NET    "cnt[0]"     LOC = "E16";
4    NET    "cnt[1]"     LOC = "H15";
5    NET    "cnt[2]"     LOC = "D14";
6    NET    "cnt[3]"     LOC = "D16";
```

图 3-85　引脚定义格式

3. 设计实现

引脚约束文件输入完毕后，单击工具栏中的保存按钮。在工程管理区中，单击 counter4-Behavior 文件名，在工程管理区下面的进程显示区中，双击"Implement Design"选项进行设计实现，完成设计转换、映射、布局布线等操作。如果引脚约束没有错误，则设计实现结束，进程显示区的"Implement Design"选项前出现绿色对钩标号，如图 3-86 所示。

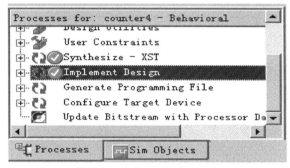

图 3-86　设计实现成功标志

3.3.6　下载配置

下载配置过程包括生成比特流文件，启动 iMPACT 工具将生成的比特流文件下载到 FPGA 内部，或将生成的比特流文件转换成 EEPROM 文件，并下载到 FPGA 的配置存储芯片中。下面介绍 JTAG 下载模式下将比特流文件直接下载到 FPGA 内部的流程。

1. 生成下载文件

在进程显示区中，双击"Generate Programming File"选项，以生成下载 bit 文件（比特流文件）。程序执行结束后，"Generate Programming File"选项前出现绿色对钩，表示 bit 文件已生成，如图 3-87 所示。

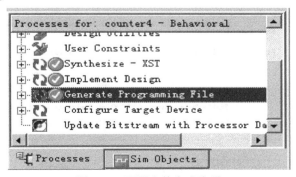

图 3-87　配置文件生成选项

2. 下载

双击"Configure Target Device"选项，启动 iMPACT 进行文件下载，在图 3-88 所示窗口中，选择默认第一个选项，进行 JTAG 扫描，单击"Finish"按钮。出现下载文件选择对话框，如图 3-89 所示，在该工程目录下选择生成的 counter4.bit 下载文件，单击"Open"按钮，弹出如图 3-90 所示对话框，显示出 JTAG 扫描链上的器件。

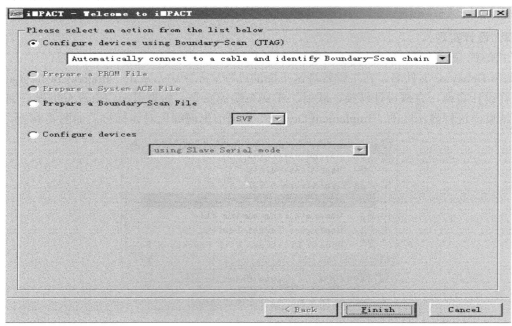

图 3-88 启动 iMPACT

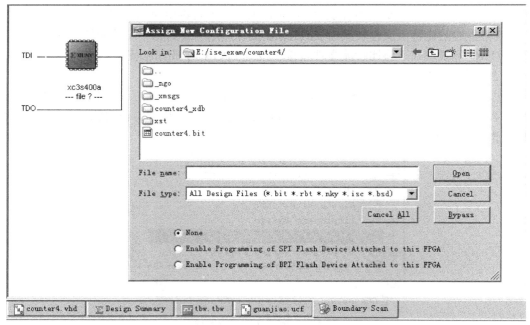

图 3-89 下载文件选择对话框

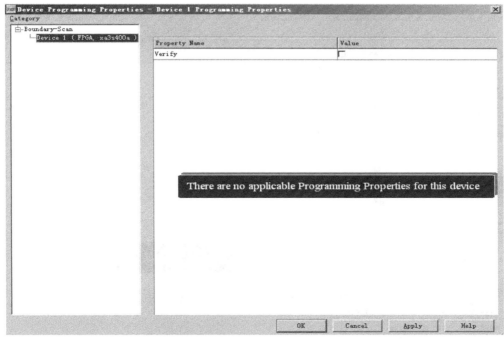

图 3-90 JTAG 扫描设备对话框

单击"OK"按钮,扫描结果如图 3-91 所示,显示 JTAG 扫描链对应的 FPGA 芯片及对应的下载配置文件。右击 XILINX 图标,在弹出的快捷菜单中选择"Program"命令,进行下载文件的配置,如图 3-92 所示,下载文件配置过程如图 3-93 所示。下载文件配置结束后,将会显示"Program Succeed"图标,如图 3-94 所示。

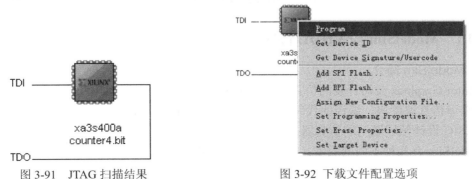

图 3-91 JTAG 扫描结果　　　　　　图 3-92 下载文件配置选项

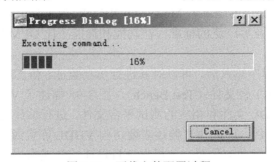

图 3-93 下载文件配置过程

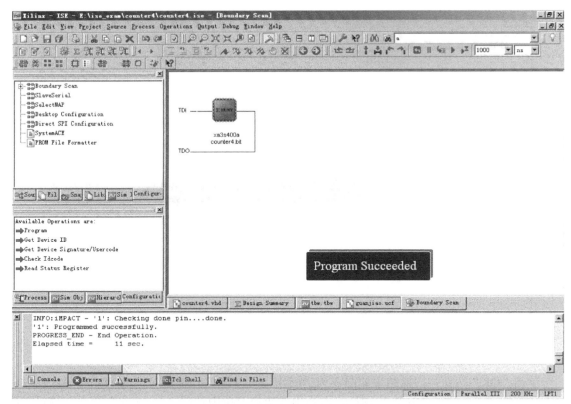

图 3-94　下载文件配置成功界面

3.4　ModelSim 仿真软件

3.4.1　ModelSim 与 VHDL 仿真概述

1. ModelSim 简介

Mentor Graphics 公司开发的仿真工具 ModelSim 支持 Verilog、VHDL 以及它们的混合仿真。其编译仿真速度快，编译的代码与平台无关，比 Quartus Ⅱ 自带的仿真器功能强大，是 FPGA/ASIC 设计领域通用的仿真器之一。

ModelSim 有几种不同的版本：SE、PE、LE 和 OEM，其中集成在 Actel、Atmel、Altera、Xilinx 及 Lattice 等 FPGA 厂商设计工具中的是 OEM 版本。为 Altera 提供的 OEM 版本是 ModelSim-AE，为 Xilinx 提供的版本为 ModelSim-XE。SE 版本为最高级版本，支持 PC、UNIX 和 Linux 混合平台，支持业界广泛的标准，在功能和性能上比 OEM 版本强。

2. VHDL 仿真流程

设计描述的 VHDL 程序输入后，可以对其进行仿真验证。仿真时需要为该 VHDL 设计实体输入激励程序，即测试平台文件（Test Bench），图 3-95 描述了 VHDL 的一般仿真过程。

首先仿真器读入 VHDL 文件和相应的测试平台文件，进行编译处理。由于 VHDL 项目文件还需要调用相应的库文件，因此仿真器还需要访问 VHDL 库资源。然后仿真器就可以通过测试平台的激励信号产生驱动信号源，并根据项目设计综合或布局布线的输出，实现功能或时序仿真，输出仿真波形或者数据。功能仿真是在布局布线前的仿真操作，主要验证 VHDL

设计的功能是否满足设计要求。时序仿真是在布局布线后的仿真操作,主要是对信号的时序进行分析验证。

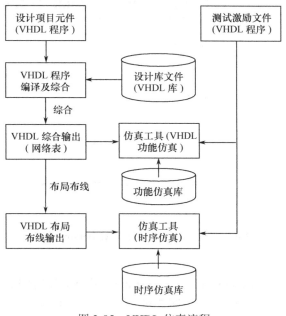

图 3-95　VHDL 仿真流程

3. 使用 ModelSim 的 VHDL 仿真

ModelSim 可以对 VHDL 描述的设计实体进行功能仿真和时序仿真,但是时序仿真需要 FPGA 厂商专业设计工具如 Quartus Ⅱ 综合后的网表文件.vo 才能进行。

ModelSim 仿真操作过程有两种方式:一是通过 Quartus Ⅱ 调用 ModelSim,Quartus Ⅱ 在编译之后自动把仿真需要的.vo 文件及仿真库加到 ModelSim 中,操作简单;二是在 ModelSim 中建立仿真项目,手动加入 Quartus Ⅱ 编译生成的网表文件和仿真库。

本书以半加器为例,介绍使用 Quartus Ⅱ 自动运行 ModelSim 方式下 VHDL 的仿真分析方法。

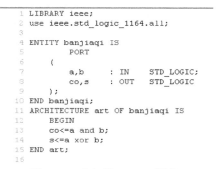

图 3-96　半加器 VHDL 程序

在 Quartus Ⅱ 中建立设计工程,输入如图 3-96 所示的半加器 VHDL 描述文件 banjiaqi.vhd,进行分析综合,详细步骤参见 3.2.1～3.2.3 节和 3.2.6 节。然后使用 ModelSim 对其进行仿真。

3.4.2　ModelSim 仿真步骤

1. ModelSim 调用设置

第一次用 Quartus Ⅱ 调用 ModelSim-AE 软件仿真,需要在 Quartus Ⅱ 环境中进行调用设置:选择"Tools"→"Options"菜单命令,弹出"Options"对话框,在"General"下的"EDA Tool Options"中设置 ModelSim 的路径,如图 3-97 所示,确认后完成设置。

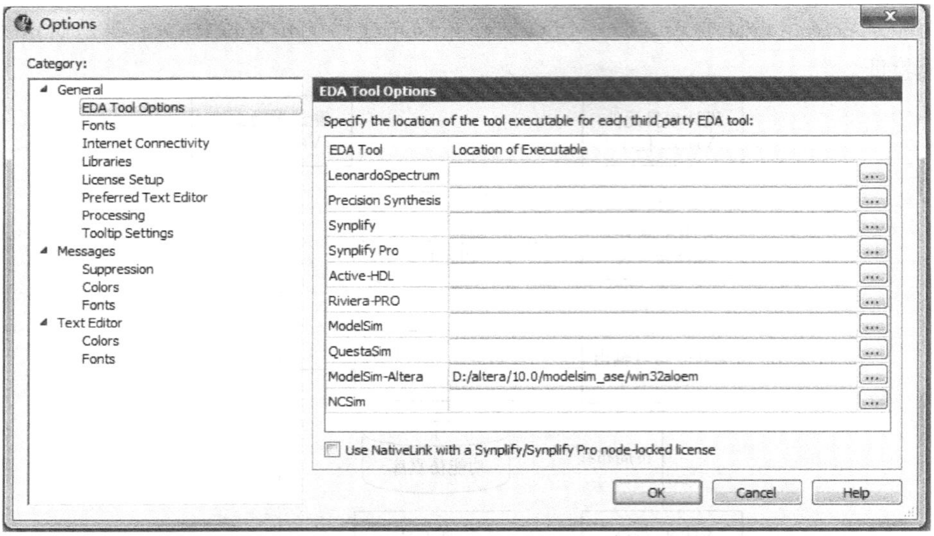

图 3-97 在 Quartus II 中设置 ModelSim 的路径

2. 仿真环境设置

选择 Quartus II 菜单"Assigenments"→"Settings"命令,弹出"Settings"对话框,在"EDA Tool Settings"下设置"Simulation",如图 3-98 所示,在"Tool name"下拉列表中选择仿真工具软件;在网表设置"EDA Netlist Writer settings"中设置输出网表格式(如 VHDL),输出路径采用默认设置,即当前工程目录中的 simulation/modelsim 目录。

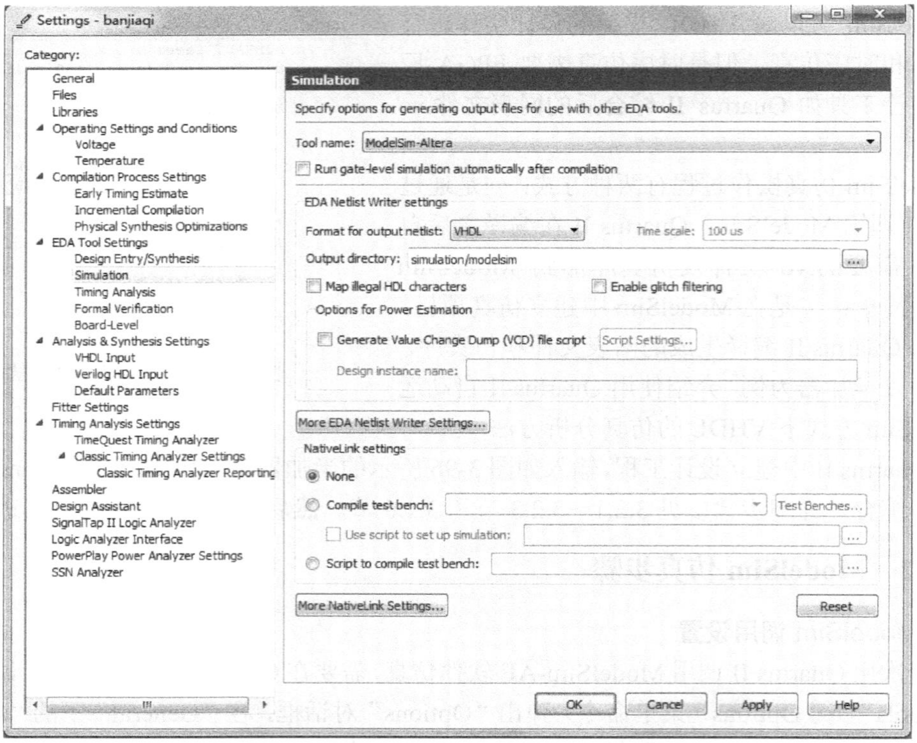

图 3-98 Quartus II 中仿真环境设置

3. 生成测试文件

选择 Quartus II 菜单 "Processing" → "Start" → "Start Test Bench Template Writer" 命令，自动生成 Test Bench 模板文件 banjiaqi.vht，保存至默认输出路径。

选择 "File" → "Open" 命令打开 Test Bench 文件，修改其内容，如图 3-99 所示。

```
LIBRARY ieee;
USE ieee.std_logic_1164.all;

ENTITY banjiaqi_vhd_tst IS
END banjiaqi_vhd_tst;
ARCHITECTURE banjiaqi_arch OF banjiaqi_vhd_tst IS

SIGNAL a : STD_LOGIC;
SIGNAL b : STD_LOGIC;
SIGNAL Co : STD_LOGIC;
SIGNAL s : STD_LOGIC;
COMPONENT banjiaqi
    PORT (
        a : IN STD_LOGIC;
        b : IN STD_LOGIC;
        Co : OUT STD_LOGIC;
        s : OUT STD_LOGIC
    );
END COMPONENT;
BEGIN
    i1 : banjiaqi
    PORT MAP ( a => a,  b => b,  Co => Co,   s => s);
a_gen:process
    begin
        a<='0';   wait for 100 ns;  a<='1';   wait for 100 ns;
        a<='0';   wait for 100 ns;  a<='1';   wait for 100 ns;   a<='0';
        wait;
    end process;
b_gen:process
    begin
        b<='0';
        wait for 200 ns;   b<='1';   wait for 200 ns;   b<='0';
        wait;
    end process;

END banjiaqi_arch;
```

图 3-99　修改后的 Test Bench 文件 banjiaqi.vht

4. 编译 Test Bench 测试文件

在图 3-98 的 "NativeLink settings" 栏中选中 "Compile test bench" 项，单击图 3-100 所示 "Test Benches" 按钮，打开如图 3-101 所示的 "Test Benches" 设置对话框，单击 "New" 按钮，在弹出的 "New Test Bench Settings" 对话框中输入 Test Bench 文件别名、Test Bench 文件顶层模块名、Test Bench 顶层模块中对 VHDL 源程序的例化名，浏览找到之前生成的 Test Bench 测试文件，单击 "Add" 按钮完成设置，如图 3-102 所示。

图 3-100　NativeLink settings 中编译 Test Bench 测试文件

5. 启动仿真

选择 Quartus II 菜单 "Tools" → "Run Simulation Tool" → "EDA RTL Simulation" 命令运行功能仿真，结果如图 3-103 所示。

选择 Quartus II 菜单 "Tools" → "Run Simulation Tool" → "EDA Gate Level Simulation" 命令运行时序仿真，结果如图 3-104 所示，可以观察输出延时信息和冒险毛刺信号。

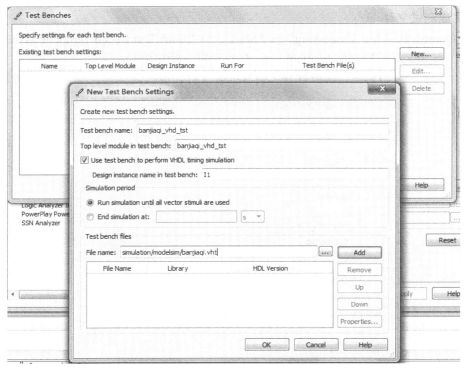

图 3-101　新建 Test Bench 测试文件

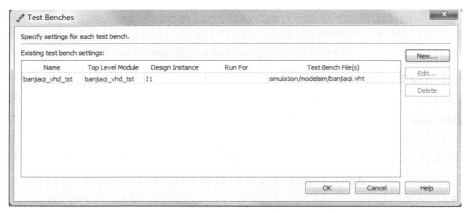

图 3-102　完成 Test Bench 测试文件添加

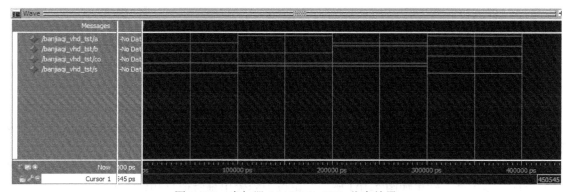

图 3-103　半加器 ModelSim RTL 仿真结果

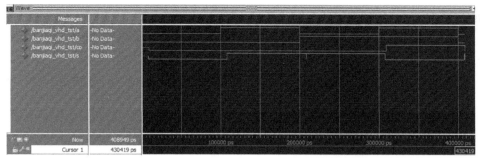

图 3-104　半加器 ModelSim Gate Level 仿真结果

3.4.3　VHDL 测试文件

测试平台文件为所测试的元件提供激励信号，可以使用 VHDL 语言来编写，语法基本同一般 VHDL 设计文件，但是结构和激励产生语句有所不同。

1．测试文件结构

以计数器设计文件及其测试文件为例，说明测试平台文件基本结构。例 3-1 的 VHDL 设计文件描述了一个异步复位、同步使能控制的十进制加法计数器，例 3-2 是 Quartus II 为该设计文件自动生成的测试文件。

【例 3-1】VHDL 设计文件。

```vhdl
library ieee;
use ieee.std_logic_1164.all;
use ieee.std_logic_unsigned.all;
entity cnt10 is
  port( clr,en,clk :in std_logic;
        q :out  std_logic_vector(3 downto 0));
end ;

architecture rtl of cnt10 is
  signal q1   :std_logic_vector(3 downto 0);
begin
    process (clr,clk)
      begin
        if   clr='0' then
           q1<=(others=>'0');
          elsif   clk'event and clk='1' then
           if en='1' then
              if q1=9 then
                 q1<="0000";
                else
              q1<=q1+1;
                end if;
           end if;
         end if;
    end process;
   q<=q1;
end rtl;
```

【例 3-2】 Quartus II 自动生成的测试文件。
```
LIBRARY ieee;
USE ieee.std_logic_1164.all;

ENTITY cnt10_vhd_tst IS              --测试平台文件的空实体（不需要定义端口）
END cnt10_vhd_tst;
ARCHITECTURE cnt10_arch OF cnt10_vhd_tst IS
SIGNAL clk : STD_LOGIC;              --局部信号、常量的声明
SIGNAL clr : STD_LOGIC;
SIGNAL en : STD_LOGIC;
SIGNAL q : STD_LOGIC_VECTOR(3 DOWNTO 0);
COMPONENT cnt10                      --被测试元件的声明
    PORT (
    clk : IN STD_LOGIC;
    clr : IN STD_LOGIC;
    en : IN STD_LOGIC;
    q : OUT STD_LOGIC_VECTOR(3 DOWNTO 0)
    );
END COMPONENT;
BEGIN
    i1 : cnt10                       --被测试元件的例化或映射
    PORT MAP (
    clk => clk,
    clr => clr,
    en => en,
    q => q
    );
init : PROCESS                       --初始及激励信号产生
    -- variable declaration
BEGIN
    -- code that executes only once
WAIT;
END PROCESS init;
always : PROCESS
-- optional sensitivity list
-- (         )
-- variable declarations
BEGIN
    -- code executes for every event on sensitivity list
WAIT;
END PROCESS always;
END cnt10_arch;
```

从例 3-2 可以看出，VHDL 仿真测试文件结构由程序包、空实体、结构体组成，其中结构体包含被测试元件声明、内部信号声明、被测试元件例化、激励信号产生等模块。其中，激励信号产生模块需要进一步修改设计。

2．激励信号产生

在测试平台文件中，常用的激励信号有两种：一种是周期性变化的激励信号，如时钟信号；一种是普通的时序变化信号，例如复位信号及其他输入信号。

（1）时钟信号

时钟信号可以是方波或者占空比可设置的矩形波。时钟信号设置可采用并行赋值语句或进程语句描述。

【例3-3】用并行信号赋值语句建立周期为40ns的时钟信号。
```
A<= not A after 20ns;
```
【例3-4】用并行条件信号赋值语句定义一个周期为PERIOD，占空比25%的时钟信号。
```
W-CLK<= '0' after PERIOD/4 when W-CLK='1' else
        '1' after 3*PERIOD/4 when W-CLK='0' else
        '0' ;
```
【例3-5】用进程语句建立周期为40ns的时钟信号。
```
clk_gen1:process
constant clk_period: TIME:=40ns;
begin
  clk<='1';
  wait for clk_period/2;
  clk<='0';
  wait for clk_period/2;
end process;
```

上述进程语句设置的时钟信号clk周期为40ns，在一个时钟周期内高电平为20ns，低电平为20ns，即占空比50%。

【例3-6】用进程语句定义一个占空比25%的时钟信号。
```
clk_gen2:process
  constant clk_period: TIME:=40ns;
  begin
    clk<='1';
    wait for clk_period/4;
    clk<='0';
    wait for 3*clk_period/4;
  end process;
```

（2）复位信号

仿真开始需要初始化系统，使用复位信号对系统进行复位，如图 3-105 所示的复位信号描述见例3-7、例3-8。

图 3-105　复位信号 clr 波形图

【例3-7】用并行信号赋值语句描述复位信号。
```
clr <= '0','1' after 100ns;
```
【例3-8】用进程语句描述复位信号。
```
clr_gen:process
  begin
    clr<='0';
    wait for 100 ns;
    clr<='1';
```

```
        wait;
    end process;
```
（3）一般的激励信号

通常使用 WAIT 语句来定义一般的激励信号。例 3-9 描述的激励信号的波形如图 3-106 所示。

图 3-106　使能信号 en 波形图

【例 3-9】用进程语句描述一般激励信号。
```
    en_gen:process
      begin
        en<='0';
        wait for 100ns;
        en<='1';
          wait for 100ns;
        en<='0';
          wait for 50ns;
        en<='1';
        wait;
    end process;
```
综合以上示例，完善后的计数器测试平台文件见例 3-10，功能仿真结果如图 3-107 所示。

【例 3-10】例 3-1 计数器的测试平台文件。
```
    LIBRARY ieee;                                    --库、程序包调用
    USE ieee.std_logic_1164.all;

    ENTITY cnt10_vhd_tst IS                          --测试平台文件的空实体
    END cnt10_vhd_tst;
    ARCHITECTURE cnt10_arch OF cnt10_vhd_tst IS      --结构体描述
      SIGNAL clk : STD_LOGIC;                        --内部信号声明
      SIGNAL clr : STD_LOGIC;
      SIGNAL en : STD_LOGIC;
      SIGNAL q : STD_LOGIC_VECTOR(3 DOWNTO 0);
    COMPONENT cnt10                                  --被测试元件的声明
     PORT (
      clk : IN STD_LOGIC;
      clr : IN STD_LOGIC;
      en : IN STD_LOGIC;
      q : OUT STD_LOGIC_VECTOR(3 DOWNTO 0)
      );
    END COMPONENT;
      CONSTANT  clk_period :time :=40 ns;            --时钟周期定义
    BEGIN
      U1:cnt10  PORT  MAP  (clk=>clk,en=>en,clr=>clr,q=>q ); --被测试元件例化
      clk_gen:process                                --时钟信号设置
       begin
        wait for clk_period/2;
```

```
        clk<='1';
        wait for clk_period/2;
        clk<='0';
      end process;
      clr_gen:process                            --复位激励信号设置
      begin
        clr<='0';
        wait for 100 ns;
        clr<='1';
        wait;
      end process;
      en_gen:process                             --使能激励信号设置
      begin
        en<='0';
        wait for 100ns;
        en<='1';
        wait for 100ns;
        en<='0';
        wait for 50ns;
        en<='1';
        wait;
      end process;
    END cnt10_arch;
```

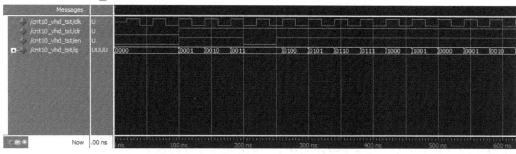

图 3-107 计数器 ModelSim 功能仿真波形

习 题 3

3-1 在 isp Design EXPERT System 开发软件中使用原理图输入方式设计一个一位全加器。

3-2 isp Design EXPERT System 开发软件中调用的综合工具是什么？

3-3 在 isp Design EXPERT System 开发软件中使用 VHDL 输入方式设计一个具有异步复位功能的 4 位二进制加法计数器。

3-4 使用 Quartus II 开发软件设计一个 3 线-8 线译码器，编写 Test Bench 测试文件，并用 ModelSim 进行波形仿真，得到仿真波形图。

3-5 功能仿真和时序仿真有何区别？

3-6 ISE 开发软件中自带的综合工具是什么？

3-7 ISE 的下载配置工具是什么？

第4章 VHDL 语言基础

硬件描述语言 HDL（Hardware Description Language）是系统逻辑描述的主要表达方式，也是 EDA 技术中的关键，常见的 HDL 有 ABEL、AHDL、VHDL、Verilog HDL 和 System C 等。其中，VHDL、Verilog HDL 作为 IEEE 的工业标准硬件描述语言，得到众多 EDA 开发软件的支持，应用最为广泛。

超高速集成电路硬件描述语言 VHDL（Very high speed integrated circuit Hardware Description Language），诞生于 1982 年美国国防部所支持的研究计划。VHDL 的优点主要有：

① 覆盖面广，描述能力强，是一种多层次的硬件描述语言。

② VHDL 有良好的可读性，它可以被计算机接受，也很容易被读者理解。用 VHDL 书写的源文件，既是程序又是文件，既是技术人员之间交换信息的文件，又可作为合作签约的文件。

③ VHDL 的移植性很强。因为它是一种标准硬件描述语言，故它的设计描述可以被不同的 EDA 工具所支持。这意味着同一个 VHDL 设计描述可以在不同的设计中采用。目前，在 PLD 设计输入中广泛使用 VHDL，并且规定每个 PLD 的开发系统都要支持 VHDL。

④ VHDL 本身的生命周期长。因为 VHDL 的硬件描述与器件工艺无关，不会因为工艺变化而使描述过时。与工艺有关的参数可通过 VHDL 提供的属性加以描述，当生产工艺改变时，只需要修改相应程序中的参数即可。

VHDL 集成了各种硬件描述语言的优点，使数字系统设计更加简单和容易。本书将重点介绍 VHDL 语言常用的语法、语句及描述方式。

4.1 VHDL 语言的基本组成

VHDL 可以把任意复杂的电路系统视作一个模块。一个模块可分为 3 个主要组成部分：参数部分（程序包）、接口部分（设计实体）、描述部分（结构体）。图 4-1 给出了 VHDL 设计模块示意图。

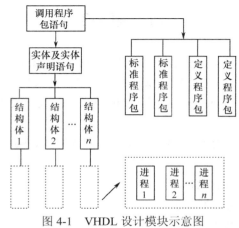

图 4-1　VHDL 设计模块示意图

【例4-1】具有异步清零、进位输入/输出功能的4位计数器。

```vhdl
LIBRARY  ieee;                              --库、程序包调用
USE ieee.std_logic_1164.ALL;
USE ieee.std_logic_unsigned.ALL;
USE ieee.std_logic_arith.all;

ENTITY cntm16 IS                            --实体cntm16
GENERIC(cntwidth:integer:=4);
  PORT
    ( ci     : IN   std_logic;
      nreset : IN   std_logic;
      clk    : IN   std_logic;
      co     : OUT  std_logic;
      qcnt   : BUFFER std_logic_vector(cntwidth-1 DOWNTO 0)
      );
END cntm16;

ARCHITECTURE  behave  OF  cntm16  IS       --结构体
BEGIN
  co<='1' WHEN (qcnt="1111" AND ci='1') ELSE '0';
  PROCESS (clk,nreset)
    BEGIN
      IF (nreset='0') THEN
         qcnt<="0000";
      ELSIF(clk'event AND clk='1') THEN
         IF(ci='1') THEN
           qcnt<=qcnt+1;
         END IF;
      END IF;
  END PROCESS;
END behave;
```

该VHDL模块由LIBRARY和USE引导的库和程序包的参数部分开始；以ENTITY引导的实体中描述了器件的接口情况；以ARCHITECTURE引导的结构体中描述了器件的逻辑功能。

另外，为了便于程序的阅读和调试，VHDL程序有如下约定：

① 语句结构描述中方括号"[ ]"内的内容为可选内容；

② 对于VHDL的编译器和综合器来说，程序文字的大小写是不加区分的；

③ 程序中的注释使用双横线"--"。

4.1.1 参数部分

参数部分主要由库和程序包说明语句组成。

库主要用来存放已经编译的实体、结构体、程序包和配置。库中的各个设计单元可以用作其他设计的资源，一个设计可以使用多个库中的设计单元。需要时必须在每个设计的VHDL源代码的开头说明要引用的库，然后使用USE子句说明要使用库中的哪一个设计单元。

程序包有 IEEE 标准程序包或设计者自己设计的程序包，自行设计的程序包默认存放在当前工作库 WORK 中，并且已经隐式打开，设计可调用程序包的数量不限。

程序包是设计中的子程序和公用数据类型的集合，是构成设计工具的工具箱。工具箱中最基本的工具是数据类型包，调用此标准程序包的语句见例 4-2。

【例 4-2】库说明和包说明举例。

```
LIBRARY  IEEE;  --库说明
USE IEEE.STD_LOGIC_1164.ALL;  --包说明
```

存放在 IEEE 库中的 STD_LOGIC_1164.ALL 程序包主要包含一些数据类型的定义。库和程序包的说明语句位于程序的开始部分，则在其后的实体或结构体中可以任意使用其中的数据类型。

VHDL 程序设计常使用的程序包还有 std_logic_unsigned.all 和 std_logic_arith.all。将上述 3 个程序包全部列出，可满足一般设计对数据类型及运算符的需求。

4.1.2 实体部分

每个 VHDL 模块中仅有一个设计实体，它类似于原理图中的一个部件符号。实体并不描述设计的具体功能，只用于定义该设计所需的全部输入/输出信号，即说明设计的外部接口特征。

1. 实体格式

实体的格式如下：

ENTITY 实体名 IS
[**GENERIC**(常数名：数据类型[:=设定值])];
　　PORT
　　　(端口名：方向(端口模式) 端口类型；
　　　　　　⋮
　　　端口名：方向(端口模式) 端口类型
　　　);
END 实体名;

实体由"ENTITY 实体名 IS"开始，以"END 实体名；"结束，内部包含可选的 GENERIC 类属参数说明语句和 PORT 端口语句。实体名即 VHDL 的模块名，实体之间通过实体名连接，一般要求实体名与 VHDL 的设计文件同名，如例 4-1 中的实体名为"cntm16"，设计文件名为"CNTM16.VHD"。

2. GENERIC 类属参数

类属参数 GENERIC 定义端口界面常数，常用来规定端口宽度、器件延迟时间等参数。类属参量的值可由设计实体的外部提供。因此，设计者可以从外面通过类属参量的重新设定而容易地改变一个设计实体或一个元件的内部电路结构和规模。

例 4-1 中定义计数输出宽度参数 cntwidth，并设初值为 4，那么可以很容易地通过改变其设定值来改变计数器的规模，比如将其调整为 GENERIC（cntwidth:integer:=8），则该 VHDL 模块描述了一个 8 位二进制计数器。

3. PORT 端口

PORT 端口说明语句用于定义模块所有的输入/输出信号，相当于定义了一个模块符号，如例 4-1 的实体定义了如图 4-2 所示的原理图符号。

每个端口需要定义端口信号名、端口模式、端口数据类型。

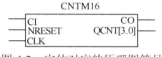

图 4-2 实体对应的原理图符号

（1）端口信号名

端口信号名在实体中必须是唯一的，信号名应是合法的标识符。

（2）端口模式

端口模式有以下几种类型，用于指定端口信号的流向，可用图 4-3 说明。

① IN：输入信号，信号进入实体，不能给输入端口赋值。
② OUT：输出信号，信号离开实体，不能在内部反馈使用，即不能读入输出端口的数据。
③ INOUT：双向端口信号，信号是双向的，既可以进入实体，也可以离开实体。
④ BUFFER：输出信号，信号输出到实体外部，但同时也可以在实体内部反馈。

图 4-3 端口模式说明

（3）端口数据类型

VHDL 具有丰富的数据类型，除了预定义的数据类型外，还可以自定义数据类型，端口信号使用前必须定义其数据类型。例 4-1 的端口数据类型有 std_logic 和 std_logic_vector，是在 ieee.std_logic_1164.all 程序包中说明的。

【例 4-3】4 位全加器的实体描述。

```
Entity add4 is
Port (a,b: in std_logic_vector (3 downto 0);
      Ci: in std_logic;
      Sum: out std_logic_vector (3 downto 0);
      Co: out std_logic);
End add4;
```

4.1.3 结构体部分

结构体主要用来描述实体的内部结构，即描述一个实体的功能。VHDL 结构体有多种描述方式：行为描述方式、数据流描述方式、结构描述方式、混合描述方式等。设计者可以根据具体情况适当选择。

结构体的一般格式为：

ARCHITECTURE 结构体名 OF 实体名 IS

[结构体说明部分]；

BEGIN

结构体描述部分；

END 结构体名；

结构体以关键字 ARCHITECTURE 为标志，包括可选的说明部分和描述部分，结构体结构图如图 4-4 所示。

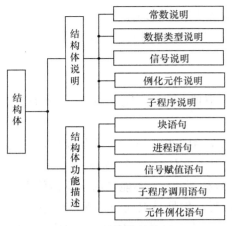

图 4-4　结构体结构图

说明部分用于数据类型、常数、信号、子程序和元件等元素的说明。

描述部分用于描述实体逻辑行为，由各种不同的描述风格表达的功能语句组成，主要有 5 种不同类型的、以并行方式工作的语句结构，而在每一语句结构的内部可能含有并行运行的逻辑描述语句或顺序运行的逻辑描述语句。这些语句结构也是学习 VHDL 语言的关键，代表着不同的描述风格。

1. 行为描述

所谓行为描述（Behavioral Descriptions）是描述该设计单元的功能，即该硬件能做什么，主要使用函数、过程和进程语句，以算法形式描述数据的变换和传送。

【例 4-4】行为描述方式的 4 位等值比较器。

```
Library ieee;
Use ieee.std_logic_1164.all;
Use ieee.std_logic_unsigned.all;
Use ieee.std_logic_arith.all;

Entity eqcomp4 is
Port (a,b: in std_logic_vector (3 downto 0);
    equals: out std_logic);
End eqcomp4;

Architecture behavioral of eqcomp4 is
Begin
  Comp:process (a,b)
    Begin
      If a=b then
        Equals<='1';
      Else
        Equals<='0';
      End if;
    End process comp;
End behavioral;
```

例 4-4 描述了一种行为描述方式的 4 位等值比较器。可以看出行为描述是采用进程语句（Process）和顺序语句（If）来实现描述模块功能的。

2．结构描述

所谓结构描述（Structural Descriptions）是描述该设计单元的硬件结构，即该硬件是如何构成的。通过调用库中的元件或是已设计好的模块来完成功能的描述，主要使用元件说明语句及元件例化语句来描述元件的类型及元件的互连关系。例 4-5 是用结构描述方式描述的 4 位等值比较器。等值比较器的电路结构如图 4-5 所示。

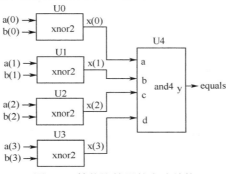

图 4-5　等值比较器的电路结构

【例 4-5】 结构描述方式的 4 位等值比较器。

```
Library ieee;
Use ieee.std_logic_1164.all;
Use ieee.std_logic_unsigned.all;
Use ieee.std_logic_arith.all;

Entity eqcomp4 is
Port (a,b: in std_logic_vector (3 downto 0);
    equals: out std_logic);
End eqcomp4;

Architecture struct of eqcomp4 is
  Component xnor2                              --元件说明
    Port (a,b:in std_logic;
          X: out std_logic);
  End component;
  Component and4
    Port (a,b,c,d:in std_logic;
          y: out std_logic);
  End component;
  Signal x:std_logic_vector(0 to 3);
Begin
  U0: xnor2  port map (a(0),b(0),x(0));        --元件例化
  U1: xnor2  port map (a(1),b(1),x(1));
  U2: xnor2  port map (a(2),b(2),x(2));
  U3: xnor2  port map (a(3),b(3),x(3));
  U4: and4   port map (x(0),x(1),x(2),x(3),equals);
End struct;
```

例 4-5 在结构体说明部分使用 Component 元件说明语句，说明了 xnor2 和 and4 两个元件；在结构体描述部分使用 port map 元件例化语句来调用并说明了元件 xnor2 和 and4 的互连关系。结构式描述方式要求设计者熟悉电路的原理结构，需要有一定的电路设计基础。

3. 数据流描述

所谓数据流描述（Dataflow Descriptions）是从信号到信号的数据流的路径形式进行描述。主要使用并行的信号赋值语句，既显式表示了该设计单元的行为，也隐式表示了该设计单元的结构。

【例 4-6】
```
Library ieee;
Use ieee.std_logic_1164.all;
Use ieee.std_logic_unsigned.all;
Use ieee.std_logic_arith.all;

Entity eqcomp4 is
Port (a, b: in std_logic_vector (3 downto 0);
    equals: out std_logic);
End eqcomp4;

Architecture dataflow of eqcomp4 is
Begin
  Equals<='1' when (a=b) else '0';           --并行信号赋值语句
End dataflow;
```

一个实体可有多种方案的结构体，但仿真和综合时要用 configuration 配置语句选择一个结构体映射到硬件电路，即为实体选择、指定或者激活一个结构体。

4.2 VHDL 语言要素

在 VHDL 模块结构中出现的主要元素有：数据对象、数据类型、运算符、属性等。本节将介绍这些 VHDL 语言要素。

4.2.1 文字规则

1. 标识符

标识符用来定义常量、变量、信号、端口、子程序或参数的名字，由英文字母、数字及下画线"_"组成。使用时应注意以下几点：

① VHDL 字母不区分大小写；
② 第一个字符必须是英文字母；
③ 最后一个字符不能是下画线；
④ 不能连续使用下画线；
⑤ 不能使用保留字（关键字）作为标识符。

【例 4-7】下列标识符是非法的。
```
3_input         --第一个字符必须是英文字母
_encoder        --第一个字符必须是英文字母
```

```
    rx_data_            --最后一个字符不能是下画线
    tx_ _data           --下画线不能连续使用
    tx#data             --字符只能是英文字母、数字、下画线
    entity              --不能使用保留字
```

2. 数值表示

（1）整数表示

整数表示十进制数值，如：

```
    11   123   135E2（=13500）   12_345_678（=12345678）
```

数字之间的下画线仅便于数值阅读，相当于一个空的间隔符，不影响数值的大小。

（2）实数表示

实数也表示十进制数值，必须带有小数点，如：

```
    1.25   2.0   1.56E-3（0.00156）   1_120.123_678（1120.123678）
```

（3）数制基数表示

此种数值表示可由 5 部分组成。第一部分用十进制数表示数值的基数；第二部分为隔离符号"#"；第三部分为该基数下对应的数值；第四部分为隔离符号"#"；第五部分为十进制表示的指数部分，此处数值如果为 0 可以省去不写。例如：

```
    2#1110#              --二进制表示数值 14
    8#120#               --八进制表示数值 80
    10#180#              --十进制表示数值 180
    16#A0#               --十六进制表示数值 160
    10#12#E2             --十进制表示数值 1200
    16#D#E1              --十六进制表示数值 208
```

3. 字符串

字符是用单引号引起来的 ASCII 字符，可以是数值，也可以是符号或字母，如：

```
    'R','a','*','Z','-','0'…
```

字符串是放在双引号中的一维字符数组。VHDL 中有两种类型的字符串：文字字符串和数位字符串。

（1）文字字符串

文字字符串是一串文字，如：

```
    "ERROR","NOTE","X","FAIL"…
```

（2）数位字符串

数位字符串也称位矢量，是 BIT 数据类型的一维数组，即每位取值有"0"、"1"两种可能的多位二进制数字。可以用二进制（B）、八进制（O）或十六进制（X）表示，数位字符串由基数符和双引号中的数值组成，其位矢量的长度即为等值的二进制数的位数。如：

```
    B"1_0101_1010"       --二进制数数组，长度是 9
    O"17"                --八进制数数组，长度为 6
    X"A2E0"              --十六进制数数组，位矢数组长度是 16
```

4. 下标名及下标段名

下标名用于指示数组型变量或信号的某一元素，而下标段名则用于指示数组型变量或信号的某一段元素，其语句格式分别为：

数组名（表达式）；

数组名（表达式1 to/downto 表达式2 ）；

其中，表达式取值必须是数组下标范围内的数值。如：

```
signal a,b: bit_vector(7 downto 0);
signal c,d: bit;
a<="01000111";                        --给a(7)到a(0)赋值为"01000111"
c<= a(6);                             --把a(6)值'1' 赋值给c
b(7 downto 4)<=a(3 downto 0);         --a的低4位赋给b的高4位
b(0 to 3)<=a(4 to 7);                 --a的高4位赋给b的低4位
d<= a(0);                             --把a(0)值'1' 赋值给d
```

4.2.2 数据对象

VHDL 的数据类似于一种容器，接受不同数据类型的赋值。VHDL 常用的数据对象有信号（Signal）、变量（Variable）和常量（Constant）这 3 种，其中变量和常量与软件语言中含义类似，而信号则具有更多的硬件特性，是 VHDL 中最有特色的语言要素之一。

1. 常量

常量是一个恒定不变的值，一旦定义并赋值后，在程序中不能再改变，因而具有全局性意义。常量的定义和设置主要是为了阅读和修改程序的方便。

（1）定义格式

常量定义语句格式如下，定义常量的数据类型并进行赋值。

CONSTANT 常量名:数据类型:=表达式;

注意：表达式的取值符合数据类型要求。

【例 4-8】常量说明实例：

```
CONSTANT DBUS:BIT_VECTOR:="01011010";
```

定义 BIT_VECTOR 位矢量型常量 DBUS，取值 "01011010"。

```
CONSTANT VCC:REAL:=5.0;
```

定义 REAL 实数型常量 VCC，取值 5.0。

```
CONSTANT DELY:TIME:=25ns;
```

定义 TIME 时间型常量 DELY，取值 25 ns。

（2）定义位置及可视性

常数定义语句的位置可以在实体、结构体、程序包、块、进程和子程序等设计单元中。不同的定义位置决定着其可视性，即常数的使用范围。

程序包中定义的常量具有最大的可视性，可以用在调用该程序包的所有设计实体；设计实体中定义的常量，其使用范围是实体定义的所有结构体中；结构体中定义的常量则只在该结构体中可视；如果常量定义在结构体内的某一单元，如进程内，则只在该进程中可用。

2. 变量

变量可以多次赋值，其赋值代表一种理想化的数据传输，立即执行，没有延迟，且不能将信息带出对它定义的结构，因此是一个局部量。变量的主要作用是在某一算法描述中作为临时的数据存储单元，只有数学上的含义，类似于其他软件语言中的变量。

（1）定义格式

变量定义的一般格式如下，定义变量的数据类型并赋初始值。

VARIABLE 变量名：数据类型 [:=表达式];

表达式用于对变量赋初始值，其取值的类型要与定义的变量数据类型一致。由于硬件电路上电后的随机性，综合器并不支持设置初始值，即对变量初始值的定义不是必需的，也没有实际意义。变量赋值需要专门的赋值语句执行。

（2）变量赋值

变量赋值的格式如下：

目标变量名:= 表达式;

":="是变量赋值符，其赋值操作是立即执行的；表达式的取值要符合目标变量的数据类型。

（3）定义位置及可视性

变量作为局部量，在进程内部或子程序的顺序语句中定义，其使用范围也仅在定义变量的进程或顺序语句结构中。同一变量可以多次赋值，其结果与赋值语句的顺序有关，变量赋值语句的执行与顺序执行的软件语言中的赋值操作十分类似。

【例4-9】变量说明实例：

```
VARIABLE  x,y: INTEGER;
```

定义变量 x 和 y，整数类型。

```
VARIABLE  count: INTEGER RANGE 0 TO 255:=10;
```

定义变量 count，整数类型，取值在 0~255，初始值为 10。

3. 信号

信号是描述硬件系统的基本数据对象，是物理量，对应于电路的连线和节点。信号说明全局量，用于描述结构体、实体、程序包。信号可以连续赋值，但是是延时赋值，对应信号的传输延时。

（1）定义格式

信号定义的一般格式如下，定义信号的数据类型并赋初始值。

SIGNAL 信号名：数据类型 [:=表达式];

表达式用于对信号赋初始值，其取值的类型要与定义的信号数据类型一致。对信号初始值的定义也不是必需的。信号赋值需要专门的赋值语句执行。

【例4-10】信号说明实例：

```
SIGNAL sys_clk: BIT:='0';
```

定义 BIT 型信号 sys_clk，设初值"0"。

```
SIGNAL data_bus: std_logic_vector(7 Downto 0):= (others=>'1');
```

定义 std_logic_vector 型信号 data_bus，初始值为"11111111"。

（2）信号赋值

信号赋值的格式如下：

目标信号名<= 表达式 [AFTER 时间量];

"<="是信号赋值符，其赋值操作是延时执行的，AFTER 子句用于设置延时量，即使设置为零延时，也要经历一个特定的延时。执行表达式的取值要符合目标信号的数据类型；顺序结构如进程内信号赋值属于顺序赋值，且同一信号可以多次赋值，但只有最后的赋值语句被执行，完成相应的赋值操作；并行结构如结构体中的信号赋值属于并行赋值，各赋值操作独立并行地发生，且不允许同一目标信号进行多次赋值。

【例4-11】信号赋值实例：

```
SIGNAL a,b,c,y,z: INTEGER;
```

```
...
PROCESS (a,b,c)
BEGIN
y <= a - b;
z <= c - a;
y <= a;
END PROCESS;
```

进程启动后,信号赋值顺序执行,但是第一个赋值语句不会执行,因为 y 的最后一项驱动源是 a,因此 y 被赋值为 a。而在并行的结构体中,不允许上例所示的同一信号有多个赋值源的情况出现。

(3) 定义位置及可视性

信号定义语句的位置可以在实体、结构体、程序包等设计单元中。

程序包中定义的信号具有最大的可视性,可以用在调用该程序包的所有设计实体中;设计实体中定义的信号,其使用范围是实体定义的所有结构体中;结构体中定义的信号则只在该结构体中可视;而进程和子程序的顺序语句中不允许定义信号,但是其外部定义的信号则可以将信息自由带入、带出其中。

【例 4-12】

```
library ieee;
use ieee.std_logic_1164.all;
use ieee.std_logic_arith.all;
use ieee.std_logic_unsigned.all;

entity bcdadder is
  port (op1,op2 : in integer range 0 to 9;
      result : out integer range 0 to 31);
end bcdadder;

architecture behave of bcdadder is
  constant adjustnum : integer:=6;        --定义一常量:整数型,值为 6
  signal binadd : integer range 0 to 18;--定义一个信号,以保存两个二进制数的和

    begin
      binadd<=op1+op2;                    --信号赋值
    process(binadd)
      variable tmp:integer:=0;            --定义一变量,并赋初值 0
      begin
        if binadd>9 then
          tmp:=adjustnum;                 --变量赋值,立即起作用
        else
          tmp:=0;
        end if;
          result<=binadd+tmp;
    end process;
end behave;
```

例 4-12 为一位 BCD 码的加法器,从中可看出信号、变量及常量的定义及使用方法。

4. 常量、变量、信号比较

信号和变量可以被连续地赋值，而常量只能被赋值一次。信号和变量又有所不同，主要区别有以下几点。

① 变量是立即赋值，即立即接受当前的赋值，无延时，而信号赋值要到未来的某个时刻才接受当前的值，具有延时性。

② 变量是一个局部量，只能在子程序和进程中使用，而信号为全局量，可在多个进程中使用，可实现进程之间的通信。

③ 变量不能列入进程的敏感信号列表，即变量不能作为敏感表信号，而信号可以列入进程的敏感列表。

④ 变量的赋值符号为":="，信号的赋值符号为"<="。

4.2.3 VHDL 中的数据类型

在数字电路中的信号分为逻辑信号和数值信号。逻辑信号包含布尔（Boolean）、位（Bit）和标准逻辑（Std_Logic），而数值信号包含整数（Integer，Unsigned）和实数（Real）。根据定义位置及引用方式不同，VHDL 中的数据类型可分为标准预定义数据类型、IEEE 预定义标准逻辑类型、其他预定义数据类型和用户自定义数据类型。

标准数据类型在 VHDL 标准程序包 Standard 中定义，使用时无须调用程序包可直接使用。IEEE 预定义标准逻辑类型在 IEEE 库 Std_Logic_1164 程序包中定义，使用时需要显式调用。VHDL 综合工具的扩展程序包中还定义了一些有用的类型，使用时也需要显式打开。另外，用户根据需要可以自定义新的数据类型或者已有类型的子类型。

1. 标准预定义数据类型

（1）整数（Integer）

整数类型的数值包括正整数、负整数和零，可以使用加"+"、减"−"、乘"*"、除"/"运算符进行算术运算。

整数类型的取值范围是−2147483547～2147483646。

例如：

```
Signal A  :Integer;
Signal B  :Integer range 0 to 7;
Signal A  :Unsigned(3 Downto 0);     --4 位无符号整数
variable C :Unsigned(7 Downto 0);    --8 位无符号整数
```

（2）实数（Real）

实数类型的取值范围是−1.0E38～1.0E38，书写时一定要有小数点。实数类型一般仅能在 VHDL 仿真器中使用，而 VHDL 综合器不支持实数，因为实数类型的实现相当复杂，目前在电路规模上难以承受。

（3）位（Bit）

位数据类型的取值只能是'1'或'0'，分别表示高电平和低电平。位数据类型的数据对象可以进行逻辑运算，运算结果还是 Bit 型的。例如：

```
signal a,b,c: bit;   --定义信号 a,b,c,且 a、b、c 均为位数据类型
c<= a and b;         --将 a、b 与运算的结果赋值给 c
```

（4）位矢量（Bit_Vector）

位矢量是基于位数据类型的数组，即用双引号括起来的一组位数据。定义时要注明位矢

量的位宽，即数组中元素个数和排列。例如：

```
Signal a: bit_vector( 7 downto 0):="11001010";
```

定义 8 位位矢量，a(7)～a(0)取值为"11001010"。

（5）布尔量（Boolean）

布尔数据类型只有真（True）和假（False）两个状态，不能进行算术运算，只能进行关系运算和逻辑运算。一般用于描述 IF 语句的条件判断结果。例如：当信号 a 不等于信号 b 时，条件语句"IF a=b"的判断结果为布尔量 False，反之为 True。

（6）字符（Character）

字符量通常用单引号括起来，对大小写敏感。如'a'与'A'表示不同的字符量。

（7）字符串（String）

字符串是双引号括起来的一串字符，如："laksdklakld"。

（8）时间（Time）

时间型是 VHDL 中唯一预定义的物理类型。完整的时间类型包括整数和时间单位两部分，整数和单位之间至少留一个空格，如 55 ms，20 ns。

时间数据类型的单位有：fs，ps，ns，ms，sec，min，hr。

（9）错误等级（Severity_Level）

错误等级数据类型用来表示系统的工作状态，它共有 4 种：

① Note（注意）；

② Warning（警告）；

③ Error（错误）；

④ Falure（失败）。

（10）自然数（Natural）、正整数（Positive）

自然数是整数的一个子类型，即零和正整数；正整数也是整数的一个子类型。数据类型定义时，还可以定义约束范围，进一步限定取值范围。

例如：

```
Signal a: NATURAL  RANGE  100 DOWNTO 0;
Signal b: POSITIVE  RANGE 1 TO 10;
```

2. IEEE 预定义标准逻辑类型

IEEE 库的 Std_Logic_1164 程序包中，定义了两个非常重要的数据类型，即标准逻辑位 Std_Logic 和标准逻辑矢量位 Std_Logic_Vector。使用时需添加如下程序包调用语句：

```
LIBRARY IEEE;
USE IEEE.STD_LOGIC_1164.ALL;
```

（1）标准逻辑位（Std_Logic）

标准逻辑位是位数据类型的扩展，有 9 种取值，各种取值的含义如下：

'0'：低电平 0；

'1'：高电平 1；

'U'：未初始化；

'X'：未知；

'Z'：高阻态；

'W'：弱未知；

'L'：弱 0；

'H': 弱 1;
'–': 忽略。

设计中一般采用 Std_Logic 型取代 Bit 型,因为 Std_Logic 的多种取值更加符合电路的实际工作情况。

Std_Logic_1164 程序包中还定义了 Std_Logic 型逻辑运算的重载函数,即 Std_Logic 型对象可以进行逻辑运算。

(2)标准逻辑位矢量(Std_Logic_Vector)

标准逻辑位矢量是基于标准逻辑位数据类型的数组,即用双引号括起来的一组标准逻辑位,定义和赋值时注意矢量的位宽和排列顺序。

例如:
```
Signal a: std_logic_vector( 7 downto 0);
a<="11001010";
```

3. 其他预定义数据类型

软件开发公司如 Synopsys 公司,在 IEEE 库中加入了扩展程序包,定义了一些新的数据类型。比如 Std_Logic_Arith 程序包中定义了无符号型(Unsigned)、有符号型(Signed)和小整型(Small_Int)3 种数据类型;而 Numeric_Std 程序包和 Numeric_Bit 程序包中也分别定义了针对 Std_Logic 型和 Bit 型的 Unsigned、Signed 数据类型。当然,使用这些数据类型时,必须首先打开相应的程序包。

(1)无符号(Unsigned)

Unsigned 型代表了一种非负的二进制数,其宽度决定其能代表数值的大小,如 8 位 Unsigned 数最大值为 255,高位在左。例如,十进制数 10 可以表示为 UNSIGNED("1010")。

【例 4-13】Unsigned 型举例:
```
    VARIABLE  var: UNSIGNED(0 TO 9);
```
定义变量 var 为 10 位二进制数,最高位是 var(0)。
```
    SIGNAL  sig: UNSIGNED(3 DOWNTO 0);
```
定义信号 sig 为 4 位二进制数,最高位为 sig(3)。

(2)有符号(Signed)

Signed 型代表有符号数,用补码表示,最高位是符号位。例如,SIGNED("0101") 代表+5,SIGNED("1011") 代表–5。

【例 4-14】Signed 型举例:
```
VARIABLE  var: SIGNED(0 TO 9);
```
定义变量 var 为 10 位二进制数,最高位 var(0)是符号位。
```
SIGNAL  sig: SIGNED(3 DOWNTO 0);
```
定义信号 sig 为 4 位二进制数,最高位 sig(3)是符号位。

4. 用户自定义的数据类型

用户自定义数据类型包括自定义的新类和有约束范围的子类;可以自定义的数据类型有:整数、实数、枚举、物理、数组、记录等。

用户自定义的数据类型的一般格式为:

TYPE 数据类型名 {,数据类型名} IS 数据类型定义;

或者不完整的数据类型格式:

TYPE 数据类型名 {,数据类型名};

不同类型定义采用不同格式，详述如下。

(1) 枚举类型（Enumerated）

VHDL 中的枚举数据类型是用文字符号来表示一组实际的二进制数的类型（若直接用数值来定义，则必须使用单引号），比如用于定义有限状态机的状态。

定义格式：

TYPE 数据类型名 IS（元素1,元素2,…）;

枚举类型的文字元素在综合时会自动编码，其编码顺序默认最左边元素为 0，向右依次加 1，即在枚举列表中，最左边值最小，最右边值最大，可以使用比较运算。

【例 4-15】枚举类型定义与使用：

```
TYPE week IS(Sun,Mon,Tue,Wed,Thu,Fri,Sat);
```

定义枚举数据类型 week，有 7 个元素，Sun 最小、Sat 最大。

```
Signal today:week;                        --定义week型信号today
result<='1' when today>= Fri else '0';    --元素大小的比较判断
```

【例 4-16】Std_Logic 数据类型的定义语句如下：

```
TYPE STD_LOGIC IS ('U','X','0','1','Z','W','L','H','-');
```

(2) 整数（Integer）和实数（Real）子类型

整数和实数的数据类型在标准的程序包中已作了定义，但在实际应用中，特别在综合中，由于这两种非枚举型的数据类型的取值定义范围太大，综合器无法进行综合。所以需要定义其约束范围，综合时将负数编码为二进制补码，正数编码为二进制原码。

定义格式：

TYPE 数据类型名 IS 数据类型定义 约束范围;

SUBTYPE 子类型名 IS 基本类型 RANGE 约束范围;

【例 4-17】限定范围的整数、实数定义：

```
TYPE current IS REAL RANGE -1E4 TO 1E4;
TYPE digit1 IS INTEGER RANGE 0 TO 9;
SUBTYPE digit2 INTEGER RANGE -9 TO 9;
```

综合时 digit1 为 4 位二进制原码；digit2 为 5 位二进制补码。

(3) 数组（Array）

VHDL 支持两种复合类数据类型：数组和记录。数组是相同类型元素的组合，记录则是不同类型元素的组合。综合器只支持一维数组或者线性记录。

定义格式：

TYPE 数据类型名 IS **ARRAY** 范围 OF 元素数据类型名;

【例 4-18】数组定义示例：

```
TYPE word IS ARRAY (1 TO 8) OF STD_LOGIC;
TYPE word IS ARRAY (INTEGER 1 TO 8) OF STD_LOGIC;
TYPE instruction IS (ADD,SUB,INC,SRL,SRF,LDA,LDB);
SUBTYPE digit IS INTEGER 0 TO 9;
TYPE indflag IS ARRAY (instruction ADD TO SRF) OF digit;
```

对数组赋值和引用，可以以单个元素、段元素或数组整体为单位。

【例 4-19】数组赋值与引用举例。

```
type byte is array(7 downto 0)of bit;
signal a,b:byte;
```

```
signal c: bit;
signal d: bit_vector(0 to 3);
```
赋值：
```
a<="01000111";
```
等效于：
```
a(7)<='0';
a(6)<='1';
⋮
a(0)<='1';
```
引用：
```
b<=a;
c<=a(0);
d<=a(7 downto 4);
```

（4）记录（Record）

线性记录是指记录中的元素是标量，即不能含有复合型元素。

定义格式：

TYPE 数组类型名 IS **RECORD**
　　元素名：数据类型名；
　　元素名：数据类型名；
　　　　⋮
END RECORD;

记录可以整体赋值，也可以指定单元素"记录性对象.元素名"进行个别赋值。

【例 4-20】利用记录类型定义的一个微处理器命令信息表。

```
TYPE REGNAME IS (AX,BX,CX,DX);
TYPE OPERATION IS RECORD
  OPSTR:STRING(1 TO 10);
  OPCODE:BIT_VECTOR(3 DOWNTO 0);
  OP1,OP2,RES: REGNAME;
END RECORD OPERATION;
VARIABLE  INSTR1,INSTR2: OPERATION;
...
INSTR1:=("ADD AX,BX","0001",AX,BX,AX);
INSTR2:=("ADD AX,BX","0010",OTHERS=>BX);
VARIABLE INSTR3:OPERATION;
...
INSTR3.OPSTR:="MUL  AX,BX";
INSTR3.OP1:=AX;
```

其中，记录 OPERATION 含有 5 个元素：10 位宽度字符串型指令代码 OPSTR、4 位位矢量型操作码 OPCODE、3 个指定寄存器的枚举型元素分别对应操作数 OP1、OP2 和目标码 RES。变量 INSTR1 和 INSTR2 对应命令信息表的两行内容，而 INSTR3 采用的是指定元素赋值方法。

5. 数据类型转换

VHDL 是强类型语言，不同数据类型的对象，不能直接运算和代入。一般用类型转换函数实现转换。

数据类型的变换函数通常由 Std_Logic_1164、Std_Logic_Arith、Std_Logic_ Unsigned、

Std_Logic_Ops 等程序包提供。常用的类型转换函数见表 4-1。

表 4-1 常用类型转换函数

函数名	定义程序包	功能
TO_STD_LOGIC_VECTOR(A)	STD_LOGIC_1164	BIT_VECTOR 转 STD_LOGIC_VECTOR
TO_BIT_VECTOR(A)	STD_LOGIC_1164	STD_LOGIC_VECTOR 转 BIT_VECTOR
TO_STD_LOGIC(A)	STD_LOGIC_1164	BIT 转 STD_LOGIC
TO_BIT(A)	STD_LOGIC_1164	STD_LOGIC 转 BIT
CONV_STD_LOGIC_VECTOR (a,位长)	STD_LOGIC_ARITH	INTEGER, UNSIGNED, SIGNED 转 STD_LOGIC_VECTOR
CONV_INTEGER(a)	STD_LOGIC_ARITH	UNSIGNED,SIGNED 转 INTEGER
CONV_INTEGER(a)	STD_LOGIC_UNSIGNED	STD_LOGIC_VECTOR 转 INTEGER
TO_VECTOR(a,位长)	DATAIO 库 STD_LOGIC_OPS	INTEGER 转 STD_LOGIC_VECTOR
TO_INTEGER(a)	DATAIO 库 STD_LOGIC_OPS	STD_LOGIC_VECTOR 转 INTEGER

【例 4-21】类型转换函数应用举例。
```
SIGNAL A: BIT_VECTOR(11 DOWNTO 0);
SIGNAL B: STD_LOGIC_VECTOR(11 DOWNTO 0);
A<=O"5177";              --八进制值可赋予位矢量
b<=O"5177";              --语法错,八进制值不能赋予 STD 矢量
b<=TO_STD_LOGIC_VECTOR(O"5177");
b<=TO_STD_LOGIC_VECTOR(B"1010_1111_0111");
```

4.2.4 VHDL 语言的运算符

VHDL 为构造计算数值的表达式提供了许多运算符,这些运算符分为 4 种:逻辑运算符、算术运算符、关系运算符和符号运算符,如表 4-2 所示。

表 4-2 VHDL 操作符列表

类型	操作符	功能	操作数数据类型
逻辑运算符	AND	与	Bit, Boolean, Std_Logic
	OR	或	Bit, Boolean, Std_Logic
	NAND	与非	Bit, Boolean, Std_Logic
	NOR	或非	Bit, Boolean, Std_Logic
	XOR	异或	Bit, Boolean, Std_Logic
	XNOR	同或	Bit, Boolean, Std_Logic
	NOT	非	Bit, Boolean, Std_Logic
算术运算符	+	加	整数
	—	减	整数
	&	并置	一维数组
	*	乘	整数、实数(包括浮点数)
	/	除	整数、实数(包括浮点数)
	MOD	取模	整数
	REM	取余	整数
	**	乘方	整数
	ABS	取绝对值	整数
	SLL	逻辑左移	Bit,布尔型一维数组
	SRL	逻辑右移	Bit,布尔型一维数组
	SLA	算术左移	Bit,布尔型一维数组
	SRA	算术右移	Bit,布尔型一维数组

续表

类型	操作符	功能	操作数数据类型
算术运算符	ROL	逻辑循环左移	Bit，布尔型一维数组
	ROR	逻辑循环右移	Bit，布尔型一维数组
关系运算符	=	等于	任何数据类型
	/=	不等于	任何数据类型
	<	小于	枚举与整数及对应的一维数组
	>	大于	枚举与整数及对应的一维数组
	<=	小于等于	枚举与整数及对应的一维数组
	>=	大于等于	枚举与整数及对应的一维数组
符号运算符	+	正数	整数
	—	负数	整数

1. 逻辑运算符

常用的逻辑运算符有：AND（与逻辑）、OR（或逻辑）、NAND（与非逻辑）、NOR（或非逻辑）、XOR（异或逻辑）、XNOR（同或逻辑）、NOT（非逻辑）。NOT 的优先级高于其他 6 个，其他 6 个优先级别相同。

逻辑运算符适用的数据类型是 Std_Logic、Bit、Boolean，要求运算符左右的数据类型必须相同，逻辑运算符也可以对 std_logic_vector 和 bit_vector 数据类型进行运算，按位进行相应运算，但参与运算对象的维数必须相同。

一个表达式中有两个以上的运算符时，要用括号将其分组。如果运算符是 AND、OR、XOR 中的某一种运算符的组合，则不需要加括号，否则都需要用括号分组。

【例 4-22】逻辑运算符使用示例。

```
SIGNAL a,b,c : STD_LOGIC_VECTOR (7 DOWNTO 0);
SIGNAL d,e,f,g : STD_LOGIC_VECTOR (1 DOWNTO 0);
SIGNAL h,I,j,k : STD_LOGIC;
SIGNAL l,m,n,o,p : BOOLEAN;
...
a<=b AND c;                  -- b、c 相与后向 a 赋值，a、b、c 属同长度的位矢量类型
d<=e OR f OR g;              -- 两个操作符 OR 相同，不需括号
h<=(i NAND j)NAND k;         -- NAND 不属上述 3 种算符中的一种，必须加括号
l<=(m XOR n)AND(o XOR p);    -- 操作符不同，必须加括号
h<=i AND j AND k;            -- 两个操作符都是 AND，不必加括号
h<=i AND j OR k;             -- 两个操作符不同，未加括号，表达错误
a<=b AND e;                  -- 操作数 b 与 e 的位矢长度不一致，表达错误
h<=i OR l;                   -- i 和 l（Boolean 型）数据类型不同，表达错误
...
```

2. 算术运算符

VHDL 的算术运算符有 4 类。

（1）求和类

求和类算术运算符包括：+（加）、-（减）、&（并置）。

加、减运算的操作数是整数型，其他类型的数据加减时，则需要对运算符进行重载。

并置运算用于将多个对象或矢量连接成维数更大的矢量。连接时可采用位置关联或序号关联。

【例4-23】并置运算,注意连接方式。
```
signal a,b,c,d: std_logic;
signal q: std_logic_vector(3 downto 0);
q<=a&b&c&d;
q<=(a,b,c,d);
q<=(3=>a,0=>d,2=>b,1=>c);
```
上述3条赋值语句等效。

如果要连接的信号有相同的,则可以采用OTHERS来进行位的连接,如:
```
Q<=A&A&C&D;
Q<=(1=>C,0=>D,OTHERS=>A);
```
上述两种连接等效。

(2) 求积类

求积类算术运算符包括:*(乘)、/(除)、MOD(取模)、REM(取余)。VHDL规定,乘与除的数据类型是整数和实数,而取模和取余的操作数及运算结果都是整数。

求积类运算符只能有条件地被综合,比如Quartus II规定乘、除右边的操作数必须是2的幂,不支持MOD和REM运算。

(3) 混合类

混合类算术运算符包括:**(乘方)、ABS(取绝对值)。VHDL规定,混合运算的操作数一般为整数类型。而综合器对乘方运算也有一定的限制。

(4) 移位类

移位运算符包括:SLL(逻辑左移)、SRL(逻辑右移)、SLA(算术左移)、SRA(算术右移)、ROL(逻辑循环左移)、ROR(逻辑循环右移)。其含义如下:

SLL 将位矢量左移,右边最低位补0;
SRL 将位矢量右移,左边最高位补0;
SLA 将位矢量左移,右边最低位保持不变;
SRA 将位矢量右移,左边最高位保持不变;
ROL 将位矢量左移,左边最高位填补到右边最低位;
ROR 将位矢量右移,右边最低位填补到左边最高位。

移位操作适用于Bit或Boolean数组,但EDA工具程序包中对其进行了重载,使其也支持Std_Logic_Vector和Integer。

移位操作符的语句格式是:

标识符　移位操作符　移位位数;

移位操作符左边是支持的类型,右边必须是整数。

【例4-24】定义变量S初始值为"1011",则S执行移位操作后对应的结果如下:

S SLL 1 执行后,得到S值为"0110";
S SRL 1 执行后,得到S值为"0101";
S SLA 1 执行后,得到S值为"0111";
S SRA 1 执行后,得到S值为"1101";
S ROL 1 执行后,得到S值为"0111";
S ROR 1 执行后,得到S值为"1101"。

3. 关系运算符

VHDL 关系运算符包括：=（等于）、/=（不等于）、>（大于）、<（小于）、>=（大于等于）、<=（小于等于）。关系运算符对相同数据类型的数据进行数值比较，比较结果为 Boolean 型常数 True 或 False。

【例 4-25】
```
Signal a: std_logic_vector( 3 downto 0):="1010";
Signal b: std_logic_vector( 3 downto 0):="1011";
Signal c: std_logic_vector( 3 downto 0):="1010";
Signal d: Boolean;
Signal e: Boolean;
d<=(a=b);      --由于 a 和 b 不等，所以 d 的值为 FALSE
e<=(a=c);      --由于 a 和 c 相等，所以 e 的值为 TRUE
```

4. 符号运算符

符号操作符+（正号）和-（负号）的操作数只有一个，操作数的数据类型是整数。"+" 符号对操作数不作任何改变，"-" 符号用于返回操作数的反码，使用时加括号，例如：
```
x:=y*(-z)
```

5. 运算顺序

VHDL 的运算符有一定的优先级顺序，上述各运算符的运算优先级关系见表 4-3。

表 4-3 VHDL 运算符优先级

运算符	优先级
ABS NOT **	优先级最高
* / MOD REM	↑
+（正号） -（负号）	
+（加） -（减） &	
SLL SRL SLA SRA ROL ROR	
= /= < <= > >=	
AND OR NAND NOR XOR XNOR	优先级最低

6. 运算符重载

VHDL 规定了每种运算符的适用数据类型，要想扩大其适用范围，必须对原有的基本操作符重新定义，赋予新的含义和功能，从而建立一种新的操作符，这就是重载操作符，定义这种操作符的函数称为重载函数。

程序包 Std_Logic_Unsigned 中已定义了多种可供不同数据类型间操作的运算符重载函数。而 Synopsys 的程序包 Std_Logic_Arith、Std_Logic_Unsigned 和 Std_Logic_Signed 中也为许多类型的运算重载了算术运算符和关系运算符，因此只要引用这些程序包，Signed、Unsigned、Std_Logic 和 Integer 之间即可混合运算，Integer、Std_Logic 和 Std_Logic_Vector 之间也可以混合运算。

【例 4-26】模值为 10 的计数器的 VHDL 程序：
```
library IEEE;
use IEEE.STD_LOGIC_1164.ALL;
use IEEE.STD_LOGIC_ARITH.ALL;
use IEEE.STD_LOGIC_UNSIGNED.ALL;

entity cnt10 is
    port(rst: in std_logic;
```

```
            clk: in std_logic;
            cnt: buffer std_logic_vector(3 downto 0)
        );
end cnt10;

architecture Behavioral of cnt10 is
begin
process(clk,rst)
begin
    if   rst='0'  then
        cnt<="0000";
    elsif clk'event and clk='1' then
        if  cnt=9 then        --关系运算符"="两边的数据类型不同
            cnt<="0000";
        else
            cnt<=cnt+1;       --算术运算符"+"两边的数据类型不同
        end if;
    end if;
end process;
end Behavioral;
```

4.2.5 VHDL 的属性

属性指的是关于实体、结构体、类型及信号的一些特征。常用的有：数值类属性、函数类属性、范围类属性，如表 4-4 所示。引用的一般格式为：

对象'属性标识符

表 4-4 常用属性列表

属性名	功能定义	适用范围
LEFT	返回类型或子类型的左边界	类型、子类型
RIGHT	返回类型或子类型的右边界	类型、子类型
LOW	返回类型或子类型的下限值	类型、子类型
HIGH	返回类型或子类型的上限值	类型、子类型
LENGTH	返回数组的总长度	数组
EVENT	属性对象有事件发生，返回 True，否则返回 False	信号
RANGE	返回按指定排列范围	数组
RESERVE_RANGE	返回按指定逆序排列范围	数组

1. 数值类属性

用于返回数组、块或一般数据的有关值。测试函数主要有：'left（左边界）、'right（右边界）、'low（下边界）、'high（上边界）、'length（数组长度）等。

【例 4-27】 定义以下对象：

```
TYPE obj IS ARRAY (0 TO 15)  OF  BIT ;
TYPE wrd IS ARRAY(15 DOWNTO 0) of STD_LOGIC;
TYPE cnt is INTEGER range 0 to 63;
TYPE states is (idle,read,write,busy);
```

则：
```
    obj'LEFT =0;
    wrd'LEFT =15;
    cnt'LEFT =0;
    states'LEFT =idle;

    obj'RIGHT =15;
    wrd'RIGHT =0;
    cnt'RIGHT =63;
    states'RIGHT =busy;

    obj'LOW =0;
    wrd'LOW =0;
    cnt'LOW =0;
    states'LOW =idle;

    obj'HIGH =15;
    wrd'HIGH =15;
    cnt'HIGH =63;
    states'HIGH =busy;

    obj'LENGTH =16;
    wrd'LENGTH =16;
    cnt'LENGTH =64;
    states'LENGTH =4;
```

2. 信号类属性

信号类属性函数属于函数类属性，用来返回有关信号行为的信息。

常用的信号类属性是 EVENT，返回值为布尔型，如果信号有变化，则取值为 True，否则为 False。利用此属性可决定时钟边沿是否有效，即时钟是否发生。

【例 4-28】 时钟边沿表示：
```
    signal  clk:  std_logic;
    clk'event and clk='1';  --时钟变化了且其值为1,用于检测时钟上升沿
    clk'event and clk='0';  --用于检测时钟下降沿
```
此外，还可以利用预定义好的两个函数 rising_edge(clk)、falling_edge(clk)分别表示时钟的上升沿、下降沿。

3. 范围类属性

范围类属性主要有 RANGE 和 REVERSE_RANGE 属性，用于返回限制性数据对象的区间和反区间。

【例 4-29】
```
    signal data_bus:std_logic_vecter(15 downto 0);
    data_bus'range=15 downto 0;
```

习 题 4

4-1 VHDL 的全称是什么？

4-2 一个 VHDL 程序的主要组成部分有哪些？

4-3 实体中定义的信号端口模式有哪几种类型？比较端口模式 OUT 和 BUFFER 有何异同点。

4-4 画出与下例实体描述对应的原理图符号元件：

实体一：
```
ENTITY buf3s IS
PORT (input : IN STD_LOGIC;
enable : IN STD_LOGIC;
output : OUT STD_LOGIC);
END buf3x;
```

实体二：
```
ENTITY mux21 IS
PORT (in0, in1, sel: IN STD_LOGIC;
output : OUT STD_LOGIC);
END mux21;
```

4-5 GENERIC 说明语句有何用处？举例说明。

4-6 VHDL 中的结构体有哪几种描述方式？有何区别？

4-7 指出下列 VHDL 数值基数表示的十进制数值。
16#0FA#E1, 10#12#E2, 8#356#, 2#0101010#

4-8 判断下列 VHDL 标识符是否合法，如果有误则指出原因。
my_counter, Decoder_1, 2FFT, Sig_#N, Not-Ack, ALL_RST_data_ _BUS, return, entity, Sig_N, D100%, SIGNAL

4-9 VHDL 中的数据对象有哪几种？详细说明它们的功能特点及使用方法，举例说明数据对象与数据类型的关系。

4-10 信号和变量的区别有哪些？

4-11 在以下数据类型中，VHDL 综合器支持哪些类型：
STRING、TIME、REAL、BIT

4-12 Bit 数据类型与 Std_Logic 数据类型有何区别？

4-13 数据类型 Bit、Integer、Std_Logic、Signed 和 Boolean 分别定义在哪个库中？哪些库和程序包总是可见的？

4-14 回答有关 Bit 和 Boolean 数据类型的问题：

（1）解释 Bit 和 Boolean 类型的区别。

（2）对于逻辑操作应使用哪种类型？

（3）关系操作的结果为哪种类型？

（4）IF 语句测试的表达式是哪种类型？

4-15 表达式 C <= A + B 中，A、B 和 C 的数据类型都是 Std_Logic_Vector，是否能直接进行加法运算？说明原因和解决方法。

4-16 什么是重载？重载函数有何用处？

4-17 哪些情况下需要用到程序包 Std_Logic_Unsigned？试举一例。

4-18 如何描述时钟信号的上升沿和下降沿？

4-19 能把任意一种进制的值向一整数类型的数据对象赋值吗？如果能，怎样做？

第 5 章　VHDL 基本描述语句

VHDL 硬件描述语言同其他软件语言一样，也是以语句为基本功能描述单位。不同的是，由于硬件电路的并行特征，VHDL 有顺序语句和并行语句两大基本描述语句。顺序语句用来实现模型的算法描述，并行语句则用来表示各模块算法描述之间的连接关系。

5.1 顺 序 语 句

顺序描述语句只能用在进程、子程序（函数和过程）内部，不能在结构体中直接使用。

顺序语句和其他高级语言一样，是按照语句的出现顺序加以执行的。顺序语句一旦被激活，则其中的语句将按顺序逐一被执行，前面语句的执行结果可能直接影响后面语句的结果。但是从时钟的角度来看，所有语句又都是在激活的那一时刻被执行的，信号的延迟不会随语句的顺序而改变，因为信号的延迟只和硬件的延迟有关。

顺序语句可分为 3 大类：赋值类、条件控制类（IF、CASE）、循环控制类（FOR、WHILE）。主要包括顺序赋值语句、IF 语句、CASE 语句、LOOP 语句、NEXT 语句、EXIT 语句、WAIT 语句、子程序定义语句、RETURN 语句和 NULL 语句等。

5.1.1 顺序赋值语句

顺序赋值语句主要用在进程和子程序中，包括信号赋值和变量赋值两种，在进程中顺序执行。信号在实体、结构体中定义，可作为结构体内多个进程的连接信号，而变量只能在进程或子程序内定义，只在该进程或子程序中使用。

1. 信号赋值

信号赋值语句语法格式为：

目标信号<=赋值源；

其中，赋值源可以是一个逻辑值、一个相同数据类型的信号、一个逻辑表达式或者段下标等。顺序结构内的信号赋值语句按顺序执行，但是延迟赋值。

【例 5-1】在结构体中定义信号如下：
```
signal a,b,c: std_logic;
signal d: std_logic_vector(1 downto 0);
signal e: std_logic_vector(3 downto 0);
```
则在进程中可使用下列信号赋值形式：
```
a<='1';
a<=b;
a<=b and c;
a<=d(0);
d<="00";
d<=a&b;
d<=e(1 downto 0);
e<="0000";
```

信号赋值语句也可在结构体中直接使用,这时信号赋值语句作为并行语句使用,在结构体中并行执行,执行顺序与书写顺序无关。

2. 变量赋值

变量赋值语句语法格式为:

目标变量:=赋值源;

其中,赋值源可以是一个逻辑值、一个相同数据类型的变量、一个逻辑表达式或段下标等。变量赋值语句只能出现在进程内部,而且是立即执行。

【例 5-2】 在进程中定义下列变量:

```
Variable a,b: std_logic_vector(1 downto 0);
Variable c,d: std_logic_vector(3 downto 0);
...
A:="01";
B:="10";
D:=a & b;
C:="1011";
```

3. 变量赋值与信号赋值比较

信号赋值与变量赋值语句的主要区别是:信号赋值有一定的延时,在时序电路中,在时钟信号触发下的信号赋值,目标信号要比源信号延迟一个时钟周期;变量赋值语句立即执行,没有延时。

另外,进程中同一变量多次赋值时按顺序立即执行,而信号多次赋值时,只有进程结束前最后一个赋值被执行。

【例 5-3】 信号赋值语句设计触发器。

```
library IEEE;
use IEEE.STD_LOGIC_1164.ALL;
use IEEE.STD_LOGIC_ARITH.ALL;
use IEEE.STD_LOGIC_UNSIGNED.ALL;

entity fuzhi is
port ( rst: in std_logic;
    clk: in std_logic;
     d: in std_logic;
     q: out std_logic);
end fuzhi;

architecture Behavioral of fuzhi is
signal d1: std_logic;
begin
process(clk,rst)
begin
    if  rst='0' then
        d1<='0';
         q<='0';
     elsif  clk'event and clk='1' then
        d1<=d;
         q<=d1;
```

```
        end if;
    end process;
end Behavioral;
```

该程序的波形仿真图如图 5-1 所示，输出信号 q 在输入信号 d 变化后的第二个时钟上升沿接收信号 d。综合后的 RTL 原理图如图 5-2 所示，可以看出该程序内部包含两个触发器单元。

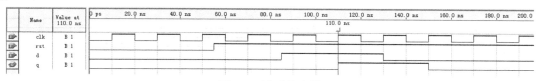

图 5-1 波形仿真图

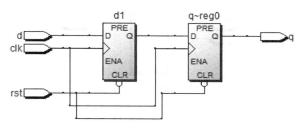

图 5-2 RTL 原理图

由波形仿真图可知，输出信号 q 比输入信号 d 延迟一个时钟周期；由 RTL 原理图可以看出该程序内部包含了两个触发器单元。

【例 5-4】变量赋值语句设计触发器。

```
library IEEE;
use IEEE.STD_LOGIC_1164.ALL;
use IEEE.STD_LOGIC_ARITH.ALL;
use IEEE.STD_LOGIC_UNSIGNED.ALL;

entity fuzhi is
port (rst: in std_logic;
    clk: in std_logic;
      d: in std_logic;
      q: out std_logic);
end fuzhi;

architecture Behavioral of fuzhi is
begin
process(clk,rst)
variable d1: std_logic;
begin
    if  rst='0' then
        d1:='0';
          q<='0';
     elsif  clk'event and clk='1' then
        d1:=d;
          q<=d1;
```

```
        end if;
    end process;
end Behavioral;
```

该程序波形仿真图如图 5-3 所示,输出信号 q 在输入信号 q 后第一个时钟上升沿接收信号 d。综合后的 RTL 原理图如图 5-4 所示,可以看出该程序内部包含一个 D 触发器。

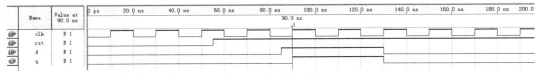

图 5-3　波形仿真图

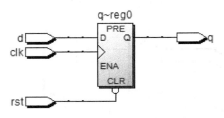

图 5-4　RTL 原理图

由波形仿真图可知,输出信号与输入信号同步,没有延迟;由综合后的 RTL 原理图可以看出该程序内部包含一个 D 触发器。

【例 5-5】同一目标有多个赋值源。

```
    SIGNAL    S1,S2: STD_LOGIC;
    SIGNAL    SVEC : STD_LOGIC_VECTOR(0 TO 7);
    ...
    PROCESS(S1,S2) IS
    VARIABLE   V1,V2: STD_LOGIC;
    BEGIN
        V1:= '1';              --立即将 V1 置位为 1
        V2:= '1';              --立即将 V2 置位为 1
        S1<= '1';              --S1 被赋值为 1
        S2<= '1';              --不是对 S2 的最后一个赋值语句,故不做任何赋值操作
        SVEC(0) <= V1;         --将 V1 在上面的赋值 1,赋给 SVEC(0)
        SVEC(1) <= V2;         --将 V2 在上面的赋值 1,赋给 SVEC(1)
        SVEC(2) <= S1;         --将 S1 在上面的赋值 1,赋给 SVEC(2)
        SVEC(3) <= S2;         --将最下面的赋予 S2 的值'0',赋给 SVEC(3)
        V1 := '0';             --将 V1 置入新值 0
        V2 := '0';             --将 V2 置入新值 0
        S2 <= '0';             --对 S2 的最后一次赋值,赋值有效
        SVEC(4) <= V1;         --将 V1 在上面的赋值 0,赋给 SVEC(4)
        SVEC(5) <= V2;         --将 V2 在上面的赋值 0,赋给 SVEC(5)
        SVEC(6) <= S1;         --将 S1 在上面的赋值 1,赋给 SVEC(6)
        SVEC(7) <= S2;         --将 S2 在上面的赋值 0,赋给 SVEC(7)
    END  PROCESS;
    ...
```

上述程序执行后,SVEC 取得值"11100010"。

5.1.2 IF 语句

条件控制类 IF 语句，常用于行为描述方式。语句中可设置一种或多种条件，有选择地执行指定的顺序语句。根据条件的复杂程度，IF 语句有以下 3 种形式。

1. 不完整 IF 语句

语句格式：

IF 条件表达式 **THEN**
    顺序执行语句；
END IF;

执行过程是：如果条件成立，即条件表达式为 Ture，则执行顺序语句，否则跳过顺序语句结束 IF。

由于该 IF 语句中没有指出条件不满足时做何操作，即在条件句中没有给出各种可能的条件时的处理方式，所以是一种不完整的条件语句。例如：

```
IF (a='1') THEN
   c<=b;
END IF;
```

当(a='1')条件满足时，执行赋值语句"c<=b;"；当(a='1')条件不满足时，不执行"c<=b;"，则 c 的值保持不变，意味着电路引入了时序部件，所以不完整 IF 语句用于构成时序电路，而组合电路只能使用完整的 IF 语句。

【例 5-6】

```
IF (clk'event and clk='1') then
    Q<=d;
  End if;
```

在时钟信号 clk 的上升沿到达时刻，信号 d 的值赋给信号 Q，否则信号 Q 的值保持不变，描述了一个 D 型触发器。

2. 二选一 IF 语句

语句格式：

IF 条件 **THEN**
    顺序执行语句 1；
ELSE
    顺序执行语句 2；
END IF;

执行过程是：如果条件成立，则执行顺序语句 1，否则执行顺序语句 2。完整地描述了条件成立、不成立时的操作，对应组合电路的二选一选择结构。

【例 5-7】 使用 if-then-else 语句描述二选一数据选择器。

```
Library ieee;
Use ieee.std_logic_1164.all;
Use ieee.std_logic_unsigned.all;
Use ieee.std_logic_arith.all;

Entity mux2 is
  Port (a,b:  in std_logic;
```

```
            S:  in std_logic;
            X:  out std_logic
        );
    End mux2;

    Architecture archmux2 of mux2 is
      Begin
      process (a,b,s)
          Begin
            If   s= '0' then
              X<=a;
            Else
              X<=b;
            End if;
          End process;
    End archmux2;
```

当选择信号 s 为低电平 0 时，信号 a 赋给信号 X，否则信号 b 赋给信号 X。

3. 多重条件 IF 语句

语句格式：

IF 条件 1 THEN
　　顺序执行语句 1；
ELSIF 条件 2 THEN
　　顺序执行语句 2；
　　⋮
ELSIF 条件 n THEN
　　顺序执行语句 n；
[**ELSE**
　　顺序执行语句 m；]
　END IF;

执行过程是：如果条件 1 成立，则执行顺序语句 1，如果条件 2 成立，则执行顺序语句 2，如果条件 2 不成立，则判断条件 3 是否成立，如果条件 3 成立，则执行顺序语句 3，否则一直往下判断，如果条件 1 至条件 n 都不成立，则执行顺序语句 m。

注意：ELSIF 和 ELSE 是可选语句，ELSIF 可以多次使用，而 ELSE 仅能使用一次，并且 ELSE 只能出现在所有 ELSIF 之后。

【例 5-8】使用 if-then-elsif-else 描述 4 位宽的四选一数据选择器的功能。

```
    Library ieee;
    Use ieee.std_logic_1164.all;
    Use ieee.std_logic_unsigned.all;
    Use ieee.std_logic_arith.all;

    Entity mux4 is
      Port (a,b,c,d: in std_logic_vector (3 downto 0);
            S   : in std_logic_vector (1 downto 0);
            X   : out std_logic_vector (3 downto 0)
```

```
            );
    End mux4;

    Architecture archmux4 of mux4 is
      Begin
       Mux4 : process (a,b,c,d,s)
         Begin
           If   s="00" then
               X<=a;
           Elsif  s="01" then
               X<=b;
           Elsif  s="10" then
               X<=c;
           Else
               X<=d;
           End if;
         End process mux4;
    End archmux4;
```

另外，IF 语句可以嵌套使用，例如：
```
IF 条件1 THEN
  IF 条件2 THEN
    顺序语句;
  END IF;
END IF;
```
每个 IF 语句必须对应一个 END IF 语句，即 IF 语句的数量应和 END IF 语句的数量一致。

【例 5-9】 使用嵌套 IF 语句设计具有异步复位、同步使能的 4 位二进制计数器。

```
    Library ieee;
    Use ieee.std_logic_1164.all;
    Use ieee.std_logic_unsigned.all;
    Use ieee.std_logic_arith.all;

    entity cnt4 is
        port ( rst: in std_logic;
              clk: in std_logic;
              en: in std_logic;
              cnt: buffer std_logic_vector(3 downto 0)
             );
    end cnt4;

    architecture Behavioral of cnt4 is
    begin
    process(clk,rst,en)
    begin
        if  rst='0'  then
            cnt<="0000";
        elsif clk'event and clk='1' then
```

```
            if en='1' then
                cnt<=cnt+1;
            end if;
        end if;
    end process;
end Behavioral;
```

5.1.3 CASE 语句

CASE 语句根据满足的条件直接选择多项顺序语句中的一项执行。一般格式为：

CASE 条件表达式　IS
　　WHEN 值 1=>顺序语句 1;
　　WHEN 值 2=>顺序语句 2;
　　WHEN 值 3=>顺序语句 3;
　　　　⋮
　　WHEN OTHERS=>顺序语句 m;
END　CASE;

CASE 语句执行时，首先计算条件表达式的值，然后在 WHEN 子句找与之相同选择值，执行对应的顺序语句。比如条件表达式的值与值 1 相同，则执行顺序语句 1，如果与值 2 相同，则执行顺序语句 2，依次类推，如果表达式值与所列出的值均不相同，则执行顺序语句 m。

其中，WHEN 的条件选择值可以有 4 种形式。

① 单个值；
② 并列数值：值 1 | 值 2 | 值 3 | ⋯ | 值 n；
③ 数值范围：值 1 TO 值 n；
④ 混合方式：上述 3 种的混合。

使用 CASE 语句应注意：WHEN 的数量无限制，但不能公用相同值；WHEN 语句的值必须覆盖表达式的所有值；只能有一个 OTHERS，且位于最后。

【例 5-10】使用 case 语句描述 4 位宽的四选一数据选择器功能的结构体。

```
--参数部分和实体部分同例 5-8
Architecture archmux4 of mux4 is
  Begin
    Mux4 : process (a,b,c,d,s)
      Begin
        Case s is
            When "00" => X<=a;
            When "01" => X<=b;
            When "10" => X<=c;
            When "11" => X<=d;
            When others  => Null; --空语句
        End case;
    End process mux4;
End archmux4;
```

与例 5-8 相比，CASE 语句组比 IF 语句可读性好。但是，对于相同的逻辑功能，CASE 语句比 IF 语句综合后占用更多的硬件资源，而且对于有优先级的电路只能用 IF 语句描述。

【例5-11】使用 IF 语句混合 CASE 语句方式描述带使能控制的四选一数据选择器。
```
Library ieee;
Use ieee.std_logic_1164.all;
Use ieee.std_logic_unsigned.all;
Use ieee.std_logic_arith.all;

Entity mux4 is
  Port  (EN: in std_logic;
        a,b,c,d:  in std_logic_vector(3 downto 0);
           s  :  in std_logic_vector(1 downto 0);
           X  :  out std_logic_vector(3 downto 0)
     );
End mux4;

Architecture archmux4 of mux4 is
  Begin
  Mux4 : process (EN,a,b,c,d,s)
     Begin
        IF EN='0' then
         X<="0000";
        ELSE
        Case s is
           When "00" => X<=a;
           When "01" => X<=b;
           When "10" => X<=c;
           When "11" => X<=d;
           When others  => Null; --空语句
          End case;
        END IF;
    End process mux4;
End archmux4;
```

5.1.4 LOOP 语句

LOOP 语句就是循环语句，VHDL 提供了两种循环控制语句：FOR LOOP 循环和 WHILE LOOP 循环。其中，FOR LOOP 循环主要用在规定数目的重复情况；WHILE LOOP 则根据控制条件执行循环直到条件为 FALSE。

1. FOR LOOP 循环

FOR 循环语句格式：

[标号：]　**FOR** 循环变量 IN 循环次数范围 **LOOP**
　　　　　　顺序处理语句；
　　　　　END LOOP [标号]；

FOR 后的循环变量属于 LOOP 语句的局部变量，不需要事先定义，也不能被赋值，它的值从循环次数范围的初值开始，执行一次顺序语句自动加一，当其值超出循环次数范围时，则退出循环语句。

【例5-12】使用 **FOR LOOP** 描述 8 位偶校验位产生电路，使数据位和校验位中"1"的个数为偶数个。
```
LIBRARY IEEE;
USE IEEE.STD_LOGIC_1164.ALL;
USE IEEE.STD_LOGIC_UNSIGNED.ALL;
USE IEEE.STD_LOGIC_ARITH.ALL;

ENTITY pc IS
  PORT (a   : IN STD_LOGIC_VECTOR(7 DOWNTO 0);
        y   : OUT STD_LOGIC);
END pc;

ARCHITECTURE behave OF pc IS
  BEGIN
    PROCESS(a)
      VARIABLE tmp: STD_LOGIC;
     BEGIN
        tmp:='0';
        FOR i IN 0 TO 7 LOOP
            tmp:=tmp XOR a(i);
        END LOOP;
        y<=tmp;
      END PROCESS ;
END behave;
```

2. WHILE LOOP 循环

WHILE LOOP 循环语句格式：

[标号:] **WHILE** 条件 **LOOP**
　　　　顺序处理语句
　　END LOOP [标号];

在该语句中，如果条件为真，则进行循环，否则结束循环。

【例 5-13】用 **WHILE LOOP** 语句描述例 5-12 功能的结构体。
```
ARCHITECTURE behave OF pc IS
  BEGIN
    PROCESS(a)
       VARIABLE  tmp: STD_LOGIC;
       VARIABLE  I : INTEGER;
      BEGIN
        tmp:='0';
        i:=0;
        While i<8 loop
           Tmp:=tmp XOR a(i);
           I:=I+1;
        End loop;
        y<=tmp;
      END PROCESS ;
END behave;
```

5.1.5　NEXT 语句

NEXT 语句主要用在 LOOP 循环语句中，表示跳出本次循环，执行下一次循环或其他循环操作，语句格式为：

Next [循环标号] [**when** 条件表达式];

[循环标号]与[when 条件表达式]可选，如果程序中有[when 条件表达式]语句，表示当条件表达式满足条件时，结束本次循环操作，跳转到[循环标号]对应的循环语句，若无[循环标号]语句，则结束本次循环，执行下一个循环操作。例 5-14 和例 5-15 分别为使用 Next 两种不同格式描述的计算 8 位数据总线 DATA 中"1"的个数的进程。

【例 5-14】Next 直接退出格式。

```
PROCESS(DATA)
BEGIN
For I IN 0 TO 7 LOOP
   IF DATA(I)='0' THEN
     NEXT;          --如数据总线本位信号为'0',则跳出本次循环,进行下一数据位判断
   ELSE
     M<=M+1;        --如数据总线本位信号为'1',则计数器 M 加 1
   END IF;
END LOOP;
END PROCESS;
```

【例 5-15】Next_when 条件表达式退出格式。

```
PROCESS(DATA)
BEGIN
For I IN 0 TO 7 LOOP
     NEXT  WHEN  DATA(I)= '0';  --如数据总线本位信号为'0',则跳出本次循环,进
                                --行下一数据位判断
     M<=M+1;                    --如数据总线本位信号为'1',则计数器 M 加 1
END LOOP;
END PROCESS;
```

5.1.6　EXIT 语句

EXIT 语句用在 LOOP 循环语句中，表示退出整个循环操作。

格式：**EXIT** [循环标号];

或　　　**EXIT** [循环标号] [WHEN 条件];

其中循环标号是可选的，如果语句中未给出循环标号，则从当前循环中退出。

【例 5-16】使用循环语句进行 8 线-3 线优先编码器的设计。

```
library IEEE;
use IEEE.STD_LOGIC_1164.ALL;
use IEEE.STD_LOGIC_ARITH.ALL;
use IEEE.STD_LOGIC_UNSIGNED.ALL;

entity bmp is
port ( inp: in  std_logic_vector(7 downto 0);
       outp: out std_logic_vector(2 downto 0)
       );
```

· 105 ·

```
end bmp;

architecture Behavioral of bmp is
begin
  process(inp)
    variable m : std_logic_vector(2 downto 0);
begin
    m:="111";
    for i in 7 downto 0 loop
      if  inp(i)='0' then
        m:=m-1;
       else
         exit;
       end if;
     end loop;
   outp<=m;
  end process;
end Behavioral;
```

5.1.7 WAIT 语句

VHDL 的 PROCEEE 进程总是处于两种状态：执行和挂起。WAIT 语句一般在进程中用于触发进程，碰到 WAIT 挂起，并等待条件满足时再次执行。其作用等同于进程的敏感信号列表，但两者不能同时使用。

WAIT 语句使用格式有以下几种：

```
WAIT;                         --表示永远挂起
WAIT ON 敏感信号表;            --等待敏感信号的变化启动进程
WAIT UNTIL 条件表达式;         --等待条件表达式中含的信号变化并且满足其要求时启动
WAIT FOR 时间表达式;           --该时间段内挂起，超过时间段进程恢复执行
```

【例 5-17】4 位二进制计数器的设计。

```
library IEEE;
use IEEE.STD_LOGIC_1164.ALL;
use IEEE.STD_LOGIC_ARITH.ALL;
use IEEE.STD_LOGIC_UNSIGNED.ALL;
entity cnt4 is
  port ( clk: in  std_logic;
         rst: in  std_logic;
         outp: buffer std_logic_vector(3 downto 0)
        );
end cnt4;

architecture Behavioral of cnt4 is
begin
   process                                       --无敏感信号列表
   begin
       wait until clk'event and clk='1' ;        --时钟上升沿启动
```

```
            if  rst='0' then
                outp<="0000";
            else
                outp<=outp+1;
            end if;
    end process;
end Behavioral;
```

5.1.8 NULL 语句

NULL 语句为空操作语句,功能是使运行流程继续,进入下一条语句的执行。NULL 语句一般在 CASE 语句中使用,用于排除一些不用的条件。

【例 5-18】2 线-4 线译码器程序设计。
```
Signal inp:std_logic_vector(0 to 1);
...
process(inp)
begin
 case inp is
        when "00" => outp<="0001";
        when "01" => outp<="0010";
        when "10" => outp<="0100";
        when "11" => outp<="1000";
        when others => null;       --排除 inp 的其他取值
 end case;
end process;
```

需要指出的是,在 others 子句中使用 NULL 语句,综合后占用较多硬件资源,选择固定操作为好,如可将上例中的"when others => null;"改为"when others => outp<="0000""。

VHDL 顺序语句还包括与子程序结构有关的子程序定义及调用语句,这将在本书第 6 章中介绍。

5.2 并 行 语 句

并行语句是硬件描述语言与一般软件程序最大的区别所在,所有并行语句在结构体中的执行都是同时进行的,即它们的执行顺序与语句书写的顺序无关。这种并行性是由硬件本身的并行性决定的,即一旦电路接通电源,它的各部分就会按照事先设计好的方案同时工作。VHDL 并行语句主要包括:并行信号赋值语句、进程语句、块语句、元件例化语句、生成语句、并行过程调用语句等。

5.2.1 并行信号赋值语句

并行信号赋值语句在进程内使用是顺序执行,在进程外即在结构体中直接使用就是并行语句,相当于一个进程的简化形式。

并行信号赋值语句有 3 种形式:简单信号赋值语句、条件信号赋值语句和选择信号赋值语句。

1. 简单信号赋值语句

简单信号赋值语句是 VHDL 并行结构的基本单元,格式为:

目标信号<=表达式；

表达式的类型必须与目标信号数据类型一致。

【例 5-19】 基本门电路，A，B 为输入信号，out1 为 A 和 B 的与逻辑输出，out2 为 A 和 B 的或逻辑输出，电路结构如图 5-5 所示，其 VHDL 描述程序如下：

```
library IEEE;
use IEEE.STD_LOGIC_1164.ALL;
use IEEE.STD_LOGIC_ARITH.ALL;
use IEEE.STD_LOGIC_UNSIGNED.ALL;

entity gate2 is
  port (A,B: in std_logic;
        out1: out std_logic;
        out2: out std_logic
       );
end gate2;

architecture Behavioral of gate2 is
begin
    out1<=A and B;
    out2<=A or B;
end Behavioral;
```

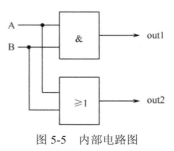

图 5-5 内部电路图

由于结构体中使用的赋值语句为并行执行语句，所以当输入信息 A，B 状态变化时，输出信号 out1 和 out2 同时发生改变，这两条赋值语句的执行顺序与书写顺序无关。

2. 条件信号赋值语句

条件信号赋值语句格式为：

目标信号<=表达式 1 WHEN 条件 1 ELSE
　　　　　表达式 2 WHEN 条件 2 ELSE
　　　　　表达式 3 WHEN 条件 3 ELSE
　　　　　　　　⋮
　　　　　表达式 n；

执行时按赋值条件书写顺序，从条件 1 开始逐项测定，一旦赋值条件为 True，立即将相应表达式值赋给目标信号。其功能与进程中的 IF 语句相同。最后一项表达式可以不跟条件子句，表示以上所有条件都不满足时，将表达式 n 赋给目标信号。

【例 5-20】四选一数据选择器电路，sel(1)，sel(0)为数据选择信号，i0，i1，i2，i3 为 4 路输入信号，y 为输出信号。VHDL 描述程序如下：

```
library IEEE;
use IEEE.STD_LOGIC_1164.ALL;
use IEEE.STD_LOGIC_ARITH.ALL;
use IEEE.STD_LOGIC_UNSIGNED.ALL;

entity mux4 is
port (i0,i1,i2,i3 : in std_logic;
      sel : in std_logic_vector(1 downto 0);
      y : out std_logic
```

```
            );
    end mux4;

    ARCHITECTURE  Arcmux  OF  mux4  IS
    BEGIN
            y<=i0 WHEN sel="00" ELSE         --条件赋值语句, 句末无符号
               i1 WHEN sel="01" ELSE
               i2 WHEN sel="10" ELSE
               i3;
    END  arcmux;
```

与例5-8 IF 语句描述的四选一选择器比较，代码简单，但是可读性较差。

3. 选择信号赋值语句 with-select

选择信号赋值语句格式为：

WITH 选择条件表达式 **SELECT**

目标信号<= 表达式1 WHEN 选择值1,
表达式2 WHEN 选择值2,
⋮
表达式n WHEN 选择值n,
表达式   WHEN others;

注意：除最后一句外各子句句末全是","，而不是";"，根据选择条件表达式取值，将相应选择值对应的表达式赋给目标信号。该语句与 CASE 语句相似，要求覆盖条件表达式的所有取值，并且不允许有选择值重叠现象。

【例5-21】 使用选择信号赋值语句进行四选一数据选择器设计，其结构体如下：

```
ARCHITECTURE  Arcmux  OF  mux4  IS
  BEGIN
      WITH  SEL  SELECT
       y<= i0 WHEN "00",       --使用","
           i1 WHEN "01",
           i2 WHEN "10",
           i3 WHEN "11",
           'Z' WHEN others;
   END  arcmux;
```

用 others 子句排除 SEL 的其他取值，否则不能覆盖所有值。

5.2.2 PROCESS 进程语句

进程语句是个复合语句，由顺序语句组成，进程内部的语句是顺序执行的。在一个结构体中可以有多个进程，各个进程是并发执行的，即结构体中多个进程的执行与各进程的书写顺序无关，多进程间的通信依靠信号来传递。

1. 进程语句格式

进程语句格式如下：

[进程标号:] **PROCESS** [(敏感信号列表)]
[说明部分];
BEGIN

顺序描述语句；
　　　　[WAIT　UNTIL　条件表达式]；
　　　　[WAIT　FOR　　时间表达式]；
　　END PROCESS [进程标号]；

一个结构体中可以含有多个并行的进程语句，为了便于阅读，每个 PROCESS 语句可以定义一个标号。

进程语句结构由 3 大部分组成：敏感信号列表、说明部分和顺序描述语句。

（1）敏感信号列表

敏感信号列表中列出的是启动进程的输入信号。进程的启动也可以使用进程顺序部分的 WAIT 语句来控制，WAIT 语句和敏感列表只能出现一个，但可以有多个 WAIT 语句。

（2）说明部分

进程说明部分用于定义一些进程内部有效的局部量，包括：变量、常数、数据类型、属性、子程序等，不允许定义信号。

（3）顺序描述语句

使用顺序语句描述进程模块的功能。一般采用 IF 语句描述算法，实现模块的行为描述。

2. 进程特点

进程语句是 VHDL 中使用最多的语句结构，也是 VHDL 特有的语句，它的执行有以下特点。

（1）进程状态

进程是一个独立的无限循环程序结构。进程有两种运行状态，即执行状态（激活）和等待状态（挂起）。当敏感信号列表中信号有变化或者 WAIT 条件满足时，进程进入执行状态，顺序执行进程内顺序描述语句，遇到 END PROCESS 语句后停止执行，自动返回起始语句 PROCESS，进入等待状态。

（2）进程的并行性

进程内部虽然是顺序语句，但其综合后的硬件是一个独立模块，所以进程内部的顺序语句具有顺序和并行双重性；不同进程是并行运行的，进程之间的通信通过信号传递，这也反映了信号的全局特征。

（3）时钟驱动

一般一个进程中只能描述针对同一时钟的同步时序逻辑，异步时序逻辑则需要由多个进程来表达。

【例 5-22】 组合电路的进程描述。

```
library ieee;
use ieee.std_logic_1164.all;
use ieee.std_logic_unsigned.all;
use ieee.std_logic_arith.all;

ENTITY mux1 IS
   PORT (d0,d1: in std_logic;
         sel: in std_logic;
           q: out std_logic);
END mux1;

ARCHITECTURE  connect OF mux1 IS
```

```
        BEGIN
        cale:                                       --进程名
        PROCESS (d0,d1,sel)                         --输入信号为敏感信号
           VARIABLE  tmp1,tmp2,tmp3: std_logic;     --在进程中定义变量
           BEGIN
              tmp1:=d0 AND sel;                     --输入端口向变量赋值
              tmp2:=d1 AND (NOT sel);
              tmp3:=tmp1 OR tmp2;
              q<=tmp3;                              --变量值赋给输出信号
        END PROCESS cale;
    END connect;
```

上述进程 cale 描述了二选一数据选择器，敏感信号列表中列出了所有输入信号，任何输入信号的变化都会启动进程。

【例 5-23】 时序电路的进程描述。

```
    library ieee;
    use ieee.std_logic_1164.all;
    use ieee.std_logic_unsigned.all;
    use ieee.std_logic_arith.all;

    ENTITY ffd IS
       PORT (clk,d: IN  STD_LOGIC;
                   q: OUT STD_LOGIC);
    END ffd;
    ARCHITECTURE rig_d OF ffd IS
    begin
      process (clk)                        --时钟为敏感信号
        begin
          if clk'event and clk='1' then    --时钟clk的上升沿检测
             q<=d;
          end if;
        end process;
    end rig_d;
```

使用进程和不完整的 IF 语句描述了一个上升沿 D 触发器，时钟是敏感信号，即进程由时钟边沿启动。

【例 5-24】 多进程并行示例。

```
    ENTITY mul IS
    PORT (a,b,c,selx,sely: IN BIT;
              data_out: OUT BIT);
    END mul;
    ARCHITECTURE ex OF mul IS
      SIGNAL  temp: BIT;
    BEGIN
    p_a: PROCESS (a,b,selx)
         BEGIN
            IF (selx = '0') THEN  temp <= a;
            ELSE    temp <= b;
```

```
        END IF;
    END PROCESS p_a;
  p_b: PROCESS(temp, c, sely)
     BEGIN
     IF (sely = '0')  THEN  data_out <= temp;
        ELSE   data_out <= c;
     END IF;
   END PROCESS p_b;
  END ex;
```

进程 p_a 和进程 p_b 形成两个独立二选一结构，通过信号 temp 连接，其综合后的 RTL 原理图如图 5-6 所示。

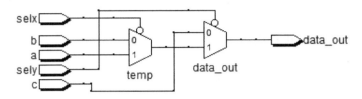

图 5-6　RTL 原理图

【例 5-25】异步进程示例。

```
library ieee;
use ieee.std_logic_1164.all;
use ieee.std_logic_unsigned.all;
use ieee.std_logic_arith.all;

ENTITY ffd IS
    port (clk: in  std_logic;
          y1,y0: out  std_logic);
END ffd;
ARCHITECTURE cnt_4 OF ffd IS
  signal  q0,q1: std_logic;
begin
   p_a:process (clk)                  --时钟 clk 为敏感信号
     begin
       if clk'event and clk='1' then  --时钟 clk 的上升沿检测
         q0<=not q0;
       end if;
     end process p_a;
   p_b:process (q0)                   --时钟 q0 为敏感信号
     begin
       if q0'event and q0='1' then    --时钟 q0 的上升沿检测
         q1<=not q1;
       end if;
     end process p_b;
   y0<=q0;
y1<=q1;
end cnt_4;
```

进程 p_a 和 p_b 描述了分别由 clk 和 q0 做时钟的 T 触发器，且进程 p_a 描述的触发器输出 q0 接 p_b 描述触发器的时钟，实现了两位异步二进制减法计数器，其综合后的 RTL 原理图如图 5-7 所示。

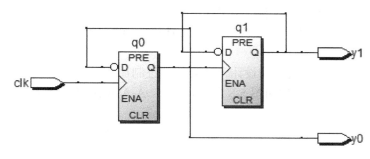

图 5-7　RTL 综合原理图

5.2.3　元件例化语句

在 VHDL 程序设计中，对于系统规模较大的应用设计，通常采用模块化设计原则，先分别设计实现每个模块的逻辑功能，然后在顶层模块中，采用元件例化方式将各个子模块互连。元件例化可以是多层次的，在一个设计实体中被调用安插的元件本身也可以是一个低层次的当前设计实体，因而可以调用其他的元件，以便构成更低层次的电路模块。采用元件例化方式可使程序结构简练，便于阅读。

元件例化的实现分两个步骤：首先将预先设计好的设计实体定义为一个元件，然后利用特定的语句将此元件与当前的设计实体中的指定端口相连接，从而为当前设计实体引入一个新的低一级的设计层次。

元件例化语句由两个语句组成：元件说明（Component）语句和元件映射（Port map）语句。其中，Component 语句在结构体说明部分中定义，Port map 语句在结构体并行执行语句中使用。

1. 元件说明语句

元件说明 Component 语句格式如下：

Component 元件名 **is**
[类属语句]
Port (端口语句);
End component;

元件说明语句相当于对一个设计好的实体进行封装，留出对外的接口界面。其中，元件名为要定义模块的实体名；类属语句及端口语句的说明与要定义模块的实体相同，即名称及顺序要完全一致。

元件说明语句在结构体的说明部分定义。

2. 元件映射语句

元件映射 Port map 语句完成元件与当前设计实体的连接，需要说明元件端口与其他模块的连接关系，即映射。VHDL 映射方式有位置关联和名称关联两种方式。

格式一：
例化名：元件名 **Port map**(元件端口 1=>映射信号 1,…,元件端口 n=>映射信号 n);

其中例化名相当于元件标号,是必需的;"=>"是关联符,采用名称关联,表示左边的元件端口与右边的映射信号相连,此时各端口关联说明的顺序任意。

格式二:

例化名:元件名 **Port map**(映射信号 1,映射信号 2,…,映射信号 n);

使用位置关联,采用顺序一致原则,即将元件说明语句中的端口按顺序依次与映射信号 1 到映射信号 n 连接。

【例 5-26】使用元件例化语句设计一个 4 位二进制加法器。4 位二进制加法器可由 4 个一位全加器组成,内部电路结构如图 5-8 所示,其中,$A_3A_2A_1A_0$ 为被加数,$B_3B_2B_1B_0$ 为加数,$S_3S_2S_1S_0$ 为和输出,CO 为进位输出。

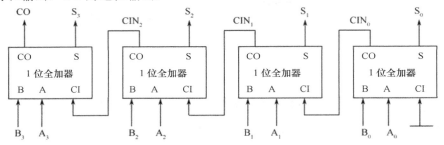

图 5-8　4 位二进制加法器内部结构图

首先,用 VHDL 设计一位全加器,然后通过元件例化方式调用 4 个一位全加器实现 4 位二进制加法器的设计。

(1)一位全加器设计

一位全加器的真值表见表 5-1。

表 5-1　一位全加器真值表

输　入			输　出	
A	B	CI	CO	S
0	0	0	0	0
0	0	1	0	1
0	1	0	0	1
0	1	1	1	0
1	0	0	0	1
1	0	1	1	0
1	1	0	1	0
1	1	1	1	1

VHDL 程序如下:

```
library ieee;
use ieee.std_logic_1164.all;
use ieee.std_logic_unsigned.all;
use ieee.std_logic_arith.all;

entity adder1 is
  port (a,b,ci: in  std_logic;
        co,s: out std_logic);
```

```vhdl
end adder1;

architecture  behavioral of adder1 IS
signal inputs: std_logic_vector(2 downto 0);
begin
        inputs<=a & b & ci;
  process (inputs)
  begin
     case inputs is
            when "000" => co<='0';s<='0';
            when "001" => co<='0';s<='1';
            when "010" => co<='0';s<='1';
            when "011" => co<='1';s<='0';
            when "100" => co<='0';s<='1';
            when "101" => co<='1';s<='0';
            when "110" => co<='1';s<='0';
            when "111" => co<='1';s<='1';
            when others => null;
        end case;
  end process;
end behavioral;
```

（2）4位二进制加法器设计

```vhdl
library ieee;
use ieee.std_logic_1164.all;
use ieee.std_logic_unsigned.all;
use ieee.std_logic_arith.all;

entity adder4 is
   port (a,b: in  std_logic_vector(3 downto 0);
          co: out std_logic;
           s: out std_logic_vector(3 downto 0)
           );
end adder4;

architecture  behavioral of adder4 IS
signal c: std_logic;                    --第一个全加器进位输入连接信号,连接低电平
signal cin: std_logic_vector(2 downto 0);              --内部进位信号
component adder1 is
port (a,b,ci: in std_logic;
       co,s: out std_logic
         );
end component;
begin
    c<='0';
U0: adder1 port map(a=>a(0),b=>b(0),ci=>c,co=>cin(0),s=>s(0));
U1: adder1 port map(a=>a(1),b=>b(1),ci=>cin(0),co=>cin(1),s=>s(1));
U2: adder1 port map(a=>a(2),b=>b(2),ci=>cin(1),co=>cin(2),s=>s(2));
```

```
U3: adder1 port map(a=>a(3),b=>b(3),ci=>cin(2),co=>co,s=>s(3));
end behavioral;
```
上述端口映射采用名称映射方法，如使用位置映射方法，则上述映射语句可改为：
```
U0: adder1 port map(a(0), b(0), c, cin(0), s(0));
U1: adder1 port map(a(1), b(1), cin(0), cin(1), s(1));
U2: adder1 port map(a(2), b(2), cin(1), cin(2), s(2));
U3: adder1 port map(a(3), b(3), cin(2), co, s(3));
```

5.2.4　BLOCK 块语句

块语句（Block）是把许多并行语句包装在一起，便于程序阅读理解。从综合角度看，BLOCK 语句没有使用价值。

Block 语句格式为：

块名称：**Block**

[声明部分;]

Begin

　　并行语句；

End Block 块名称;

【例 5-27】 使用 Block 语句进行基本逻辑门电路设计。

```
library IEEE;
use IEEE.STD_LOGIC_1164.ALL;
use IEEE.STD_LOGIC_ARITH.ALL;
use IEEE.STD_LOGIC_UNSIGNED.ALL;
entity gate is
port ( a,b: in  std_logic;
    yand: out std_logic;
    yor : out std_logic
     );
end gate;

architecture Behavioral of gate is
begin
andgate: block
     begin
         yand<=a and b;
       end block andgate;

orgate: block
     begin
         yor<=a or b;
       end block orgate;
end Behavioral;
```

本例中分块描述了一个与门逻辑和一个或门逻辑。

5.2.5 GENERATE 生成语句

生成语句有复制作用，它可以生成与某个元件或设计单元电路完全相同的一组并行元件或设计单元电路，从而避免多段相同结构的 VHDL 源代码的重复书写。

生成语句格式为：

[标号:]<模式> **generate**
　　　　并行语句；
END generate[标号];

其中，并行语句一般是元件例化语句或并行赋值语句；模式有 for 模式和 if 模式。

1. for 模式

格式如下：

for 循环变量 in 离散范围 **generate**
　并行语句；
end generate;

离散范围指定复制次数 n，生成 n 个完全相同的并行语句指定的结构，主要用于描述简单重复结构。

【例 5-28】使用生成语句进行 4 位二进制加法器设计。

```
library ieee;
use ieee.std_logic_1164.all;
use ieee.std_logic_unsigned.all;
use ieee.std_logic_arith.all;

entity adder4 is
   port  (a,b: in  std_logic_vector(3 downto 0);
          co: out std_logic;
           s: out std_logic_vector(3 downto 0)
         );
end adder4;

architecture  behavioral of adder4 IS
signal cin: std_logic_vector(4 downto 0);
component adder1 is
port ( a,b,ci: in std_logic;
       co,s: out std_logic
         );
end component;
begin
      cin(0)<='0';
      co<=cin(4);
adder_gen:  for i in 0 to 3 generate
U:  adder1 port map(a=>a(i),b=>b(i),ci=>cin(i),co=>cin(i+1),s=>s(i));
end generate;
end behavioral;
```

2. if 模式

格式如下：

if <条件> **generate**

  并行语句；

end generate;

实现有条件的复制，一般用来描述重复结构中例外的情况。

【例 5-29】 4 位二进制加法器设计。

```
library ieee;
use ieee.std_logic_1164.all;
use ieee.std_logic_unsigned.all;
use ieee.std_logic_arith.all;

entity adder4 is
   port (a,b: in std_logic_vector(3 downto 0);
           ci : in std_logic;
           co : out std_logic;
           sum : out std_logic_vector(3 downto 0)
);
end adder4;

architecture behavioral of adder4 IS
signal c: std_logic_vector(3 downto 0);
component adder1 is
port ( a,b,ci : in std_logic;
        co,s: out std_logic
        );
end component;
begin
adder_gen: for i in 0 to 3 generate
low:  if  i=0  generate
   U1: adder1 port map(a=>a(0),b=>b(0),ci=>ci,co=>c(0),s=>sum(0));
   end generate;
other: if I in 1 to 3 generate
   U2: adder1 port map(a=>a(i),b=>b(i),ci=>c(i-1),co=>c(i),s=>sum(i));
    end generate;
end generate;
        co<=c(3);
end behavioral;
```

其中，if 模式生成语句 low 描述最低位，for 模式生成语句 others 描述其他 3 位。

习 题 5

5-1 信号赋值语句与变量赋值语句有何不同？

5-2 判断下面 3 个程序中是否有错误，若有则指出错误所在，并加以改正。

程序 1：

```
        Signal A,EN: std_logic;
        Process (A, EN)
          Variable B: std_logic;
          Begin
            if EN = 1 then
               B <= A;
            end if;
        end process;
```
程序 2：
```
        Architecture one of sample is
          variable a, b, c : integer;
        begin
          c <= a + b;
        end;
```
程序 3：
```
        library ieee;
        use ieee.std_logic_1164.all;
        entity mux21 is
        port ( a,b: in std_logic;
               sel: in std_logic;
                c : out std_logic;);
        end sam2;
        architecture one of mux21 is
        begin
           if sel= '0' then
              c := a;
           else
              c := b;
           end if;
        end two;
```

5-3 下述 VHDL 代码的综合结果会有几个触发器或锁存器？

程序 1：
```
        architecture rtl of ex is
        signal a, b: std_logic_vector(3 downto 0);
        begin
          process(clk)
            begin
              if clk= '1' and clk'event then
                if q(3) /= '1' then
                   q <= a + b;
                end if;
              end if;
          end process;
        end rtl;
```
程序 2：
```
        Architecture rt2 of ex is
        signal a,b: std_logic_vector(3 downto 0);
```

```
    begin
    process(clk)
      variable int: std_logic_vector(3 downto 0);
      begin
        if clk ='1' and clk'event then
          if int(3) /= '1' then
            int := a + b ;
            q <= int;
          end if;
        end if;
      end process;
    end rt2;
```

程序 3：

```
    architecture rt3 of ex is
    signal a,b,c,d,e: std_logic_vector(3 downto 0);
    begin
      process(c,d,e,en)
        begin
        if en ='1' then
          a <= c;
          b <= d;
        else
          a <= e;
        end if;
      end process;
    end rt3;
```

5-4 分别使用 IF 语句和 CASE 语句设计一个 3-8 译码器。

5-5 指出下述 CASE 语句使用中的错误，并说明原因。

```
    SIGNAL value : INTEGER RANGE 0 TO 15;
    SIGNAL out1 : STD_LOGIC;
        ...
     CASE value IS
     END CASE;
        ...
     CASE value IS
        WHEN 0 => out1<= '1';
        WHEN 1 => out1<= '0';
     END CASE;
        ...
     CASE value IS
        WHEN 0 TO 10 => out1<= '1';
        WHEN 5 TO 15 => out1<= '0';
     END CASE;
```

5-6 使用 FOR 循环语句设计一个 8 位的奇校验发生器。

5-7 并行信号赋值语句与顺序信号赋值语句的使用场合有什么不同？

5-8 分别使用条件信号赋值语句和选择信号赋值语句设计一个八选一数据选择器。

5-9 比较 CASE 语句与 WITH_SELECT 语句，叙述它们的异同点。

5-10 将以下程序段转换为 WHEN_ELSE 语句：
```
PROCESS (a,b,c,d)
BEGIN
  IF a='0' AND b='1' THEN
    next1 <= "1101";
  ELSIF a='0' THEN
    next1 <= d;
  ELSIF b='1' THEN
    next1 <= c;
  ELSE
    Next1 <= "1011";
  END IF;
END PROCESS;
```

5-11 进程内部的语句是顺序执行还是并行执行？同一结构体中的多个进程是顺序执行还是并行执行？

5-12 改正以下程序中的错误，简要说明原因，并指出可综合成什么电路。

程序 1：
```
library ieee;
use ieee.std_logic_1164.all;
entity d_flip_flop is
  port(d, clk: in std_logic;
       q: out std_logic);
end d_flip_flop;
architecture rtl of d_flip_flop is
begin
  if clk'event and clk='1' then
    q<=d;
  end if;
end rtl;
```

程序 2：
```
library ieee;
use ieee.std_logic_1164.all;
entity d_latch is
  port(d,ena: in std_logic;
       q: out std_logic);
end d_latch;
architecture rtl of d_latch is
begin
  if  ena = '1' then
    q<=d;
  end if;
end rtl;
```

程序 3：
```
library ieee;
use ieee.std_logic_1164.all;
entity test is
```

```vhdl
        port(d,clk: in std_logic;
                q: out std_logic);
    end test;
    architecture rtl of test is
    begin
        process(clk)
        begin
            wait until clk'event and clk='1'
                q<=d;
        end process;
    end rtl;
```

程序 4:
```vhdl
    library ieee;
    use ieee.std_logic_1164.all;
    entity test is
        port(d1,d2: in std_logic;
                sel: in std_logic;
                    q: out std_logic);
    end test;
    architecture rtl of test is
    begin
        process(d1,d2,sel)
        begin
            case sel is
                when '0' => q <= d1;
                when '1' => q <= d2;
            end case;
        end process;
    end rtl;
```

程序 5:
```vhdl
    library ieee;
    use ieee.std_logic_1164.all;
    entity test is
        port(d1,d2: in std_logic;
                sel: in std_logic;
                    q: out std_logic);
    end test;
    architecture rtl of test is
    begin
        process(d1,d2,sel)
        begin
            q<=d1 when sel = '0' else
                d2;
        end process;
    end rtl;
```

程序 6:
```vhdl
    library ieee;
```

```vhdl
use ieee.std_logic_1164.all;
entity test is
   port(clk: in std_logic;
       count: buffer std_logic_vector(3 downto 0));
end test;
architecture rtl of test is
begin
   process(clk)
   begin
     if clk'event and clk='1' then
       count<=count+1;
     end if;
   end process;
end rtl;
```

5-13 元件例化语句的功能是什么？元件例化语句中的端口映射有哪几种方式？

5-14 用结构描述法和 GENERATE 语句设计一个 8 位移位寄存器。

第 6 章　子程序与程序包

为了提高设计效率，VHDL 有与其他软件语言中类似的子程序模块，有效地避免重复性工作。另外，VHDL 还将一些有用的信息汇集在库中以供调用。这些信息一般是预先定义好的数据类型、子程序、设计实体组成的程序包。打开库及相应的程序包，即可使用其中重要的设计资源。

本章将介绍这些有效的设计资源：子程序、程序包、库。

6.1　子　程　序

子程序是一个 VHDL 程序模块，该模块利用顺序语句来描述算法。与进程类似，子程序只能使用顺序语句。不同的是，子程序不能与结构体中的信号直接通信，需要子程序的调用语句实现相应的参数传递。

子程序可以在程序包、结构体、进程中定义，定义位置决定其使用范围。

子程序具有可重载的特点，即允许有许多重名的子程序，但其参数、返回值的数据类型不同。

VHDL 中有两种类型的子程序：函数（Function）和过程（Procedure）。两者的主要区别在于：函数的参量只能是方式为 in 的信号和常量，而过程的参量可以为 in, out 和 inout 方式；过程能返回多个变量，函数只能有一个指定了数据类型的返回值；过程中可以有 WAIT 语句，而函数中却不能有该语句。

6.1.1　函数

VHDL 函数与其他高级语言中函数相当，可借鉴理解。

1. 定义格式

[**FUNCTION** 函数名（参数表）　RETURN　数据类型]　　　　　--函数首
FUNCTION 函数名（参数表）RETURN　数据类型 IS　　　　　--函数体
　　[说明部分]
　　BEGIN
　　顺序语句；
END FUNCTION 函数名；

函数由函数首和函数体两部分组成，函数首对函数参量进行说明，函数体用于描述函数的功能。在进程或结构体中不必定义函数首，而在程序包中必须定义函数首。

（1）函数首

函数首是由函数名、参数表和返回值的数据类型这 3 部分组成的。

FUNCTION 之后的函数名可以是普通的标识符,也可以是运算符(这时必须加上双引号)。

参数表格式如下：

[对象种类]参数名：类型；

对象种类可以是信号和常数,默认为常数。

(2)函数体

函数体结构类似于进程,由说明部分和顺序描述部分组成。

说明部分包括变量、常量、类型说明,只在该函数内有效,不能定义新的信号。

顺序部分是一些用以完成规定算法或转换的顺序语句。

【例 6-1】函数首举例。

```
FUNCTION  FUNC1(A,B,C: REAL) RETURN REAL;
FUNCTION  "*" (A,B: INTEGER) RETURN INTEGER;
FUNCTION  AS2(SIGNAL IN1,IN2: REAL) RETURN REAL;
```

以上是 3 个不同的函数首。注意:函数名*要用引号;函数 AS2 参数是信号时必须指明。

【例 6-2】函数体举例。

```
FUNCTION SAM(X,Y,Z: BIT) RETURN BIT IS
  BEGIN
    RETURN (X AND Y) OR Z;
END FUNCTION SAM;
```

定义函数 SAM 功能为 SAM(X, Y, Z)=XY+Z。

2. 定义位置

函数定义位置及引用范围如下:

程序包:函数首放在包说明中;函数体放在包体中;用 USE 打开,可在不同设计中调用。

结构体:结构体的说明部分,只需要函数体部分,并且只对该设计实体可见。

进程:进程的说明部分,只需要函数体部分,只对该进程可见。

3. 函数调用

函数调用格式如下:

函数名(参数表)

参数表中是输入函数的实参,返回运算值。调用函数范围视其定义位置决定。

【例 6-3】利用函数调用实现 3 个 4 位二进制数的与运算。

```
library IEEE;
use IEEE.STD_LOGIC_1164.ALL;
use IEEE.STD_LOGIC_ARITH.ALL;
use IEEE.STD_LOGIC_UNSIGNED.ALL;

entity func is
port ( a: in std_logic_vector(3 downto 0);
       b: in std_logic_vector(3 downto 0);
       c: in std_logic_vector(3 downto 0);
       f: out std_logic_vector(3 downto 0)
     );
end func;

architecture Behavioral of func is
function max(x,y,z: std_logic)return std_logic is
begin
    return (x and y and z);
end function max;
```

```
    begin
    f(0)<=max(a(0),b(0),c(0));
    f(1)<=max(a(1),b(1),c(1));
    f(2)<=max(a(2),b(2),c(2));
    f(3)<=max(a(3),b(3),c(3));
    end Behavioral;
```
在结构体说明部分定义函数 max(x,y,z)，只有函数体；在结构体描述并行部分调用函数。

6.1.2 过程

过程与其他高级语言中子程序相当，可以借鉴理解。

1. 定义格式

PROCEDURE 过程名(参数表)　　　　　　　　-- 过程首
PROCEDURE 过程名(参数表) IS　　　　　　　-- 过程体
　　[说明部分]
　　BIGIN
　　　　顺序语句；
END PROCEDURE 过程名；

过程由过程首和过程体两部分组成，过程首对过程模块接口进行说明，过程体用于描述模块的功能。在进程或结构体中不必定义过程首，而在程序包中必须定义过程首。

（1）过程首

过程首由过程名和参数表组成。

参数表格式：

对象种类 参数名：[方式] 类型；

说明：

对象种类可以是变量、常量和信号；

方式可以是 IN、OUT 或者 INOUT，用于定义这些参数的工作模式，即信息的流向。IN 方式参数是常量或信号，默认为常量；OUT、INOUT 方式参数是变量或信号，默认为变量；方式默认为 IN；过程中不能定义新信号。

【例 6-4】 过程首举例。
```
    PROCEDURE PRO1(VARIABLE A, B: INOUT REAL);
    PROCEDURE PRO2 (CONSTANT A1: IN INTEGER; VARIABLE  B1: OUT INTEGER);
    PROCEDURE PRO3 (SIGNAL  S1: INOUT BIT);
    PROCEDURE  comp (a,r: IN REAL; m: IN INTEGER ;v1, v2: OUT REAL);
```
过程 comp 的参数表中，定义 a 和 r 为输入模式，数据类型是实数；m 为输入模式，整数类型。这 3 个参数没有定义对象种类，默认为常量。v2、v1 定义为输出模式实数，默认为变量。

（2）过程体

过程体类似于函数体，也由说明部分和顺序描述部分组成。

【例 6-5】 过程体举例。
```
    PROCEDURE PRG1(VARIABLE V1: INOUT BIT_VECTOR(0 TO 3)) IS
    BEGIN
```

```
    CASE V1 IS
      WHEN"0000" => V1:="0101";
      WHEN"0101" => V1:="0000";
      WHEN OTHERS => V1:="1111";
    END CASE;
  END PROCEDURE PRG1;
```
定义过程 PRG1，对双向模式的变量 V1 做数值转换运算。

2. 定义位置
过程定义位置及引用范围同函数。

3. 过程调用
过程调用方式有：

并行调用语句，位于结构体并行处理部分；

顺序调用语句，位于进程或其他子程序内。

调用语句格式如下：

过程名[([形参名=>]实参表达式 {,[形参名=>]实参表达式})];

一个过程的调用将分别完成以下 3 个步骤：

① 将 IN 和 INOUT 模式的实参值赋给欲调用的过程中与它们对应的形参；

② 执行这个过程；

③ 将过程中 OUT 和 INOUT 模式的形参值返回给对应的实参。

其中，形参与实参的关联方式有名称关联和位置关联两种，采用位置关联时，可以省去形参名。

【例 6-6】 利用过程调用实现 3 个 4 位二进制数的与运算。

```
library IEEE;
use IEEE.STD_LOGIC_1164.ALL;

entity func is
port (a: in std_logic_vector(3 downto 0);
      b: in std_logic_vector(3 downto 0);
      c: in std_logic_vector(3 downto 0);
      f: out std_logic_vector(3 downto 0)
      );
end func;

architecture Behavioral of func is
PROCEDURE and3(signal x,y,z: in std_logic;signal e: out std_logic) is
begin
    e<=x and y and z;
END PROCEDURE and3;
begin
   and3 (a(0),b(0),c(0),f(0));
   and3 (a(1),b(1),c(1), f(1));
   and3 (a(2),b(2),c(2),f(2));
   and3 (a(3),b(3),c(3), f(3));
end Behavioral;
```

6.2 程 序 包

为了使已定义的常数、数据类型、元件调用说明以及子程序能被更多的 VHDL 设计实体方便地访问和共享，可以将它们收集在一个 VHDL 程序包中。多个程序包可以并入一个 VHDL 库中，使之适用于更一般的访问和调用范围。

6.2.1 程序包定义

定义程序包的一般语句结构如下：
```
PACKAGE   程序包名  IS              --程序包首
程序包首说明部分；
END [PACKAGE][程序包名]；
[PACKAGE BODY 程序包名   IS       --程序包体
程序包体说明部分以及包体内容；
END [PACKAGE BODY][程序包名];]
```
程序包由包首和包体两部分组成。包首是程序包的说明部分，包括数据类型说明、信号说明、子程序说明及元件说明等信息；包体用于定义在程序包首中已定义的子程序的子程序体。

程序包结构中，包体是可选的，即包首可以独立定义和使用。

【例 6-7】程序包首定义实例。
```
PACKAGE pacl IS                                 -- 程序包首开始
  TYPE byte IS RANGE 0 TO 255;                  -- 定义数据类型 byte
  SUBTYPE nibble IS byte RANGE 0 TO 15;         -- 定义子类型 nibble
  CONSTANT byte_ff: byte := 255;                -- 定义常数 byte_ff
  SIGNAL addend: nibble;                        -- 定义信号 addend
  COMPONENT byte_adder                          -- 定义元件
     PORT( a,b: IN byte;
           c: OUT byte;
        overflow: OUT BOOLEAN);
  END COMPONENT;
  FUNCTION my_function (a: IN byte) Return byte;  -- 定义函数
END pacl;                                       -- 程序包首结束
```

例 6-7 定义程序包 pacl 的包首，其中定义了数据类型 byte、子类型 nibble、常数 byte_ff、信号 addend、元件 byte_adder 和函数 my_function。对于元件 byte_adder 和函数 my_function 只放了元件说明及函数首，而元件对应的结构体及函数的函数体内容要放在包体中。

【例 6-8】完整的程序包定义示例。
```
LIBRARY IEEE;
USE IEEE.STD_LOGIC_1164.ALL;
PACKAGE  packexp IS                              --定义程序包首
   FUNCTION  max(a,b: IN STD_LOGIC_VECTOR)
               RETURN STD_LOGIC_VECTOR;          --定义函数首
END;
PACKAGE  BODY packexp IS                         --定义程序包体
   FUNCTION  max(a,b: IN STD_LOGIC_VECTOR)       --定义函数体
            RETURN STD_LOGIC_VECTOR IS
```

```
      BEGIN
        IF a > b THEN RETURN  a;
          ELSE         RETURN  b;
        END IF;
      END FUNCTION max;              --结束 FUNCTION 语句
    END;                             --结束 PACKAGE  BODY 语句
```

例 6-8 定义了返回最大值函数 max，其函数首在包首中定义，函数体在包体中定义。

6.2.2 程序包引用

程序包定义以后自动保存到当前工作库（WORK 库）中，而 WORK 库是默认打开的，所以可以直接用 USE 语句调用程序包。格式如下：

USE WORK.程序包名.ALL;

【例 6-9】引用例 6-8 中定义的程序包 packexp 中的函数 max：

```
    LIBRARY IEEE;
    USE IEEE.STD_LOGIC_1164.ALL;
    USE WORK.packexp.ALL;

    ENTITY  axamp IS
      PORT(dat1,dat2: IN STD_LOGIC_VECTOR(3 DOWNTO 0);
           dat3,dat4: IN STD_LOGIC_VECTOR(3 DOWNTO 0);
           out1,out2: OUT STD_LOGIC_VECTOR(3 DOWNTO 0));
    END;
    ARCHITECTURE bhv OF axamp IS
      BEGIN
        out1 <= max(dat1,dat2);        --并行函数调用语句
        PROCESS(dat3,dat4)
        BEGIN
         out2 <= max(dat3,dat4);       --顺序函数调用语句
        END PROCESS;
    END;
```

在 VHDL 程序第一部分用 USE WORK.packexp.ALL 语句打开程序包 packexp，结构体中可以自由调用其中的函数。

6.2.3 常用预定义程序包

VHDL 中有许多预定义好的程序包，供设计者选择使用。其中，最常见的是存在 IEEE 库中的几个程序包。

（1）STD_LOGIC_1164 程序包

它是 IEEE 库中最常用的程序包，定义了 STD_LOGIC 和 STD_LOGIC_VECTOR 数据类型。

（2）STD_LOGIC_ARITH 程序包

此程序包在 STD_LOGIC_1164 程序包的基础上扩展了 3 个数据类型：UNSIGNED、SIGNED 和 SMALL_INT，并为其定义了相关的算术运算符和转换函数。

（3）STD_LOGIC_UNSIGNED 和 STD_LOGIC_SIGNED 程序包

这些程序包重载了可用于 INTEGER 型及 STD_LOGIC 和 STD_LOGIC_VECTOR 型混合运算的运算符，并定义了一个由 STD_LOGIC_VECTOR 型到 INTEGER 型的转换函数。

（4）STANDARD 和 TEXTIO 程序包

这两个程序包是 STD 库中的预编译程序包。STANDARD 程序包中定义了许多基本的数据类型、子类型和函数。STD 库是默认打开的，所以其中定义的数据类型等可以直接引用。

习 题 6

6-1　VHDL 的子程序有哪两种？

6-2　子程序的定义位置有哪些？

6-3　函数和过程的设计与功能有什么区别？调用上有什么区别？

6-4　简要说明程序包的作用及定义方法。

第 7 章 常用电路的 VHDL 描述

数字电路主要有组合逻辑电路和时序逻辑电路两种。组合逻辑电路的输出只与当前时刻的输入信号有关，而与过去时刻的输出状态无关，对应电路无反馈、无记忆功能。时序逻辑电路的输出不仅与当前时刻的输入信号有关，还与过去时刻的输出状态有关，对应电路有反馈、有记忆功能。用 VHDL 描述上述电路时，特别注意时序电路的形成，组合电路的优先级的描述以及时序电路的同步控制、异步控制问题。

7.1 组合逻辑电路 VHDL 描述

组合逻辑电路的功能可以用真值表、表达式、电路图等方式描述。基于这 3 种方式可以分别采用行为式、数据流式和结构式的 VHDL 描述风格。

常见的组合逻辑电路主要有基本门电路、加法器、编码器、译码器、选择器、分配器等。本节将介绍这些常用组合逻辑电路逻辑功能的 VHDL 描述，以了解不同的描述方法和风格。

7.1.1 基本门电路

基本门电路主要包括与门、或门、非门、与非、或非、异或、同或等。

由于 VHDL 包含的逻辑运算符包含了与逻辑（AND）、或逻辑（OR）、非逻辑（NOT）、与非逻辑（NAND）、或非逻辑（NOR）、异或逻辑（XOR）、同或逻辑（XNOR），所以基本逻辑门的 VHDL 设计可由对应逻辑运算符实现。

【例 7-1】两输入与逻辑门设计。

```
library IEEE;
use IEEE.STD_LOGIC_1164.ALL;
use IEEE.STD_LOGIC_ARITH.ALL;
use IEEE.STD_LOGIC_UNSIGNED.ALL;
entity and_gate_2 is
    port (a: in  std_logic;
          b: in  std_logic;
          f: out std_logic
         );
end and_gate_2;

architecture Behavioral of and_gate_2 is
begin
    f <= a and b;
end Behavioral;
```

例 7-1 用并行赋值语句设计，是简单的数据流式描述。

【例 7-2】多输入与逻辑设计。

```
library IEEE;
```

```
use IEEE.STD_LOGIC_1164.ALL;
use IEEE.STD_LOGIC_ARITH.ALL;
use IEEE.STD_LOGIC_UNSIGNED.ALL;

entity and_gate_4 is
       port (a: in  std_logic;
             b: in  std_logic;
             c: in  std_logic;
             d: in  std_logic;
             f: out  std_logic
            );
end and_gate_4;

architecture Behavioral of and_gate_4 is
begin
    process(a,b,c,d)
     begin
        f <= a and b and c and d;
     end process;
end Behavioral;
```

例 7-2 用顺序赋值语句加进程设计，进程敏感信号为 4 个输入信号。

由于四输入与门 F=ABCD=(A AND B)AND(C AND D)，所以可以利用两输入与门作为基本模块，采用模块例化方式实现四输入与门的设计，对应电路图如图 7-1 所示。对应描述如例 7-3。

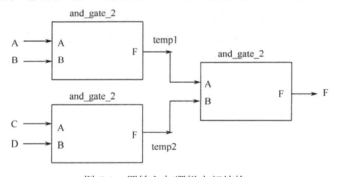

图 7-1 四输入与逻辑内部结构

【例 7-3】利用元件例化语句进行多输入与逻辑电路设计。

```
library IEEE;
use IEEE.STD_LOGIC_1164.ALL;
use IEEE.STD_LOGIC_ARITH.ALL;
use IEEE.STD_LOGIC_UNSIGNED.ALL;

entity and_gate_4 is
       port (a: in  std_logic;
             b: in  std_logic;
             c: in  std_logic;
             d: in  std_logic;
             f: out  std_logic
```

```
                    );
end and_gate_4;

architecture Behavioral of and_gate_4 is
  signal temp1,temp2: std_logic;
  component and_gate_2 is
          port (a: in  std_logic;
                b: in  std_logic;
                f: out std_logic
                );
  end component;

begin
  U1: and_gate_2 port map(a=>a,b=>b,f=>temp1);
  U2: and_gate_2 port map(a=>c,b=>d,f=>temp2);
  U3: and_gate_2 port map(a=>temp1,b=>temp2,f=>f);
end Behavioral;
```

其他基本逻辑门电路的 VHDL 设计与上述与门逻辑相似, 只需改变对应逻辑符号即可。

7.1.2 编码器

编码器可将多个输入信号用少量输出信号表示, 若有 M 个输入信号, 编码后对应 N 个输出信号, 则 M 与 N 的对应关系为: $M \leqslant 2^N$。编码器多用于数据通信领域, 可减少传输带宽, 增加传输效率。下面以 8 线-3 线编码器为例, 介绍编码器的 VHDL 设计。普通 8 线-3 线编码器逻辑符号如图 7-2 所示, 设输入信号高电平有效, 其真值表见表 7-1。

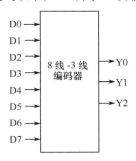

图 7-2　8 线-3 线编码器逻辑符号

表 7-1　8 线-3 线编码器真值表

输 入								输 出		
D7	D6	D5	D4	D3	D2	D1	D0	Y2	Y1	Y0
1	0	0	0	0	0	0	0	1	1	1
0	1	0	0	0	0	0	0	1	1	0
0	0	1	0	0	0	0	0	1	0	1
0	0	0	1	0	0	0	0	1	0	0
0	0	0	0	1	0	0	0	0	1	1
0	0	0	0	0	1	0	0	0	1	0
0	0	0	0	0	0	1	0	0	0	1
0	0	0	0	0	0	0	1	0	0	0

【例 7-4】方法一: 使用 CASE 语句描述, 由于 CASE 语句为顺序执行语句, 所以需放在进程 process 中使用。

```
library IEEE;
use IEEE.STD_LOGIC_1164.ALL;
use IEEE.STD_LOGIC_ARITH.ALL;
use IEEE.STD_LOGIC_UNSIGNED.ALL;

entity encoder is
        port (d: in  std_logic_vector(7 downto 0);
              y: out std_logic_vector(2 downto 0)
              );
end encoder;
```

```
architecture Behavioral of encoder is
begin
    process(d)
      begin
        case d is
            when "10000000" => y<="111";
            when "01000000" => y<="110";
            when "00100000" => y<="101";
            when "00010000" => y<="100";
            when "00001000" => y<="011";
            when "00000100" => y<="010";
            when "00000010" => y<="001";
            when "00000001" => y<="000";
            when others    => y<="ZZZ";
        end case;
      end process;
end Behavioral;
```

例 7-4 的描述基于编码器的真值表，属于典型的行为式描述方式。

【例 7-5】方法二：使用 with-select 语句描述，由于 with-select 语句为并行执行语句，所以可直接在结构体中使用，对应程序描述如下：

```
library IEEE;
use IEEE.STD_LOGIC_1164.ALL;
use IEEE.STD_LOGIC_ARITH.ALL;
use IEEE.STD_LOGIC_UNSIGNED.ALL;

entity encoder is
        port (d: in  std_logic_vector(7 downto 0);
              y: out std_logic_vector(2 downto 0)
             );
end encoder;

architecture Behavioral of encoder is
begin
    with d select
      y<="111" when "10000000",
         "110" when "01000000",
         "101" when "00100000",
         "100" when "00010000",
         "011" when "00001000",
         "010" when "00000100",
         "001" when "00000010",
         "000" when "00000001",
         "ZZZ" when others;

end Behavioral;
```

例 7-5 采用并行选择赋值语句，属于数据流式描述风格。

【例 7-6】 方法 3：使用 when-else 语句描述，由于 when-else 语句为并行执行语句，所以可直接在结构体中使用，对应的结构体描述为：
```
library IEEE;
use IEEE.STD_LOGIC_1164.ALL;
use IEEE.STD_LOGIC_ARITH.ALL;
use IEEE.STD_LOGIC_UNSIGNED.ALL;
entity encoder is
        port (d: in std_logic_vector(7 downto 0);
              y: out std_logic_vector(2 downto 0)
              );
end encoder;
architecture Behavioral of encoder is
begin
        y<= "111" when d="10000000" else
            "110" when d="01000000" else
            "101" when d="00100000" else
            "100" when d="00010000" else
            "011" when d="00001000" else
            "010" when d="00000100" else
            "001" when d="00000010" else
            "000" when d="00000001" else
            "ZZZ";
end Behavioral;
```
例 7-6 采用并行条件赋值语句，可读性较差。

上述描述的编码器为普通编码器，任意时刻输入信号只能有一个有效，不允许有多个输入信号同时有效，如有多个输入信号同时有效，则编码器失效，输出为高阻态。

优先编码器允许多个输入信号在同一时刻同时有效，但只对优先级高的输入信号进行编码。下面将以数字电路中常用的 74LS148 优先编码器为例，介绍其采用 VHDL 语言描述的设计方法。74LS148 的逻辑符号如图 7-3 所示，其真值表见表 7-2，其中输入信号低电平有效，编码输出信号 Y 为二进制反码表示，×表示任意状态。

表 7-2 优先编码器 74LS148 真值表

输入									输出				
ST	D7	D6	D5	D4	D3	D2	D1	D0	Y2	Y1	Y0	Yex	Ys
1	×	×	×	×	×	×	×	×	1	1	1	1	1
0	1	1	1	1	1	1	1	1	1	1	1	1	0
0	0	×	×	×	×	×	×	×	0	0	0	0	1
0	1	0	×	×	×	×	×	×	0	0	1	0	1
0	1	1	0	×	×	×	×	×	0	1	0	0	1
0	1	1	1	0	×	×	×	×	0	1	1	0	1
0	1	1	1	1	0	×	×	×	1	0	0	0	1
0	1	1	1	1	1	0	×	×	1	0	1	0	1
0	1	1	1	1	1	1	0	×	1	1	0	0	1
0	1	1	1	1	1	1	1	0	1	1	1	0	1

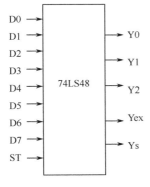

图 7-3 优先编码器 74LS148 逻辑符号

【例 7-7】 优先编码器 74LS148 程序设计。
```
library IEEE;
```

```vhdl
use IEEE.STD_LOGIC_1164.ALL;
use IEEE.STD_LOGIC_ARITH.ALL;
use IEEE.STD_LOGIC_UNSIGNED.ALL;

entity encoder_74ls148 is
        port (d: in  std_logic_vector(7 downto 0);
              st: in  std_logic;
              y: out std_logic_vector(2 downto 0);
              yex: out std_logic;
              ys: out std_logic
              );
end encoder_74ls148;

architecture Behavioral of encoder_74ls148 is
begin
    process(st,d)
    begin
        if   st='1' then
            y<="111";
            yex<='1';
            ys <='1';
        elsif d="11111111"then
            y<="111";
            yex<='1';
            ys <='0';
        elsif d(7)='0' then
            y<="000";
            yex<='0';
            ys <='1';
        elsif d(6)='0' then
            y<="001";
            yex<='0';
            ys <='1';
        elsif d(5)='0' then
            y<="010";
            yex<='0';
            ys <='1';
        elsif d(4)='0' then
            y<="011";
            yex<='0';
            ys <='1';
        elsif d(3)='0' then
            y<="100";
            yex<='0';
            ys <='1';
        elsif d(2)='0' then
            y<="101";
            yex<='0';
```

```
                ys <='1';
        elsif d(1)='0' then
                y<="110";
                yex<='0';
                ys <='1';
        elsif d(0)='0' then
                y<="111";
                yex<='0';
                ys <='1';
        end if;
    end process;
end Behavioral;
```

例 7-7 描述了组合电路的优先结构，由于 CASE 语句无法对应任意状态"×"，所以只能采用 IF 语句，通过 IF 条件的描述顺序对应优先级。

7.1.3 译码器

译码是编码的逆过程，将输入的一组二进制信息转换成相应的输出信号，实现译码功能的电路称为译码器，一般用在信号传输接收端。下面以数字电路设计中常用的 3 线-8 线译码器 74LS138 为例介绍译码器的 VHDL 设计。74LS138 的逻辑符号如图 7-4 所示，真值表见表 7-3。

【例 7-8】译码器 74LS138 程序设计。

```
library IEEE;
use IEEE.STD_LOGIC_1164.ALL;
use IEEE.STD_LOGIC_ARITH.ALL;
use IEEE.STD_LOGIC_UNSIGNED.ALL;

entity decoder is
        port (sta: in  std_logic;
              stb: in  std_logic;
              stc: in  std_logic;
              a: in  std_logic_vector(2 downto 0);
              y: out std_logic_vector(7 downto 0)
            );
end decoder;

architecture Behavioral of decoder is
begin
    process(sta,stb,stc,a)
    begin
        if (sta='1' and stb='0' and stc='0') then
            case a is
                    when "000" => y<="11111110";
                    when "001" => y<="11111101";
                    when "010" => y<="11111011";
                    when "011" => y<="11110111";
                    when "100" => y<="11101111";
```

```
                        when "101" => y<="11011111";
                        when "110" => y<="10111111";
                        when "111" => y<="01111111";
                        when others =>y<="11111111";
                  end case;
            else
                y<="11111111";
            end if;
        end process;
    end Behavioral;
```

表 7-3 译码器 74LS138 真值表

STA	STB	STC	A2	A1	A0	Y0	Y1	Y2	Y3	Y4	Y5	Y6	Y7
0	×	×	×	×	×	1	1	1	1	1	1	1	1
×	1	×	×	×	×	1	1	1	1	1	1	1	1
×	×	1	×	×	×	1	1	1	1	1	1	1	1
1	0	0	0	0	0	0	1	1	1	1	1	1	1
1	0	0	0	0	1	1	0	1	1	1	1	1	1
1	0	0	0	1	0	1	1	0	1	1	1	1	1
1	0	0	0	1	1	1	1	1	0	1	1	1	1
1	0	0	1	0	0	1	1	1	1	0	1	1	1
1	0	0	1	0	1	1	1	1	1	1	0	1	1
1	0	0	1	1	0	1	1	1	1	1	1	0	1
1	0	0	1	1	1	1	1	1	1	1	1	1	0

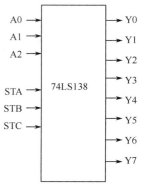

图 7-4 译码器 74LS138 的逻辑符号

例 7-8 给出了组合电路选通信号的描述方法，即首先用 IF 条件判断选通信号的有效性，再用 CASE 语句对应真值表。

7.1.4 数值比较器

数值比较器可实现两个数值的大小及是否相等的判断，可以利用 VHDL 语言中的关系运算符实现。

【例 7-9】两个 4 位二进制数比较器程序设计。

```
library IEEE;
use IEEE.STD_LOGIC_1164.ALL;
use IEEE.STD_LOGIC_ARITH.ALL;
use IEEE.STD_LOGIC_UNSIGNED.ALL;

entity comp is
        port (a: in  std_logic_vector(3 downto 0);
              b: in  std_logic_vector(3 downto 0);
              a_greater_b: out std_logic;
              a_less_b: out std_logic;
              a_equal_b: out std_logic
                );
    end comp;

    architecture Behavioral of comp is
```

```
begin
    process(a,b)
     begin
            if    a > b then
                    a_greater_b<='1';
                    a_less_b<='0';
                    a_equal_b<='0';
            elsif a < b then
                    a_greater_b<='0';
                    a_less_b<='1';
                    a_equal_b<='0';
            else
                    a_greater_b<='0';
                    a_less_b<='0';
                    a_equal_b<='1';
            end if;
    end process;
end Behavioral;
```

例 7-9 采用行为式描述语句 IF，代码较长，可以直接在结构体中用如下并行赋值语句实现：
```
a_greater_b<='1' when a>b else '0';
a_less_b<='1' when a<b else '0';
a_equal_b<='1' when a=b else '0';
```

7.1.5 数据选择器

数据选择器有多路数据输入信号，根据选择控制信号值，从多路输入信号中，选择对应的一路信号输出，也称为多路开关。下面以八选一数据选择器为例，介绍数据选择器的 VHDL 实现。八选一数据选择器逻辑符号如图 7-5 所示，其中 D0～D7 为数据输入信号，S2～S0 为选择控制信号，Y 为数据输出信号，其真值表见表 7-4。

表 7-4 八选一数据选择器真值表

S2	S1	S0	Y
0	0	0	D0
0	0	1	D1
0	1	0	D2
0	1	1	D3
1	0	0	D4
1	0	1	D5
1	1	0	D6
1	1	1	D7

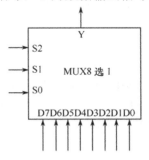

图 7-5 八选一数据选择器逻辑符号

【例 7-10】使用 case 顺序语句设计八选一数据选择器程序：
```
library IEEE;
use IEEE.STD_LOGIC_1164.ALL;
use IEEE.STD_LOGIC_ARITH.ALL;
use IEEE.STD_LOGIC_UNSIGNED.ALL;

entity mux8_1 is
```

```
            port (d:  in std_logic_vector(7 downto 0);
                  s:  in std_logic_vector(2 downto 0);
                  y:  out std_logic
                 );
       end mux8_1;

architecture Behavioral of mux8_1 is

begin
  process(d,s)
  begin
       case s is
              when "000" => y<=d(0);
              when "001" => y<=d(1);
              when "010" => y<=d(2);
              when "011" => y<=d(3);
              when "100" => y<=d(4);
              when "101" => y<=d(5);
              when "110" => y<=d(6);
              when "111" => y<=d(7);
              when others =>y<='Z';
           end case;
       end process;
       end Behavioral;
```

例 7-10 属于行为式描述，由于无优先级，因此选用 case 语句，直接对应真值表。如果附加选通信号，则需要 if 语句首先判断其有效性。

7.1.6 算术运算

VHDL 语言中可使用算术运算符实现内部数据的算术运算，常用的算术运算符有：
① "+"：加法运算符；
② "-"：减法运算符；
③ "*"：乘法运算符。

如果两数相加产生进位，则计算结果出错，如 "1010+1001" = "0011"，进位位 "1" 将会丢失。因此两数相加时，为防止进位溢出，要先将两个加数扩展一位，如 "1010" 扩展成 "01010"，"1001" 扩展成 "01001"，则 "01010" + "01001" = "10011"，运算结果正确。

【例 7-11】4 位加法器设计。

```
library IEEE;
use IEEE.STD_LOGIC_1164.ALL;
use IEEE.STD_LOGIC_ARITH.ALL;
use IEEE.STD_LOGIC_UNSIGNED.ALL;

entity adder_4 is
       port (a: in  std_logic_vector(3 downto 0);
             b: in  std_logic_vector(3 downto 0);
              co: out std_logic;
```

```
                sum: out std_logic_vector(3 downto 0)
                );
end adder_4;

architecture Behavioral of adder_4 is

begin
    process(a,b)
    variable a1,b1,c1: std_logic_vector(4 downto 0);
    begin
        a1:='0' & a;
        b1:='0' & b;
        c1:=a1 + b1;
        co <=c1(4);
        sum<=c1(3 downto 0);
    end process;
end Behavioral;
```

【例 7-12】 4 位乘法器设计。

```
library IEEE;
use IEEE.STD_LOGIC_1164.ALL;
use IEEE.STD_LOGIC_ARITH.ALL;
use IEEE.STD_LOGIC_UNSIGNED.ALL;

entity multi_4 is
        port ( a: in  std_logic_vector(3 downto 0);
               b: in  std_logic_vector(3 downto 0);
               f: out std_logic_vector(7 downto 0)
               );
end multi_4;

architecture Behavioral of multi_4 is

begin
        f<=a*b;
end Behavioral;
```

7.1.7 三态门电路

三态门电路是在基本门电路的基础上增加使能控制信号而构成的。当使能控制信号有效时，三态门电路正常工作，实现基本逻辑门的功能；当使能信号无效时，三态门电路输出为高阻态。在 VHDL 定义的数据类型中，基本逻辑 std_logic 数据类型包含了高阻态，即"Z"，使用该数据类型可以实现三态门电路的设计。下面以两输入三态与非门电路为例，介绍三态门电路的 VHDL 设计。

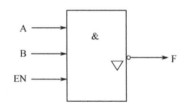

图 7-6 三态与非门逻辑符号

两输入三态与非门的逻辑符号如图 7-6 所示。

当使能信号 EN 有效（为高电平时），输出信号 F = $\overline{AB}$，当使能信号 EN 无效（为低电平时），输出信号 F 为高阻态。

【例 7-13】使用 IF 语句进行两输入三态与非门逻辑电路设计。

```
library IEEE;
use IEEE.STD_LOGIC_1164.ALL;
use IEEE.STD_LOGIC_ARITH.ALL;
use IEEE.STD_LOGIC_UNSIGNED.ALL;

entity tri_gate is
        port (a: in  std_logic;
              b: in  std_logic;
             en: in std_logic;
              f: out std_logic
              );
end tri_gate;

architecture Behavioral of tri_gate is

begin
    process(a,b,en)
    begin
        if en='1' then
            f<=a nand b;
        else
            f<='Z';
        end if;
    end process;
end Behavioral;
```

7.1.8 双向端口设计

双向端口对应端口模式 INOUT，实际是双向三态结构，如图 7-7 所示。其中 A、B 是双向信号，DIR 是方向控制信号，控制两个有效电平不一样的三态门。描述程序如下：

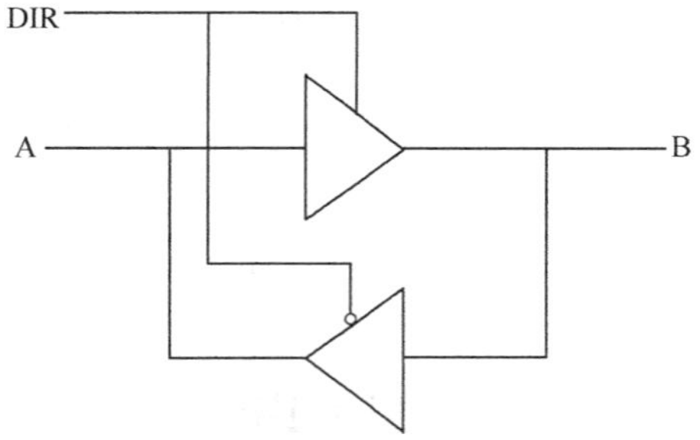

【例 7-14】

图 7-7 双向端口结构图

```
LIBRARY IEEE;
USE IEEE.STD_LOGIC_1164.ALL;
ENTITY BIDIR IS
PORT(A,B: INOUT STD_LOGIC_VECTOR(7 DOWNTO 0);
     DIR: IN STD_LOGIC);
END ENTITY BIDIR;
ARCHITECTURE ART OF BIDIR IS
   SIGNAL  AOUT,BOUT: STD_LOGIC_VECTOR(7 DOWNTO 0);
   BEGIN
     PROCESS(A,DIR) IS      --A 为输入
       BEGIN
```

```
            IF (DIR='1') THEN
              BOUT<=A;
            ELSE
              BOUT<="ZZZZZZZZ";
              END IF;
          B<=BOUT;                    --B 为输出
       END PROCESS;
       PROCESS(B,DIR) IS              --B 为输入
         BEGIN
           IF(DIR='0')THEN
             AOUT<=B;
           ELSE
             AOUT<="ZZZZZZZZ";
           END IF;
           A<=AOUT;                   --A 为输出
       END PROCESS;
    END ARCHITECTURE ART;
```

例 7-14 采用双进程方式描述两个三态结构，实现双向端口设计。

【例 7-15】
```
    LIBRARY IEEE;
    USE IEEE.STD_LOGIC_1164.ALL;
    ENTITY BIDIR IS
    PORT(A,B: INOUT STD_LOGIC_VECTOR(7 DOWNTO 0);
         DIR: IN STD_LOGIC);
    END ENTITY BIDIR;
    ARCHITECTURE ART OF BIDIR IS
    BEGIN
       Process (A,B,DIR)
       begin
          if (DIR='0') then
            A <=B;
            B <="ZZZZZZZZ";
          Else
            B <=A;
            A <="ZZZZZZZZ";
          end if;
       end process;
    END ARCHITECTURE ART;
```

例 7-15 是双向端口的单进程描述。

7.2 时序逻辑电路 VHDL 描述

时序逻辑电路的功能可以用功能表、状态转移图等方式描述。基于这两种方式可以分别采用行为式和有限状态机方式进行 VHDL 描述。

本节将介绍常用时序电路的 VHDL 设计方法，包括触发器、计数器、移位寄存器、状态机等。特别注意时序电路中时钟的表达方法以及同步、异步控制问题。

7.2.1 触发器

触发器是基本的时序逻辑电路,用来实现数据的暂存、信号延迟等功能。

1. 简单触发器设计

【例 7-16】D 触发器的 VHDL 设计。

```
library IEEE;
use IEEE.STD_LOGIC_1164.ALL;
use IEEE.STD_LOGIC_ARITH.ALL;
use IEEE.STD_LOGIC_UNSIGNED.ALL;

entity d_cfq is
    port (clk: in   std_logic;
            d: in   std_logic;
             q: out std_logic
         );
end d_cfq;

architecture Behavioral of d_cfq is

begin
process(clk,d)
begin
    if  clk'event and clk='1' then  --时钟上升沿
        q<=d;
      end if;
end process;
end Behavioral;
```

例 7-16 描述了一个时钟上升沿有效 D 触发器。

【例 7-17】T 触发器的 VHDL 设计。

```
library IEEE;
use IEEE.STD_LOGIC_1164.ALL;
use IEEE.STD_LOGIC_ARITH.ALL;
use IEEE.STD_LOGIC_UNSIGNED.ALL;

entity t_cfq is
    port (clk: in std_logic;
            t: in std_logic;
            q: out std_logic
         );
end t_cfq;

architecture Behavioral of t_cfq is
signal q1: std_logic:='0';           --定义信号 q1
begin
process(clk)
begin
    if clk'event and clk='1' then
```

```
            if t='1' then
                q1<=not q1;
            end if;
        end if;
    end process;
            q<=q1;
    end Behavioral;
```

例 7-17 中信号 q1 是为了实现内反馈而定义的内部节点。程序仿真波形如图 7-8 所示。由仿真波形图可知，当 t 信号为高电平时，在时钟信号的上升沿，输出信号 q 状态改变，q 信号为时钟信号的二分频。

图 7-8 T 触发器仿真波形

2. 锁存器设计

锁存器(Latch)是一种对脉冲电平敏感的存储单元电路。锁存器的最主要作用是缓存，实现高速控制器与慢速外设的不同步问题。如图 7-9 所示，4 个 D 触发器构成 4 位锁存器。

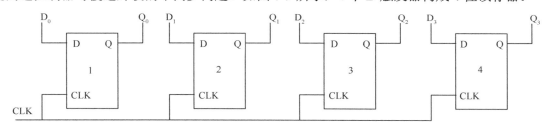

图 7-9 4 位数码寄存器结构

【例 7-18】4 位数码寄存器设计。

```
    library IEEE;
    use IEEE.STD_LOGIC_1164.ALL;
    use IEEE.STD_LOGIC_ARITH.ALL;
    use IEEE.STD_LOGIC_UNSIGNED.ALL;

    entity reg4 is
        port (clk: in std_logic;
              d: in std_logic_vector(3 downto 0);
              q: out std_logic_vector(3 downto 0)
             );
    end reg4;

    architecture Behavioral of reg4 is
    begin
    process(clk,d)
    begin
        if clk='1' then          --时钟高电平有效
            q<=d;
```

```
        end if;
    end process;
end Behavioral;
```

3. 信号边沿提取电路

利用触发器逻辑及信号传输延迟特性，可设计信号边沿提取电路。

【例 7-19】 设计信号上升沿和下降沿提取电路。

```
library IEEE;
use IEEE.STD_LOGIC_1164.ALL;
use IEEE.STD_LOGIC_ARITH.ALL;
use IEEE.STD_LOGIC_UNSIGNED.ALL;

entity cnt4 is
        port(rst: in std_logic;
            clk: in std_logic;
             d: in std_logic;
          d_up: out std_logic;
        d_down: out std_logic
            );
end cnt4;

architecture Behavioral of cnt4 is
signal d1,d2: std_logic;
begin
process(clk,rst,d)
begin
    if  rst='0'  then
        d1<='0';
         d2<='0';
     elsif clk'event and clk='1' then
        d1<=d;
         d2<=d1;
     end if;
end process;
    d_up<=d1 and (not d2);
    d_down<=(not d1) and d2;

end Behavioral;
```

该程序仿真波形图如图 7-10 所示。

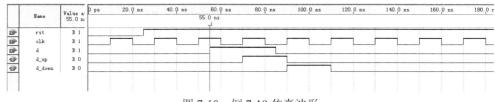

图 7-10 例 7-19 仿真波形

由仿真波形图可以看出，信号 d_up 为输入信号 d 的上升沿提取信号，信号宽度为一个时钟周期。信号 d_down 为输入信号 d 的下降沿提取信号，信号宽度也为一个时钟周期。

7.2.2 计数器

计数器是时序逻辑电路设计中常用的模块,可以实现计数、定时、分频等功能。

1. 二进制计数器设计

二进制计数器状态转移具有简单二进制数加减规律,所以不需要分别描述每个状态的转移情况。

【例 7-20】4 位二进制加法计数器的设计。

```
library IEEE;
use IEEE.STD_LOGIC_1164.ALL;
use IEEE.STD_LOGIC_ARITH.ALL;
use IEEE.STD_LOGIC_UNSIGNED.ALL;

entity counter4 is
port  (clk: in std_logic;
      cnt: out std_logic_vector(3 downto 0)
      );
end counter4;

architecture Behavioral of counter4 is
signal cnt1: std_logic_vector(3 downto 0):="0000";
begin
process(clk)
begin
    if   clk'event and clk='1' then
        cnt1<=cnt1+1;
    end if;
end process;
        cnt<=cnt1;
end Behavioral;
```

例 7-20 仿真波形图如图 7-11 所示。由波形图可知,在每个时钟信号上升沿,计数器加 1,当计数值为 "1111" 时,在下一个时钟信号上升沿,计数器加 1 后,计数值为 "0000",再次循环计数。

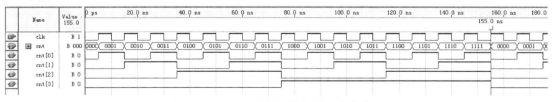

图 7-11　4 位二进制计数分频器仿真波形

利用该计数器,可实现时钟信号的二分频、四分频、八分频、十六分频。

2. 非二进制计数器设计

非二进制计数器需要控制其状态循环的返回时刻,另外注意同步、异步控制的描述层次。

【例 7-21】异步复位、同步使能且模值为 12 的加法计数器设计。

```
library IEEE;
use IEEE.STD_LOGIC_1164.ALL;
```

```vhdl
    use IEEE.STD_LOGIC_ARITH.ALL;
    use IEEE.STD_LOGIC_UNSIGNED.ALL;

    entity counter12 is
      port (rst: in  std_logic;           --复位输入信号，低电平有效
            en:  in  std_logic;           --计数使能信号，高电平有效
            clk: in  std_logic;           --输入时钟信号
            q:   out std_logic            --十二分频输出信号
           );
    end counter12;

    architecture Behavioral of counter12 is
    signal cnt1: std_logic_vector(3 downto 0):="0000";
    begin
    process(rst,clk)
    begin
        if   rst='0' then                 --异步复位
            cnt1<=(others=>'0');          --"0000"
          elsif   clk'event and clk='1' then  --同步使能
            if  en='1' then               --模12计数
              if cnt1=11 then
                 cnt1<=(others=>'0');
                else
                  cnt1<=cnt1+1;
                end if;
            end if;
        end if;
    end process;
            q<='1' when cnt1=11 else '0';
    end Behavioral;
```

例7-21 用 IF 嵌套语句实现多级控制功能，其中异步控制信号在时钟前判断，而同步控制信号在时钟后判断。程序仿真波形图如图7-12所示，q 输出信号为12分频信号。

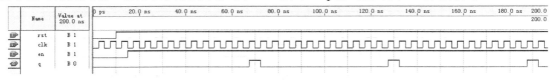

图7-12 十二分频仿真波形

3. 序列信号发生器设计

序列信号发生器有计数型和移位寄存器型两种设计方法。计数型序列信号发生器由计数模值为序列长度的计数器和一个产生序列的组合电路组成。

【例7-22】 利用计数器方式设计产生序列信号"11000101"。

```vhdl
    library IEEE;
    use IEEE.STD_LOGIC_1164.ALL;
    use IEEE.STD_LOGIC_ARITH.ALL;
    use IEEE.STD_LOGIC_UNSIGNED.ALL;
```

```
entity seq_gen is
  port (clk: in  std_logic;
        rst: in  std_logic;
      d_test: out std_logic_vector( 2 downto 0);
           q: out std_logic
          );
end seq_gen;

architecture Behavioral of seq_gen is
signal d: std_logic_vector( 2 downto 0);
begin
CNT: process(rst,clk)
begin
    if  rst='0'  then
        d<="000";
     elsif clk'event and clk='1' then
        d<=d+1;
     end if;
end process CNT;
d_test<=d;
COM: process(d)                          --输出序列
begin
    case d is
       when "000"  => q<='1';
       when "001"  => q<='1';
       when "010"  => q<='0';
       when "011"  => q<='0';
       when "100"  => q<='0';
       when "101"  => q<='1';
       when "110"  => q<='0';
       when "111"  => q<='1';
       when others => q<='Z';
    end case;
end process COM;
end Behavioral;
```

例 7-22 中 CNT 进程描述一个 3 位二进制计数器，模值为 8；COM 进程以计数输出 d 为输入，产生需要的序列。程序时序仿真波形如图 7-13 所示，在计数值从 0 到 7 循环过程中，q 信号同步输出"11000101"序列，因为组合电路竞争产生的冒险现象，输出 q 波形中可以观察到毛刺信号。

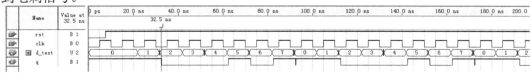

图 7-13 例 7-22 时序仿真波形图

【例 7-23】 组合型输出缓存。

```
COM: process(clk,d)                      --组合进程时序化
begin
```

```
            if clk'event and clk='1' then
              case d is
                  when "000" => q<='1';
                  when "001" => q<='1';
                  when "010" => q<='0';
                  when "011" => q<='0';
                  when "100" => q<='0';
                  when "101" => q<='1';
                  when "110" => q<='0';
                  when "111" => q<='1';
                  when others => q<='Z';
              end case;
            end if;
        end process COM;
```

例 7-23 在例 7-22 的组合进程敏感表中加入时钟信号,时序仿真结果如图 7-14 所示,输出 q 延迟了一个时钟周期,但是消除了毛刺。

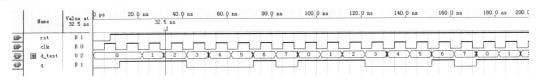

图 7-14 例 7-23 程序仿真波形图

7.2.3 移位寄存器

移位寄存器在移位脉冲作用下,可将寄存器中存储的代码实现左移或右移。利用移位寄存器可实现输入数据的串并转换、并串转换、信号延迟和数据运算等功能。

1. 单向移位寄存器设计

【例 7-24】4 位左移移位寄存器结构如图 7-15 所示,相应 VHDL 描述如下:

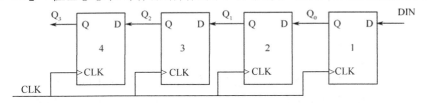

图 7-15 4 位左移移位寄存器结构

```vhdl
library IEEE;
use IEEE.STD_LOGIC_1164.ALL;
use IEEE.STD_LOGIC_ARITH.ALL;
use IEEE.STD_LOGIC_UNSIGNED.ALL;

entity reg4 is
  port (clk:in std_logic;
       din: in std_logic;
         q: out std_logic_vector(3 downto 0)
        );
```

```
    end reg4;

    architecture Behavioral of reg4 is
    signal qin: std_logic_vector(3 downto 0);
    begin
    process(clk,din)
    begin
        if  clk'event and clk='1' then
            qin<=qin(2 downto 0) & din;
         end if;
    end process;
         q<=qin;
    end Behavioral;
```
例 7-24 利用段赋值语句实现移位功能。

2. 双向移位寄存器设计

【例 7-25】具有同步置数、同步清零、左移、右移功能的 8 位移位寄存器设计。

```
    library IEEE;
    use IEEE.STD_LOGIC_1164.ALL;
    use IEEE.STD_LOGIC_ARITH.ALL;
    use IEEE.STD_LOGIC_UNSIGNED.ALL;

    entity reg4 is
      port ( clk: in std_logic;
             rst: in std_logic;
        din_left: in std_logic;
       din_right: in std_logic;
             sel: in std_logic_vector(1 downto 0);
             din: in std_logic_vector(7 downto 0);
              q: out std_logic_vector(7 downto 0)
           );
    end reg4;

    architecture Behavioral of reg4 is
    signal qin: std_logic_vector(7 downto 0);
    begin
    process(clk,sel)
    begin
       if clk'event and clk='1' then
           if  rst='0'  then
              qin<=(others=>'0');
           elsif sel="11" then
              qin<=din;
           elsif sel="01" then
              qin<=qin(6 downto 0) & din_left;
           elsif sel="10" then
             qin<=din_right & qin(7 downto 1);
           end if;
        end if;
```

```
        end process;
            q<=qin;
        end Behavioral;
```

例 7-25 描述了双向移位寄存器,当 sel 取值 "11" 时置数,取值 "01" 时左移,取值 "10" 时右移。

7.2.4 状态机

根据状态机的输出信号方式,状态机可分为摩尔(Moore)型状态机和米里(Mealy)型状态机。摩尔型状态机的输出信号仅与当前状态有关;米里型状态机的输出信号不仅与当前状态有关,还与当前的输入信号有关。

状态机的信号有输入信号、输出信号、状态信号,而状态信号又要区分现态和次态。状态信号的定义分两步,先根据状态的个数定义一个状态类型;再在此类型上定义现态和次态信号。如下述两句定义了有 4 个状态取值的现态和次态信号:

```
        Type state is (s0,s1,s2,…,sn);
        Signal current_state,next_state: state;
```

状态机的工作任务有:根据外部输入信号和现态信号(current_state)确定次态(next_state)及输出信号;当时钟条件满足时,将次态转为现态。前一个是组合逻辑,后一个是时序逻辑,一般分别对应一个进程,即所谓的双进程模式。

状态机可应用于波形产生、序列信号检测、系统控制等电路设计中。

【例 7-26】使用状态机方式设计序列信号发生器,输出 "11000101" 序列。

序列发生器循环输出 8 位信号,循环长度为 8,因此需要 8 个状态,状态转移图如图 7-16 所示。

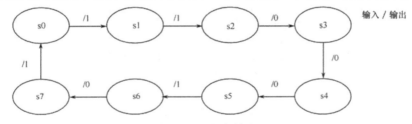

图 7-16 状态转移图

程序如下:
```
    library IEEE;
    use IEEE.STD_LOGIC_1164.ALL;
    use IEEE.STD_LOGIC_ARITH.ALL;
    use IEEE.STD_LOGIC_UNSIGNED.ALL;

    entity state_seq is
      port (clk: in std_logic;
            rst: in std_logic;
             q: out std_logic
            );
    end state_seq;

    architecture Behavioral of state_seq is
    type state is (s0,s1,s2,s3,s4,s5,s6,s7);          --定义状态信号
```

```
    signal present_state,next_state: state;          --定义现态、次态信号
    begin
    REG: process(rst,clk)                            --时序进程
    begin
       if rst='0' then
             present_state<=s0;
         elsif clk'event and clk='1' then
             present_state<=next_state;
         end if;
    end process REG;
    COM: process(present_state)                      --组合进程
    begin
       case present_state is
          when s0 => q<='1'; next_state<=s1;
          when s1 => q<='1'; next_state<=s2;
          when s2 => q<='0'; next_state<=s3;
          when s3 => q<='0'; next_state<=s4;
          when s4 => q<='0'; next_state<=s5;
          when s5 => q<='1'; next_state<=s6;
          when s6 => q<='0'; next_state<=s7;
          when s7 => q<='1'; next_state<=s0;
       end case;
    end process COM;
    end Behavioral;
```

例 7-26 的时序进程 REG 完成状态机复位和状态转移功能；而组合进程 COM 则描述了输出以及次态的指定。

该程序仿真波形图如图 7-17 所示，输出信号 q 可连续输出"11000101"序列。

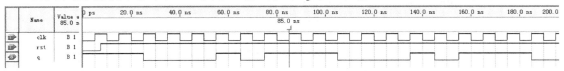

图 7-17　例 7-26 程序仿真波形

【例 7-27】使用状态机方式设计序列信号检测器，检测"11000101"序列。

```
library IEEE;
use IEEE.STD_LOGIC_1164.ALL;
use IEEE.STD_LOGIC_ARITH.ALL;
use IEEE.STD_LOGIC_UNSIGNED.ALL;

entity seq_detect is
  port (clk: in std_logic;
        rst: in std_logic;
        din: in std_logic;
         q: out std_logic
        );
end seq_detect;
```

```vhdl
architecture Behavioral of seq_detect is
type state is (s0,s1,s2,s3,s4,s5,s6,s7);
signal current_state,next_state: state;
begin
process(clk,rst)
begin
   if   rst='0' then
         current_state<=s0;
   elsif clk'event and clk='1' then
         current_state<=next_state;
   end if;
end process;
process(current_state,din)
begin
    case  current_state is
       when  s0 =>  if  din='1' then
                      next_state<=s1;
                    else
                       next_state<=s0;
                    end if;
                      q<='0';
       when  s1 =>  if  din='1' then
                      next_state<=s2;
                    else
                       next_state<=s0;
                    end if;
                      q<='0';
       when  s2 =>  if  din='0' then
                      next_state<=s3;
                    else
                       next_state<=s2;
                    end if;
                      q<='0';
       when  s3 =>  if  din='0' then
                      next_state<=s4;
                    else
                       next_state<=s1;
                    end if;
                      q<='0';
       when  s4 =>  if  din='0' then
                      next_state<=s5;
                    else
                       next_state<=s1;
                    end if;
                      q<='0';
       when  s5 =>  if  din='1' then
                      next_state<=s6;
                    else
```

```
                            next_state<=s0;
                        end if;
                        q<='0';
        when s6 =>  if din='0' then
                        next_state<=s7;
                    else
                        next_state<=s2;
                    end if;
                    q<='0';
        when s7 =>  if din='1' then
                        q<='1';
                    else
                        q<='0';
                    end if;
                    next_state<=s0;
        when others => q<='0';
                    next_state<=s0;
        end case;
    end process;
end Behavioral;
```

该程序仿真波形图如图 7-18 所示，综合后的状态转移图如图 7-19 所示。

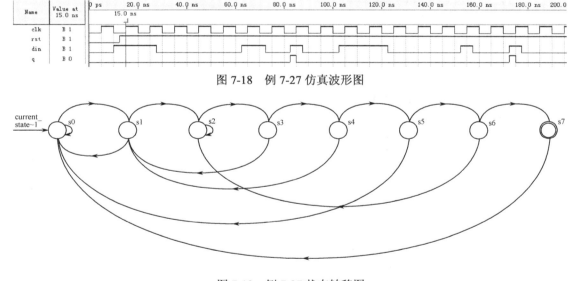

图 7-18　例 7-27 仿真波形图

图 7-19　例 7-27 状态转移图

7.3　存储器设计

存储器用来存放二进制数据信息，是数据处理系统设计中不可缺少的组成部分。根据数据存取方式不同，存储器一般可分为随机访问存储器（Random Access Memory，RAM）、只读存储器（Read Only Memory，ROM）、顺序访问存储器（Sequential Access Memory，SAM）这 3 类。RAM 存储器可随机地对任意地址单元进行数据写入或读出；ROM 存储器中的数据事先写入，上电工作时，只能从地址单元中读取数据，而不能写入数据；SAM 存储器对地址单元的访问是按顺序进行的，不能随机地对任意地址进行访问，如先进先出存储器（FIFO）。

VHDL 设计存储器，就是要描述清楚地址与数据单元对应情况以及读/写控制。

7.3.1　ROM 存储器设计

ROM 一般用来存储固定值参数，输入信号有时钟、地址、使能，输出信号为存储数据。下面以一个深度为 16、数据宽度为 8 位的 ROM 存储器为例介绍 ROM 存储器的设计。

【例 7-28】ROM 存储器设计。

```
library IEEE;
use IEEE.STD_LOGIC_1164.ALL;
use IEEE.STD_LOGIC_ARITH.ALL;
use IEEE.STD_LOGIC_UNSIGNED.ALL;

entity rom_16_8 is
port(clk: in std_logic;
    en : in std_logic;
    addr: in std_logic_vector(3 downto 0);
    data: out std_logic_vector(7 downto 0)
);
end rom_16_8;

architecture Behavioral of rom_16_8 is

begin
process(clk,en,addr)
begin
  if  clk'event and clk='1' then
    if en='1' then
      case addr is
          when "0000" => data<="00000001";
          when "0001" => data<="00000011";
          when "0010" => data<="00001001";
          when "0011" => data<="00001011";
          when "0100" => data<="00011001";
          when "0101" => data<="00011111";
          when "0110" => data<="00100001";
          when "0111" => data<="00100011";
          when "1000" => data<="00110001";
          when "1001" => data<="00111011";
          when "1010" => data<="01000001";
          when "1011" => data<="01000011";
          when "1100" => data<="01100001";
          when "1101" => data<="01110011";
          when "1110" => data<="01111001";
          when "1111" => data<="10000011";
```

```
              when others => data<="ZZZZZZZZ";
            end case;
          end if;
      end if;
  end process;
  end Behavioral;
```
地址单元中的数据可根据实际使用情况进行设置和修改。

7.3.2 RAM 存储器设计

RAM 存储器可对任意存储器中的单元进行数据写入或从存储单元中读取数据。下面以一个 4 位地址深度、8 位数据宽度的 RAM 存储器为例介绍 RAM 存储器的设计。

【例 7-29】RAM 存储器设计。

```
library IEEE;
use IEEE.STD_LOGIC_1164.ALL;
use IEEE.STD_LOGIC_ARITH.ALL;
use IEEE.STD_LOGIC_UNSIGNED.ALL;

entity ram_16_8 is
   port(clk: in std_logic;
        we  : in  std_logic; --写使能信号
        rd  : in  std_logic; --读使能信号
        waddr: in  std_logic_vector(3 downto 0);
        raddr: in std_logic_vector(3 downto 0);
        datain: in std_logic_vector(7 downto 0);
        dataout: out std_logic_vector(7 downto 0)
        );

end ram_16_8;

architecture Behavioral of ram_16_8 is
type memory is array (0 to 15) of std_logic_vector(7 downto 0);
signal ram: memory;
begin
write_process: process(clk,we,waddr)
begin
   if  clk'event and clk='1' then
      if  we='1' then
          ram(conv_integer(waddr))<=datain;
      end if;
   end if;
end process;
rd_process: process(clk,rd,raddr)
begin
   if  clk'event and clk='1' then
      if  rd='1' then
          dataout<=ram(conv_integer(raddr));
```

```
            end if;
        end if;
    end process;

end Behavioral;
```
例 7-29 分两个进程描述写和读操作。

习　题　7

7-1 用 VHDL 描述一个 4 位二进制比较器，要求按表 7-5 所示比较逻辑及用 LOOP 语句设计。

表 7-5　习题 7.1 表

输 入							输 出		
$A_3 B_3$	$A_2 B_2$	$A_1 B_1$	$A_0 B_0$	$I_{A>B}$	$I_{A<B}$	$I_{A=B}$	$F_{A>B}$	$F_{A<B}$	$F_{A=B}$
$A_3>B_3$	×	×	×	×	×	×	1	0	0
$A_3<B_3$	×	×	×	×	×	×	0	1	0
$A_3=B_3$	$A_2>B_2$	×	×	×	×	×	1	0	0
$A_3=B_3$	$A_2<B_2$	×	×	×	×	×	0	1	0
$A_3=B_3$	$A_2=B_2$	$A_1>B_1$	×	×	×	×	1	0	0
$A_3=B_3$	$A_2=B_2$	$A_1<B_1$	×	×	×	×	0	1	0
$A_3=B_3$	$A_2=B_2$	$A_1=B_1$	$A_0>B_0$	×	×	×	1	0	0
$A_3=B_3$	$A_2=B_2$	$A_1=B_1$	$A_0<B_0$	×	×	×	0	1	0
$A_3=B_3$	$A_2=B_2$	$A_1=B_1$	$A_0=B_0$	1	0	0	1	0	0
$A_3=B_3$	$A_2=B_2$	$A_1=B_1$	$A_0=B_0$	0	1	0	0	1	0
$A_3=B_3$	$A_2=B_2$	$A_1=B_1$	$A_0=B_0$	0	0	1	0	0	1

7-2 用 VHDL 设计一个七段显示译码器电路，要求输入 8421BCD 码，输出为高电平有效的七段码。

7-3 用 VHDL 描述一个六进制可逆计数器，设加减控制信号为 u_d，当 u_d 为 1 时，减计数，u_d 为 0 时，加计数；输出为 q2、q1、q0，时钟为 cp，上升沿有效。

7-4 设计含有异步清零和计数使能的 16 位二进制加法计数器。

7-5 分析以下程序，指出其实现逻辑功能。
```
LIBRARY IEEE;
USE IEEE.STD_LOGIC_1164.ALL;
ENTITY SCHK IS
PORT(DIN,CLK,CLR: IN STD_LOGIC;
     AB : OUT STD_LOGIC_VECTOR(3 DOWNTO 0));
END SCHK;
ARCHITECTURE behav OF SCHK IS
SIGNAL Q : INTEGER RANGE 0 TO 8;
SIGNAL D : STD_LOGIC_VECTOR(7 DOWNTO 0);
BEGIN
D <= "11100101";
PROCESS(CLK,CLR)
BEGIN
IF CLR = '1' THEN Q <= 0;
ELSIF CLK'EVENT AND CLK='1' THEN
CASE Q IS
```

```
             WHEN 0=> IF DIN = D(7) THEN Q <= 1; ELSE Q <= 0; END IF;
             WHEN 1=> IF DIN = D(6) THEN Q <= 2; ELSE Q <= 0; END IF;
             WHEN 2=> IF DIN = D(5) THEN Q <= 3; ELSE Q <= 0; END IF;
             WHEN 3=> IF DIN = D(4) THEN Q <= 4; ELSE Q <= 0; END IF;
             WHEN 4=> IF DIN = D(3) THEN Q <= 5; ELSE Q <= 0; END IF;
             WHEN 5=> IF DIN = D(2) THEN Q <= 6; ELSE Q <= 0; END IF;
             WHEN 6=> IF DIN = D(1) THEN Q <= 7; ELSE Q <= 0; END IF;
             WHEN 7=> IF DIN = D(0) THEN Q <= 8; ELSE Q <= 0; END IF;
             WHEN OTHERS => Q <= 0;
             END CASE;
           END IF;
           END PROCESS;
           PROCESS(Q)
           BEGIN
           IF Q = 8 THEN AB <= "1010";
           ELSE AB <= "1011";
           END IF;
           END PROCESS;
           END behav;
```

7-6 在下面横线上填上合适的语句，完成数据选择器的设计。

```
       LIBRARY IEEE;
       USE IEEE.STD_LOGIC_1164.ALL;
       ENTITY MUX16 IS
       PORT( D0,D1,D2,D3: IN STD_LOGIC_VECTOR(15 DOWNTO 0);
             SEL:   IN STD_LOGIC_VECTOR(_____DOWNTO 0);
              Y:  OUT STD_LOGIC_VECTOR(15 DOWNTO 0));
       END;
       ARCHITECTURE ONE OF MUX16 IS
       BEGIN
       WITH_____SELECT
       Y <= D0  WHEN "00",
            D1  WHEN "01",
            D2  WHEN "10",
            D3  WHEN_____;
       END;
```

7-7 在下面横线上填上合适的语句，完成状态机的设计。

说明：设计一个双进程状态机，状态 0 时如果输入"10"则转为下一状态，否则输出"1001"；状态 1 时如果输入"11"则转为下一状态，否则输出"0101"；状态 2 时如果输入"01"则转为下一状态，否则输出"1100"；状态 3 时如果输入"00"则转为状态 0，否则输出"0010"。复位时为状态 0。

```
           LIBRARY IEEE;
           USE IEEE.STD_LOGIC_1164.ALL;
           USE IEEE.STD_LOGIC_UNSIGNED.ALL;
           ENTITY MOORE1 IS
           PORT (DATAIN: IN STD_LOGIC_VECTOR(1 DOWNTO 0);
                 CLK,RST:IN STD_LOGIC;
                  Q:OUT STD_LOGIC_VECTOR(3 DOWNTO 0));
           END;
```

```
ARCHITECTURE ONE OF MOORE1 IS
TYPE ST_TYPE IS (ST0,ST1,ST2,ST3);        --定义 4 个状态
SIGNAL CST, NST: ST_TYPE;                 --定义两个信号（现态和次态）
SIGNAL Q1:STD_LOGIC_VECTOR(3 DOWNTO 0);
BEGIN
REG: PROCESS(CLK, RST)                    --主控时序进程
BEGIN
IF RST='1' THEN     CST<=_____;      --异步复位为状态 0
ELSIF CLK'EVENT AND CLK='1' THEN
    CST<=_____;                      --现态=次态
      END IF;
END PROCESS;
COM: PROCESS(CST, DATAIN)
BEGIN
   CASE CST IS
WHEN ST0 => IF DATAIN="10" THEN NST<=ST1;
       ELSE NST<=ST0; Q1<="1001"; END IF;
WHEN ST1 => IF DATAIN="11" THEN NST<=ST2;
       ELSE NST<=ST1; Q1<="0101"; END IF;
WHEN ST2 => IF DATAIN="01" THEN NST<=ST3;
       ELSE NST<=ST2; Q1<="1100"; END IF;
WHEN ST3 => IF DATAIN="00" THEN NST<=ST0;
       ELSE NST<=ST3; Q1<="0010"; END IF;
_____;
END PROCESS;
Q<=Q1;
END;
```

7-8 设计一个 BCD 码 24 进制计数器，要求有异步复位和同步置数功能。

7-9 用 VHDL 描述一个"01111110"序列信号发生器。

7-10 用 VHDL 描述一个"01111110"序列信号检测器。

7-11 分析下述程序，画出其描述的状态机的状态转移图。
```
LIBRARY IEEE;
USE IEEE.STD_LOGIC_1164.ALL;
ENTITY S_MACHINE IS
PORT(CLK,RESET: IN STD_LOGIC;
  STATE_INPUTS: IN STD_LOGIC_VECTOR(0 TO 1);
  COMB_OUTPUTS: OUT STD_LOGIC_VECTOR(0 TO 1));
END ENTITY S_MACHINE;
ARCHITECTURE ART OF S_MACHINE IS
TYPE STATES IS (ST0,ST1,ST2,ST3);         --定义 STATES 为枚举型数据类型

SIGNAL CURRENT_STATE,NEXT_STATE: STATES;
BEGIN
REG: PROCESS (RESET,CLK) IS               --时序逻辑进程

BEGIN
  IF RESET='1'THEN                        --异步复位
```

```vhdl
        CURRENT_STATE<=ST0;
    ELSIF (CLK='1' AND CLK'EVENT) THEN
        CURRENT_STATE<=NEXT_STATE;
    END IF;
END PROCESS REG;
COM: PROCESS(CURRENT_STATE,STATE_INPUTS) IS          --组合逻辑进程
BEGIN
  CASE CURRENT_STATE IS
    WHEN ST0=>COMB_OUTPUTS<="00";
      IF STATE_INPUTS="00"THEN
          NEXT_STATE<=ST0;
      ELSE
          NEXT_STATE<=ST1;
      END IF;
    WHEN ST1=>COMB_OUTPUTS<="01";
      IF STATE_INPUTS ="00"THEN
          NEXT_STATE<=ST1;
      ELSE
          NEXT_STATE<=ST2;
      END IF;
    WHEN ST2=>COMB_OUTPUTS<="10";
      IF STATE_INPUTS="11"THEN
          NEXT_STATE<=ST2;
      ELSE
          NEXT_STATE<=ST3;
      END IF;
    WHEN ST3=>COMB_OUTPUTS<="11";
      IF STATE_INPUTS="11"THEN
          NEXT_STATE<=ST3;
      ELSE
          NEXT_STATE<=ST0;
      END IF;
    END CASE;
END PROCESS COM;
END ARCHITECTURE ART;
```

7-12 分析下述程序，指出其实现逻辑功能。

```vhdl
LIBRARY IEEE;
USE IEEE.STD_LOGIC_1164.ALL;
USE IEEE.STD_LOGIC_UNSIGNED.ALL;

ENTITY CNTM60 IS
    PORT(CI: IN STD_LOGIC;
         NRESET: IN STD_LOGIC;
         LOAD: IN STD_LOGIC;
         D: IN STD_LOGIC_VECTOR(7 DOWNTO 0);
         CLK: IN STD_LOGIC;
         CO: OUT STD_LOGIC;
```

```vhdl
            QH: BUFFER STD_LOGIC_VECTOR(3 DOWNTO 0);
            QL: BUFFER STD_LOGIC_VECTOR(3 DOWNTO 0));
END ENTITY CNTM60;
ARCHITECTURE ART OF CNTM60 IS
BEGIN
   CO<='1'WHEN(QH="0101"AND  QL="1001"AND CI='1')ELSE'0';

   PROCESS(CLK,NRESET) IS
      BEGIN
        IF(NRESET='0')THEN
          QH<="0000";
          QL<="0000";
        ELSIF(CLK'EVENT AND CLK='1')THEN
          IF(LOAD='1')THEN
             QH<=D(7 DOWNTO 4);
             QL<=D(3 DOWNTO 0);
          ELSIF(CI='1')THEN
            IF(QL=9)THEN
              QL<="0000";
              IF(QH=5)THEN
                QH<="0000";
              ELSE
                QH<=QH+1;
              END IF;
            ELSE
               QL<=QL+1;
            END IF;
          END IF;
        END IF;
   END PROCESS;
END ARCHITECTURE ART;
```

第8章 宏功能模块与IP核应用

为了减轻设计开发者的工作量,设计厂商在EDA开发软件中提供了一些可配置使用的IP (Intellectual Property)核,包括基本功能模块、运算单元、存储单元、时钟锁相环等,使用这些IP核不仅能够大大减轻开发者的工作量,提高工作效率,更能提高系统可靠性。Altera公司Quartus II开发软件提供的Mega Wizard Plug-In Manager工具、Xilinx公司ISE开发软件提供的Core Generator工具均可进行IP核的配置调用。

本章将介绍使用Quartus II开发软件进行LPM(Library of Parameterized modules)模块的调用。LPM为参数可设置模块库,相当于IP核,用户通过例化参数,设置模块的功能,满足设计需求。下面将详细介绍LPM_RAM、LPM_ROM、LPM_PLL模块的定制使用,然后介绍片内逻辑分析仪工具SignalTap II的应用。

8.1　LPM_RAM

本节将介绍在Quartus II 中利用Mega Wizard Plug-In Manager工具设计单端口RAM模块。

8.1.1　LPM_RAM 宏模块定制

1. 打开 MegaWizard Plug-In Manager

在如图3-30所示Quartus II界面中,选择"Tools"→"MegaWizard Plug-In Manager"命令,弹出如图8-1所示的对话框,选中"Create a new custom megafunction variation"选项,单击"Next"按钮,弹出宏模块功能设置窗口,如图8-2所示。

图 8-1　定制新的宏模块

单击图8-2左侧的"Memory Compiler"目录,在展开的器件选项中选择"RAM:1-PORT",此模块为单端口 RAM 存储器,在目标芯片系列栏选择 Cyclone 系列,输出文件类型选择VHDL,输入存放目录及文件名选择 E:\ram_test\ram_lpm,调用的 RAM 名称为 ram_lpm。

2. RAM 参数配置

在图8-2中单击"Next"按钮,弹出如图8-3所示RAM参数配置窗口。选择存储数据宽度为8,存储容量为32,其他为默认配置。窗口左侧显示了调用RAM模块的端口信号:8位

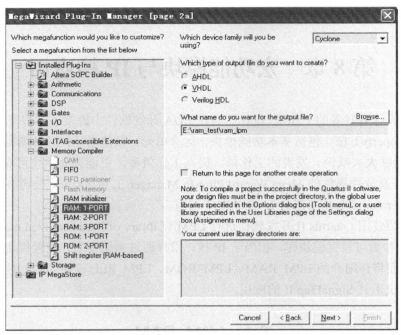

图 8-2 宏模块功能设置窗口

数据输入信号 data；读/写使能信号 wren，wren 为高电平表示写使能有效，wren 为低电平表示读使能有效；5 位地址输入信号 address；时钟信号 clock；8 位数据输出信号 q。

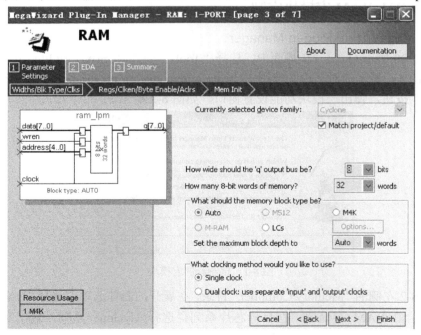

图 8-3 RAM 参数配置窗口

3. 初始化数据

在图 8-3 中，单击"Next"按钮，弹出输出锁存选择窗口，如图 8-4 所示，选择输出信号 q 锁存。

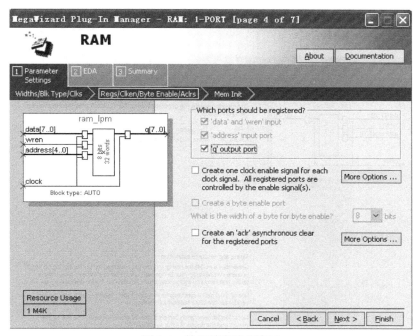

图 8-4 输出锁存选择窗口

在图 8-4 中,单击"Next"按钮,弹出 RAM 初始化文件选择窗口,如图 8-5 所示。如果选择初始化文件,可在对 RAM 存储器读/写控制前,往 RAM 存储器中写入初始数据。

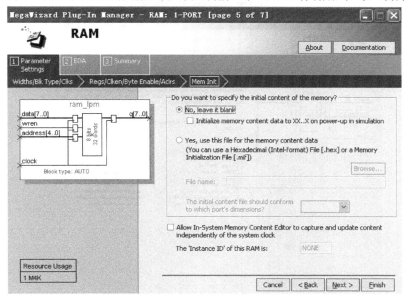

图 8-5 RAM 初始化文件选择窗口

4. 完成 RAM 定制

在图 8-5 中,单击"Next"按钮,弹出仿真库显示窗口,如图 8-6 所示,单击"Next"按钮,弹出 RAM 模块概要窗口,如图 8-7 所示。

在 RAM 模块概要窗口中,显示了配置该模块生成的文件,单击"Finish"按钮,完成对 LPM_RAM 模块的配置。

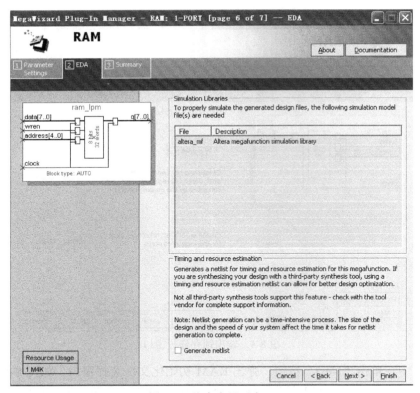

图 8-6 仿真库显示窗口

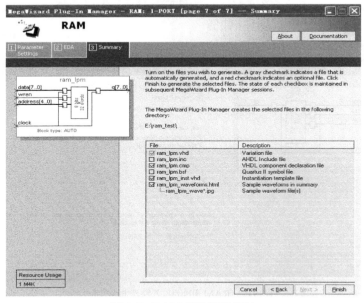

图 8-7 RAM 模块概要窗口

8.1.2 工程编译

接下来对工程进行编译,检验程序语法是否有误。选择"Processing"→"Start Compilation"命令进行工程编译。如果编译正确,信息显示栏会出现成功提示,同时,编译选项左边出现绿色对钩，如图 8-8 所示。如果编译结果错误，则根据信息提示，对程序进行修改，直至编译通过。

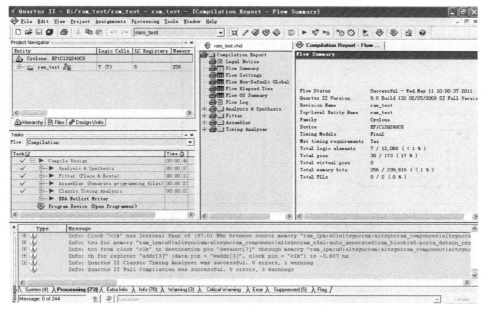

图 8-8　编译结果显示

8.1.3　仿真验证

程序编译通过后，只能表示程序没有语法错误，不能确定程序逻辑是否正确。通过仿真可以验证程序逻辑功能是否满足要求。下面将详细介绍本例的仿真验证过程。

1．建立仿真波形文件

选择"File"→"New"命令，弹出文件类型选择窗口，如图 8-9 所示，选择"Vector Waveform File"项，单击"OK"按钮。弹出输入波形文件设置窗口，如图 8-10 所示，右击"Waveform1.vwf"选项，在弹出的选项中选择"Detach Window"，则该波形设置窗口可全屏显示，便于编辑信号。

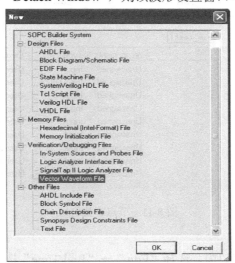

图 8-9　波形文件选择窗口

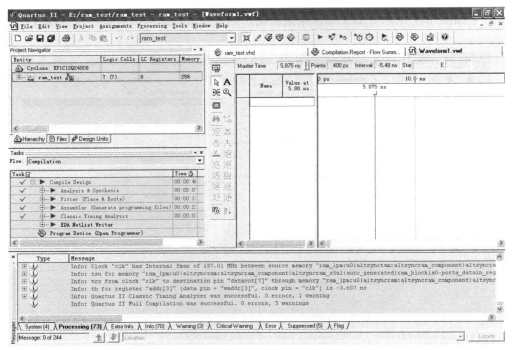

图 8-10　输入波形文件设置窗口

2. 调入节点

选择"View"→"Utility Windows"命令，选择"Node Finder"选项，弹出如图 8-11 所示节点查找窗口，在"Filter"栏中选择"Pins: all"选项，单击右侧的"List"按钮，则在下面窗口中显示出该工程顶层源文件实体中定义的端口节点，将节点信号逐个选中后，拖到图 8-10 所示的输入波形文件设置窗口中，全部端口信号移动结束后，关闭节点查找窗口，则输入波形设置窗口中显示出所有端口节点信号，如图 8-12 所示。

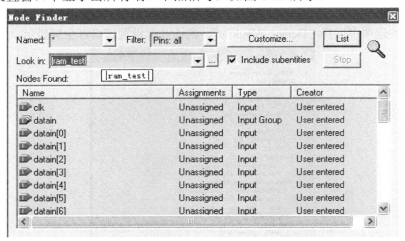

图 8-11　节点查找窗口

3. 设置仿真时间

在输入波形文件设置窗口中，选择"Edit"→"End Time"选项进行仿真时间设置，在弹出窗口中设置仿真时间为 50μs，如图 8-13 所示。

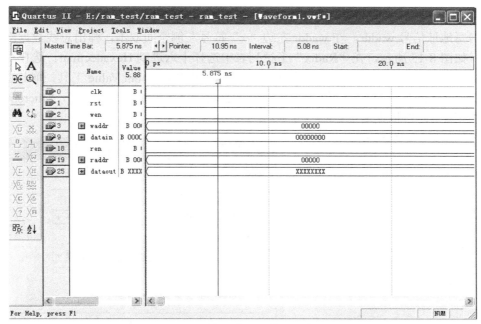

图 8-12 输入波形文件设置窗口

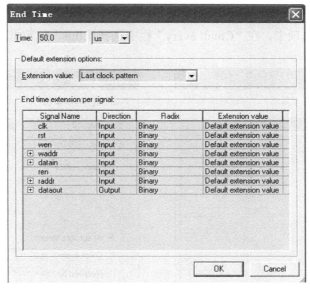

图 8-13 仿真时间设置窗口

4．编辑波形

在波形编辑窗口中逐次选中输入信号，并设置其波形，具体操作如下：

单击输入信号 clk，在左侧工具列表中，选择 Overwrite Clock 时钟设置选项，弹出如图 8-14 所示时钟设置窗口，设置时钟周期为 1μs，时钟偏移为 0，占空比为 50%。

单击输入信号 rst，rst 为复位信号，且低电平有效，在前 4 个时钟周期设置 rst 为低电平，后面时间为高电平。设置方法为：左键选中前 4 个周期内的 rst 信号，在左侧工具列表中选择 Forcing Low（0）选项，则被选中的 rst 信号设为低电平；左键选中第 4 个时钟周期后时间段的 rst 信号，在左侧工具列表中选择 Foring High 选项，把选中的信号设为高电平。

单击写使能信号 wen，在复位信号变为高电平后的一段时间内，将 wen 信号设为高电平。

单击写地址信号 waddr，在 waddr 左边"+"符号左侧空间双击，弹出总线数据格式设置对话框，如图 8-15 所示，在"Radix"下拉列表中选择十六进制 Hexadecimal。选择写使能信号 wen 高电平时对应的 waddr 信号，单击左侧工具列表中的 Count Value 工具，弹出如图 8-16 所示窗口，"Radix"下拉列表中选择十六进制 Hexadecimal，初始值选择 00，"Increment by"栏输入 1，即每时钟周期增加 1。

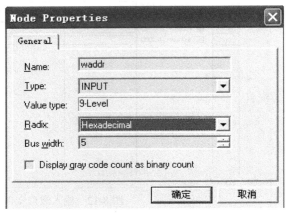

图 8-14　时钟设置窗口　　　　　　　　图 8-15　总线数据格式设置对话框

单击"Timing"选项卡，在"Count every"栏中选择 1.0μs，使数据增加与时钟信号同步，如图 8-17 所示。

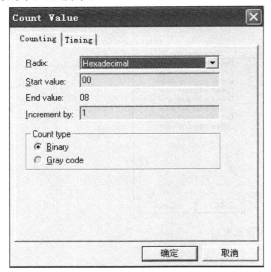

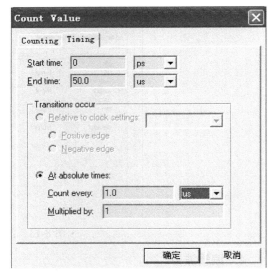

图 8-16　总线数据设置窗口　　　　　　图 8-17　总线数据格式设置窗口

单击写数据信号 datain，单击左侧工具列表中的"Count Value"工具，设置输入数据初始值为 0x20，其他与 waddr 设置相同。

单击读使能信号 ren，当写使能信号无效后，选中 ren 信号，并设为高电平。

单击读地址信号 raddr，选择读使能 ren 信号为高电平时对应的 raddr 信号，单击左侧工具列表中的"Count Value"工具，设置 raddr 初始值为 00，其他选项与 waddr 设置相同。

以上操作完成后,输入波形设置窗口如图 8-18 所示。

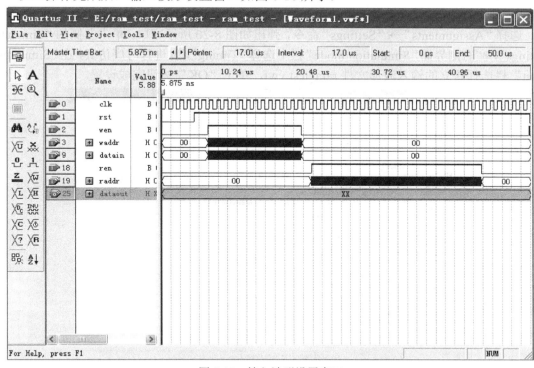

图 8-18 输入波形设置窗口

5．保存波形文件

选择"File"→"Save"命令,弹出如图 8-19 所示文件保存窗口,设置输入波形文件名 ram_test,保存在工程 ram_test 目录下。

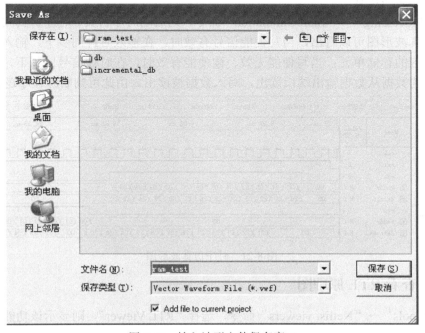

图 8-19 输入波形文件保存窗口

6. 时序仿真

(1) 时序仿真设置

选择"Assignments"→"Settings"命令，弹出如图 8-20 所示窗口。单击左侧的"Simulator Settings"，在右侧界面"Simulation mode"栏中选择"Timing"，以进行时序仿真，在"Simulation input"栏选择建立的输入波形文件 ram_test.vwf，单击"OK"按钮完成设置。

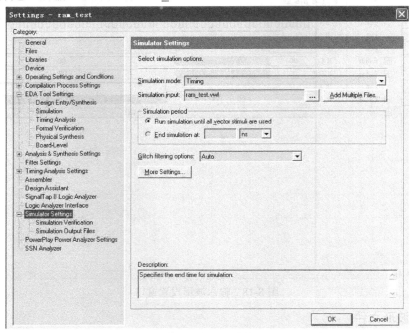

图 8-20 时序仿真设置窗口

(2) 启动时序仿真

选择"Processing"→"Start Simulation"命令，则启动时序仿真。时序仿真波形如图 8-21 所示。由仿真波形图可以看出，当写使能信号有效时，在输入时钟同步下，输入数据被写入到写地址对应的存储单元；当写使能无效、读使能有效时，在时钟信号同步下，读地址对应的存储单元的数据从数据输出端口读出，写入数据被读出。由此可判断源程序逻辑正确。

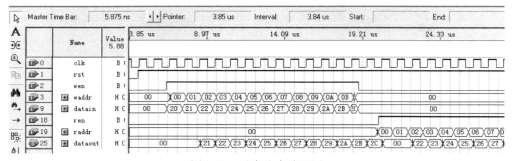

图 8-21 时序仿真波形图

8.1.4 查看 RTL 原理图

选择"Tools"→"Netlist viewers"命令，选择"RTL Viewer"，则显示该功能对应的 RTL（寄存器传输级）原理图，如图 8-22 所示。

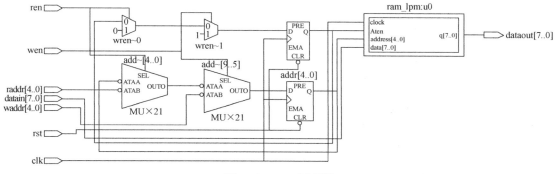

图 8-22 RTL 原理图

8.1.5 LPM_RAM 应用

【例 8-1】
```
library ieee;
use ieee.std_logic_1164.all;
use ieee.std_logic_arith.all;
use ieee.std_logic_unsigned.all;

entity ram_test is
port (rst: in std_logic;                              --复位信号，低电平有效
      clk: in std_logic;                              --时钟信号
      wen: in std_logic;                              --写使能信号，高电平有效
      ren: in std_logic;                              --读使能信号，高电平有效
      waddr: in std_logic_vector(4 downto 0);         --写端口地址信息
      raddr: in std_logic_vector(4 downto 0);         --读端口地址信息
      datain: in  std_logic_vector(7 downto 0);       --数据写入端口
      dataout: out std_logic_vector(7 downto 0)       --数据输出端口
      );
end entity;

architecture behav of ram_test is
component ram_lpm is                                  --调用单端口 RAM 存储器
port(clock: in std_logic;
     wren: in std_logic;
     data: in std_logic_vector(7 downto 0);
     address: in std_logic_vector(4 downto 0);
     q: out std_logic_vector(7 downto 0)
     );
end component;
signal wren: std_logic;
signal addr: std_logic_vector(4 downto 0);
begin
process(rst,clk,wen,ren)
begin
    if  rst='0' then
        wren<='0';
```

```
            addr<="00000";
        elsif clk'event and clk='1' then
          if wen='1' then
            wren<='1';
            addr<=waddr;
          elsif ren='1' then
             wren<='0';
             addr<=raddr;
          end if;
        end if;
    end process;
    u0: ram_lpm port map(clock=>clk,wren=>wren,data=>datain,
                        address=>addr,q=>dataout);
    end behav;
```

上述 VHDL 程序设计了一个双端口 RAM 存储器，其中一个端口为数据写入端口，输入信号有写使能（wen）、数据写入地址（waddr）、数据输入端口（datain）；另一个端口为数据读出端口，输入信号有读使能（ren）、数据读地址（raddr），输出信号为数据输出端口（dataout）。程序内部引用了单端口 RAM 存储器 ram_lpm 模块。

8.2 LPM_ROM 宏模块

8.2.1 建立初始化数据文件

ROM 为只读存储器，要提前往内部存储单元写入数据，正常工作时，只能执行读操作，从 ROM 中读取数据。下面将介绍如何给 rom_lpm 模块配置初始化数据。

1．打开数据文件编辑窗口

选择"File"→"New"命令，在弹出的文件类型选择窗口中，选择"Memory Initialization File"选项，如图 8-23 所示。

2．设定数据文件容量

在图 8-23 中，单击"OK"按钮，弹出存储器初始化数据设置窗口，如图 8-24 所示，设置数据个数为 32，数据宽度为 8。

3．输入数据

在图 8-24 中，单击"OK"按钮，打开 mif 数据表格，如图 8-25 所示。

在图 8-25 所示初始化数据输入界面，在 mif 数据表格中输入初始化数据，地址 0 存储单元写入数据 16，地址 1 存储单元写入数据 17，……，地址 31 存储单元写入数据 47。

4．保存 mif 文件

输入完成后，选择"File"→"Save"命令进行保存，保存文件类型可为 mif 格式或 Hex 格式。本例选择 mif 存储格式，将初始化数据文件

图 8-23　输入文件类型选择窗口

保存为 rom_data.mif。

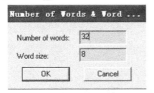

Addr	+0	+1	+2	+3	+4	+5	+6	+7
0	16	17	18	19	20	21	22	23
8	24	25	26	27	28	29	30	31
16	32	33	34	35	36	37	38	39
24	40	41	42	43	44	45	46	47

图 8-24 存储器初始化数据设置窗口　　　图 8-25 初始化数据输入界面

在该工程目录下打开 rom_data.mif 文件，里面内容如下：

```
WIDTH=8;
DEPTH=32;
ADDRESS_RADIX=UNS;
DATA_RADIX=UNS;
CONTENT BEGIN
    0  :  16;
    1  :  17;
    2  :  18;
    3  :  19;
    4  :  20;
    5  :  21;
    6  :  22;
    7  :  23;
    8  :  24;
    9  :  25;
   10  :  26;
   11  :  27;
   12  :  28;
   13  :  29;
   14  :  30;
   15  :  31;
   16  :  32;
   17  :  33;
   18  :  34;
   19  :  35;
   20  :  36;
   21  :  37;
   22  :  38;
   23  :  39;
   24  :  40;
   25  :  41;
   26  :  42;
   27  :  43;
   28  :  44;
   29  :  45;
   30  :  46;
   31  :  47;
END;
```

在上述文件中可进行初始化数据的修改，修改后保存即可。存储器初始化文件的生成也可以使用文本方式生成，在文本文件中输入上述格式文件内容，保存为 mif 类型文件。

8.2.2 LPM_ROM 宏模块配置

1. 定制 LPM_ROM

选择"Tools"→"MegaWizard Plug-In Manager"命令，弹出如图 8-26 所示对话框，选择"Create a new custom megafunction variation"选项，单击"Next"按钮，弹出宏模块功能设置窗口，如图 8-27 所示。

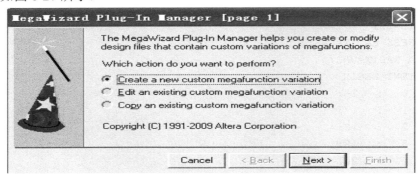

图 8-26　宏模块选项

在宏模块功能设置窗口中，单击左侧的"Memory Compiler"目录，在展开的选项中选择"ROM:1-PORT"，此模块为单端口 ROM 存储器，在目标芯片系列栏选择 Cyclone 系列，输出文件类型选择 VHDL，输入存放目录及文件名 E:\rom_test\rom_lpm，调用的 ROM 名称为 rom_lpm。

2. 参数配置

在图 8-27 中，单击"Next"按钮，弹出如图 8-28 所示的 ROM 参数配置窗口。设置输出数据总线宽度为 8，存储容量为 32，其他为默认配置。窗口左侧显示了调用 ROM 模块的端口信号：5 位地址输入信号 address；时钟信号 clock；8 位数据输出信号 q。

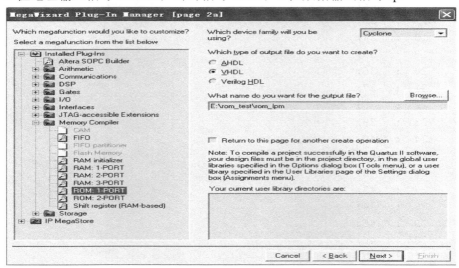

图 8-27　宏模块功能设置窗口

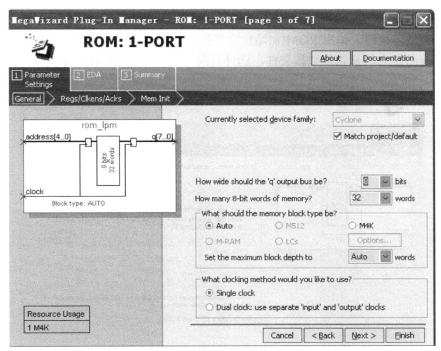

图 8-28 ROM 参数配置窗口

单击"Next"按钮,弹出输出锁存选择窗口,如图 8-29 所示,选择输出信号 q 锁存。

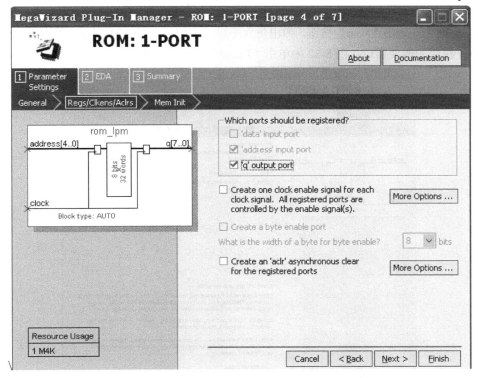

图 8-29 输出锁存选择窗口

3. 设置初始化文件

单击"Next"按钮,弹出 ROM 初始化文件选择窗口,如图 8-30 所示。单击"Browse"按钮,选择前面建立的初始化数据文件,选择目录为:E:\rom_test\rom_test.mif。

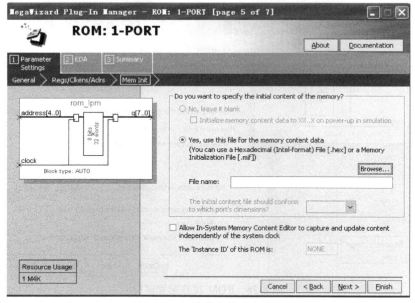

图 8-30　初始化文件选择窗口

4. 完成 LPM_ROM 配置

在图 8-30 中,单击"Next"按钮,弹出仿真库显示窗口,如图 8-31 所示;单击"Next"按钮,弹出 ROM 模块的概要窗口,图 8-32 中单击"Finish"按钮,完成对 LPM_ROM 模块的配置。

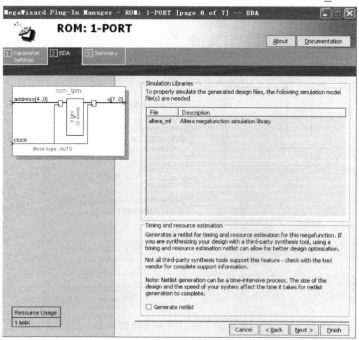

图 8-31　仿真库显示窗口

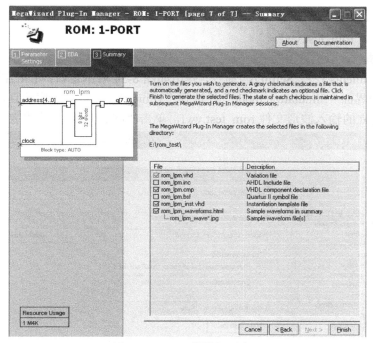

图 8-32　ROM 模块概要窗口

选择"Processing"→"Start Compilation"命令进行工程编译，编译正确后，可通过时序仿真进行波形验证。

8.2.3　仿真验证

1．建立仿真波形文件

参考 LPM_RAM 模块应用中输入仿真波形的建立过程，在此不再讲述具体流程，仿真波形文件中，输入端口信号波形设置如图 8-33 所示。

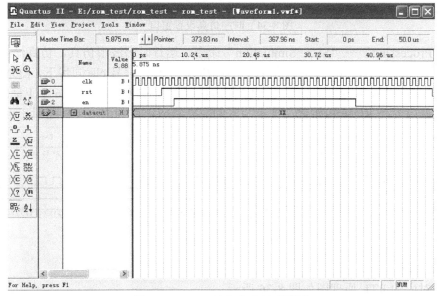

图 8-33　ROM 输入仿真波形设置

2．保存输入波形文件

保存文件名为 rom_test.vwf。

3．时序仿真

选择"Assignments"→"Settings"命令，弹出如图 8-34 所示窗口，单击左侧的"Simulator Setting"，在右侧界面"Simulation mode"栏选择"Timing"，以进行时序仿真，在"Simulation input"栏选择建立的输入波形文件 rom_test.vwf，单击"OK"按钮完成设置。

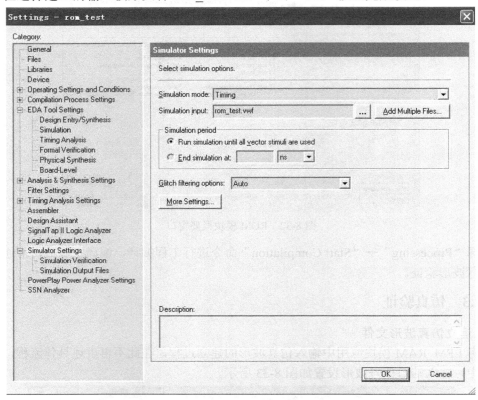

图 8-34　时序仿真设置窗口

选择"Processing"→"Start Simulation"命令，运行时序波形仿真，仿真结果如图 8-35 所示。根据仿真波形图可知，当使能信号 en 有效时，在时钟信号 clk 同步下，ROM 存储单元中的存储数据被读出，0 地址对应数据 10（十六进制数，对应十进制数 16），1 地址对应数据 11，读出数据内容与 ROM 初始化文件中写入的数据对应，可判读该工程逻辑正确。

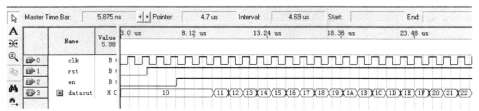

图 8-35　时序仿真结果图

4．RTL 结果

该工程对应的 RTL 原理图如图 8-36 所示。

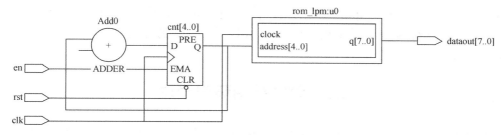

图 8-36 RTL 原理图

8.2.4 LPM_ROM 模块调用

新建文件夹 rom_test，存放路径为 E:\rom_test，新建工程 rom_test，输入 VHDL 源文件，源文件程序如下所示：

```vhdl
library ieee;
use ieee.std_logic_1164.all;
use ieee.std_logic_arith.all;
use ieee.std_logic_unsigned.all;

entity rom_test is
port (rst: in std_logic;                          --复位信号，低电平有效
      clk: in std_logic;                          --时钟信号
      en : in std_logic;                          --使能信号，高电平有效
      dataout: out std_logic_vector(7 downto 0)   --数据输出信号
     );
end entity;

architecture behav of rom_test is
component rom_lpm is
port(clock: in std_logic;
     address: in std_logic_vector(4 downto 0);
     q: out std_logic_vector(7 downto 0)
    );
end component;
signal cnt: std_logic_vector(4 downto 0);
begin
process(rst,clk,en)
begin
    if  rst='0' then
        cnt<="00000";
    elsif clk'event and clk='1' then
      if en='1' then
         cnt<=cnt+1;
       end if;
     end if;
end process;
u0: rom_lpm port map(clock=>clk,address=>cnt,q=>dataout);
end behav;
```

该程序内部例化了 rom_lpm 模块，rom_lpm 为 ROM 存储器，在时钟信号 clock 同步下，将地址 address 对应存储单元的数据从端口 q 读出。本例中，通过调用宏模块生成工具来定制 rom_lpm 模块。

8.3 时钟锁相环宏模块

时钟锁相环（PLL）可以实现对输入时钟的分频、倍频、相移等功能，能够减少时间延迟，增加时钟信号的稳定性。CPLD 和 FPGA 芯片内部提供了可配置的时钟锁相环模块，可供设计者调用。下面以 Quartus II 开发环境中调用时钟锁相环为例介绍 PLL 的设计流程。

8.3.1 LPM_PLL 宏模块配置

1. 定制 LPM_PLL

选择"Tools"→"MegaWizard Plug-In Manager"命令，弹出如图 8-37 所示对话框，选择"Create a new custom megafunction variation"选项，单击"Next"按钮，弹出宏模块功能设置窗口，如图 8-38 所示。

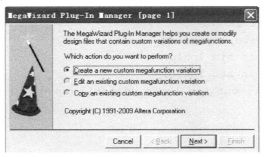

图 8-37 宏模块选项窗口

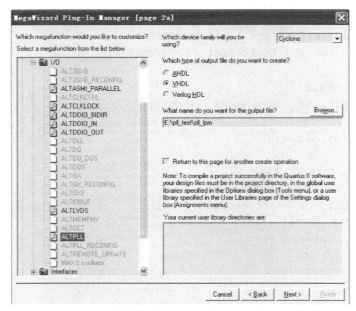

图 8-38 宏模块功能设置窗口

在宏模块功能设置窗口中，单击左侧的"I/O"目录，在展开的选项中选择"ALTPLL"，在目标芯片系列栏选择 Cyclone 系列，输出文件类型选择 VHDL，输入存放目录及文件名 E:\pll_test\pll_lpm，可供调用的时钟锁相环名称为 pll_lpm。

2．参数设置

在图 8-38 中，单击"Next"按钮，弹出如图 8-39 所示 PLL 参数设置窗口。目标器件速度等级选择 8，输入时钟频率为 50MHz，其他为默认选项。窗口左侧显示了调用 PLL 模块的端口信号：输入时钟信号 inclk0；复位信号 areset；输出时钟信号 c0，输出有效信号 locked。

3．设置工作模式

在图 8-39 中单击"Next"按钮，弹出 PLL 控制信号选择窗口，如图 8-40 所示。选择时钟异步复位信号 areset，输出有效信号 locked，areset 信号高电平有效，即当 areset 信号为高电平时，PLL 处于复位状态，没有时钟输出，当 areset 信号为低电平时，当输出时钟信号稳定时，输出有效信号 locked 为高电平，否则为低电平。

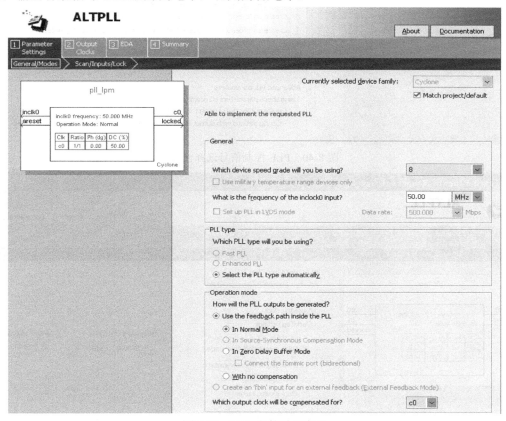

图 8-39　PLL 参数设置窗口

4．输出频率设置

在图 8-40 中，单击"Next"按钮，弹出输出时钟 c0 设置窗口，如图 8-41 所示。设置输出 c0 时钟频率为 25MHz，相位偏移 0，占空比 50%。单击"Next"按钮，弹出输出时钟 c1 配置窗口，如图 8-42 所示。设置输出时钟 c1 频率为 100MHz，相位偏移 0，占空比 50%。

同样方法设置输出 e0 时钟频率为 60MHz，相位偏移 0，占空比 50%，如图 8-43 所示。

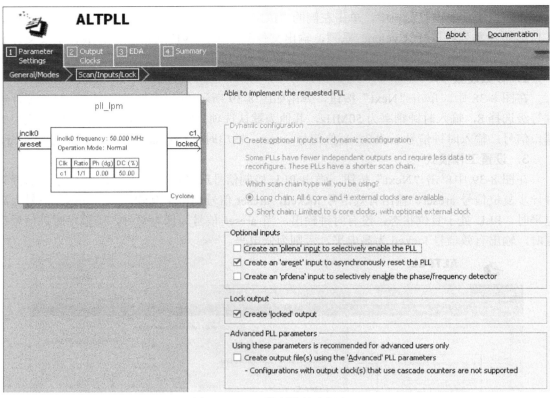

图 8-40　PLL 控制信号选择窗口

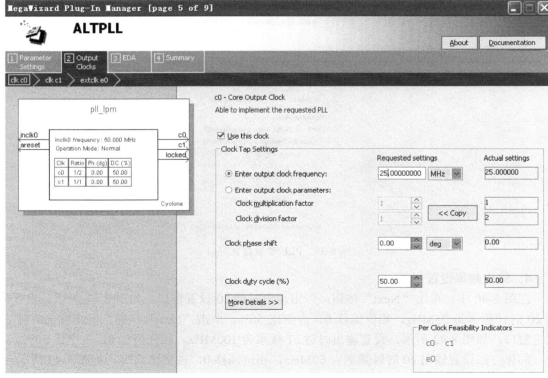

图 8-41　c0 设置窗口

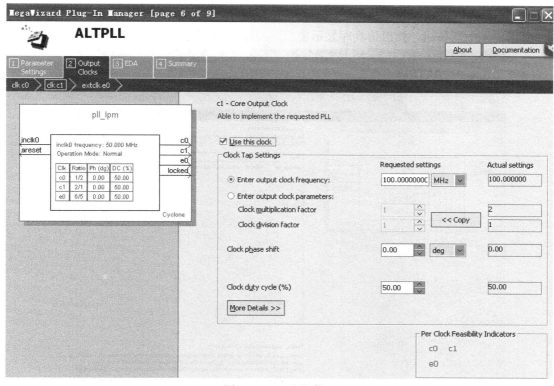

图 8-42　c1 设置窗口

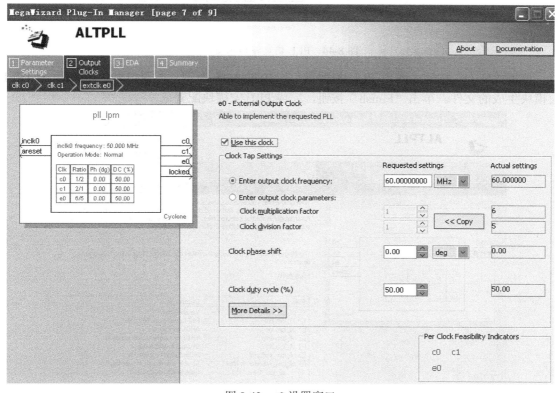

图 8-43　e0 设置窗口

5. 完成 PLL 定制

单击"Next"按钮，弹出仿真库显示窗口，如图 8-44 所示。

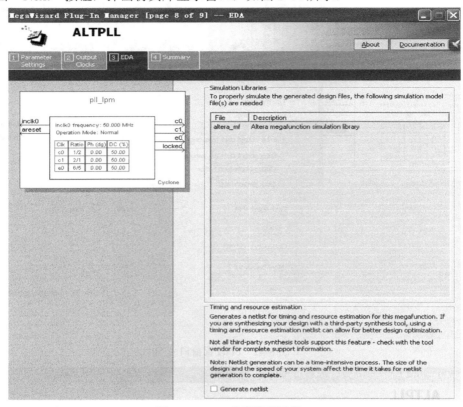

图 8-44 PLL 仿真库显示窗口

单击"Next"按钮，弹出 PLL 概要窗口，如图 8-45 所示，该窗口显示出调用 ALTPLL 宏模块生成的文件。单击"Finish"按钮，完成 PLL 宏模块配置。

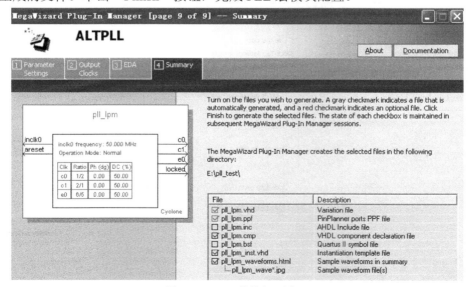

图 8-45 PLL 模块概要窗口

选择"Processing"→"Start Compilation"命令进行工程编译，编译正确后，进行时序仿真进行波形验证。

8.3.2 PLL 模块调用

新建文件夹 pll_test，存放路径 E:\pll_test，新建工程 pll_test，保存在 E:\pll_test 目录下，输入 VHDL 源文件，源文件程序如下：

```
library ieee;
use ieee.std_logic_1164.all;
use ieee.std_logic_unsigned.all;
use ieee.std_logic_arith.all;

entity pll_test is
port (rst: in std_logic;          --复位信号，高电平有效
      clk: in std_logic;           --输入 50MHz 时钟信号
      enout: out std_logic;        --时钟输出使能信号信号
      clk1out: out std_logic;      --输出 25MHz 时钟信号
      clk2out: out std_logic;      --输出 100MHz 时钟信号
      clk3out: out std_logic       --输出 60MHz 时钟信号
     );
end entity;

architecture behav of pll_test is
component pll_lpm is              --时钟锁相环模块
port (areset: in std_logic;
      inclk0: in std_logic;
      locked: out std_logic;
      c0,c1,e0: out std_logic
     );
end component;
begin
u0: pll_lpm port map (inclk0=>clk,areset=>rst,locked=>enout,
        c0=>clk1out,c1=>clk2out,e0=>clk3out);
end behav;
```

该源程序有一个时钟输入信号，3 个时钟输出信号，其中 clk1out 为输入时钟的二分频，clk2out 为输入时钟的二倍频，clk3out 为输入时钟的非整数倍频，子模块 pll_lpm 产生输出时钟，pll_lpm 子模块由调用宏模块 ALTPLL 时钟锁相环生成。

8.3.3 仿真验证

新建仿真波形文件 pll_test.vwf，导入端口节点信号，设置输入时钟 clk 频率为 50MHz，仿真时间为 1μs，设置的输入波形文件如图 8-46 所示。

选择"Processing"→"Start Simulation"命令，进行时序波形仿真，仿真波形图如图 8-47 所示。由仿真波形图可知，当复位信号 rst 有效时，即 rst 为高电平时，输出端口无输出时钟信号，输出使能信号 enout 无效；当 rst 为低电平时，时钟锁相环正常工作，一段时间过后，输出端口输出稳定的时钟信号，同时，输出使能信号 enout 有效，clk1out 输出时钟频率为

25MHz，clk2out 输出时钟频率为 100MHz，clk3out 输出时钟频率为 60 MHz，与 PLL 的配置输出频率一致，系统逻辑正确。

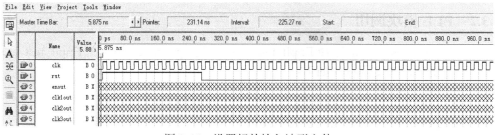

图 8-46　设置好的输入波形文件

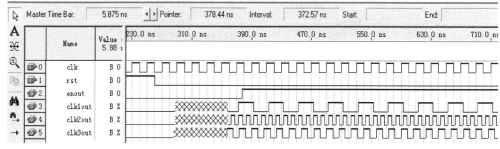

图 8-47　仿真波形图

8.4　片内逻辑分析仪

随着设计系统复杂度的增加，仅依靠波形仿真有时很难测试系统逻辑的正确性，波形仿真不能够实时检测设计系统内部信号。当系统逻辑出现错误，需要调试程序时，如果能够观测到系统内部信号的变化状态，将有助于系统测试。EDA 开发软件提供了可以观测内部信号的片内逻辑分析仪测试工具。使用片内逻辑分析仪可以实时捕获设计程序内部信号和端口信号波形，捕获的数据保存在目标芯片内部的 RAM 块中，捕获数据量与片内 RAM 块的容量大小有关，RAM 块中捕获的数据通过 JTAG 接口读出并在片内逻辑分析仪工具中显示。

目前常用的片内逻辑分析仪工具主要有 Quartus II 开发软件中提供的 SignalTap II、ISE 开发环境中提供的 Chipscope。本节以 SignalTap II 为例介绍片内逻辑分析仪工具的使用。下面设计在 8.2 节 ROM 存储控制器基础上，通过片内逻辑分析仪观测内部信号 cnt 与数据输出信号 dataout 的对应关系。

8.4.1　新建逻辑分析仪设置文件

1. 打开 SignalTap II 编辑窗口

打开 8.2 节 ROM 控制器工程，选择 "File→"New"命令，弹出如图 8-48 所示新建文件类型选择窗口。选择"Verification/Debugging Files"目录下的"SignalTap II Logic Analyzer File"，单击"OK"按钮，弹出片内逻辑分析仪文件设置窗口，如图 8-49 所示。

2. 调用待测信号

在"Double-click to add nodes"标志处双击，弹出"Node Finder"窗口，如图 8-50 所示。

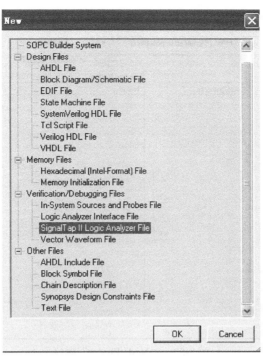

图 8-48 新建文件类型选择窗口

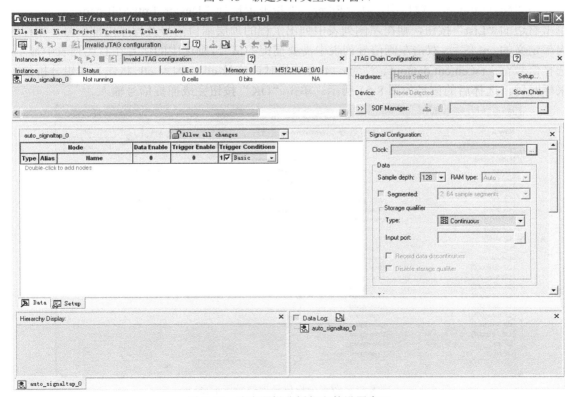

图 8-49 片内逻辑分析仪文件设置窗口

· 189 ·

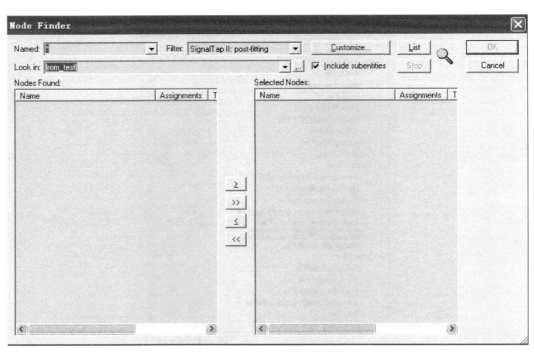

图 8-50 "Node Finder"窗口

在"Node Finder"窗口中，在"Filter"下拉框中选择"Design Entry(all names)"选项，单击右边的"List"按钮，则在左侧列表中列出工程的顶层端口信号及程序内部信号，如程序内部定义的 cnt 信号。双击左侧信号列表中需要捕捉的信号，则选中的信号在右侧列表中显示，选择信号有：rst,en,cnt,dataout。注意：不要选择时钟信号 clk，因为 clk 将作为逻辑分析仪的采样时钟，选择后的信号如图 8-51 所示。单击"OK"按钮完成捕捉信号输入。

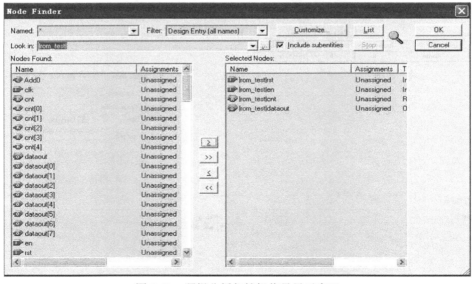

图 8-51 逻辑分析仪捕捉信号显示窗口

3. SignalTap II 设置

片内逻辑分析设置窗口左侧窗口中显示出输入的捕捉信号，如图 8-52 所示。

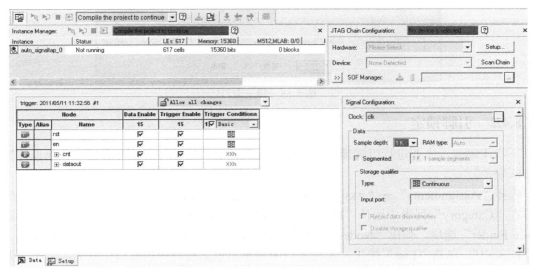

图 8-52 片内逻辑分析仪文件设置窗口

在"Signal Configuration"参数配置栏,采样时钟 Clock 选择程序端口输入时钟 clk,捕获深度(Sample depth)选择 1K,此参数越大,捕获数据将占用的块 RAM 存储资源越多,根据实际需求定义此参数。

触发选项(Trigger)中,设置 rst 为触发信号,且高电平时有效,如图 8-53 所示。即逻辑分析仪工作时,当触发信号 rst 为高电平时,触发存储捕捉信号波形。

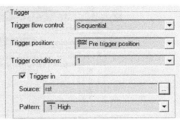

图 8-53 触发输入设置窗口

4. 文件存盘

选择"File"→"Save"命令,输入逻辑分析仪设置文件名 rom_test.stp,保存在 rom_test 工程目录下,如图 8-54 所示。单击"保存"按钮,弹出提示窗口,如图 8-55 所示。单击"是"按钮,表示此逻辑分析仪文件将加载到设计工程中,重新编译后的代码下载到目标芯片内部时,便可调用片内逻辑分析仪工具。

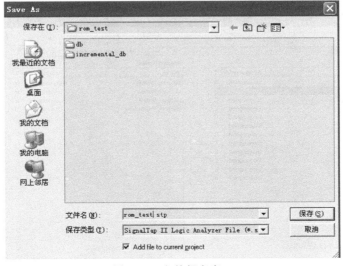

图 8-54 文件保存窗口

图 8-55 提示窗口

8.4.2 引脚锁定

下载代码前，先要进行引脚锁定，以使设计工程端口信号与目标开发板中的物理连接信号相匹配。

选择"Assignments"→"Assignment Editor"命令，弹出如图 8-56 所示引脚锁定编辑窗口，在"Category"列表中选择"Locations"，双击"<<new>>"标识符，在弹出列表中选择"Node Finder"选项，弹出"Node Finder"对话框，如图 8-57 所示。在"Filter"列表中，选择"Pins:all"，单击"List"按钮，左栏窗口中显示出该工程对应的端口信号名，双击需要锁定引脚的端口信号，则在右栏列表中显示出被选中的需要锁定引脚的端口信号，本例需要锁定引脚的信号有 clk，rst，en，dataout。单击"OK"按钮，完成锁定引脚选择。

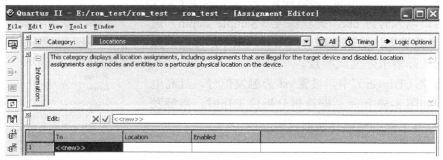

图 8-56 引脚锁定编辑窗口

被选中的引脚信号在图 8-57 所示的"Node Finder"窗口中被列出，在对应信号左侧"Location"栏中输入需要锁定的引脚信息，如 clk 对应的引脚为 PIN_29，输入后的引脚锁定信息如图 8-58 所示。

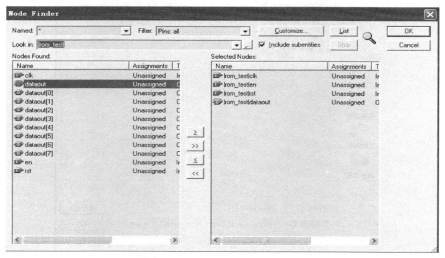

图 8-57 "Node Finder"窗口

选择"File"→"Save"命令,保存引脚约束文件。

	To	Location	Enabled
1	clk	PIN_29	Yes
2	en	PIN_57	Yes
3	rst	PIN_28	Yes
4	dataout[0]	PIN_93	Yes
5	dataout[1]	PIN_60	Yes
6	dataout[2]	PIN_213	Yes
7	dataout[3]	PIN_58	Yes
8	dataout[4]	PIN_54	Yes
9	dataout[5]	PIN_88	Yes
10	dataout[6]	PIN_82	Yes
11	dataout[7]	PIN_56	Yes
12	<<new>>		

图 8-58 引脚锁定信息窗口

8.4.3 编程下载

引脚锁定完成后,选择"Processing"→"Start Compilation"命令,重新进行工程编译。编译成功后,将生成下载文件 rom_test.sof 和 rom_test.pof。rom_test.sof 下载文件为 JTAG 模式下的编程下载代码,rom_test.pof 为 AS 下载模式下的编程下载代码。JTAG 下载模式,将下载文件直接下载到目标芯片内部,下载完成后,目标芯片执行对应的逻辑功能,若目标芯片为 FPGA,由于 FPGA 内部结构基于 SRAM 结构,系统断电后,FPGA 内部逻辑丢失,需再次从 Quartus II 开发环境中下载代码;AS 下载模式将编程代码下载到 FPGA 的配置存储器中,每次系统上电后,FPGA 自动从配置存储器中读取代码。

1. JTAG 模式下载

选择"Tools"→"Programmer"命令,弹出如图 8-59 所示窗口,下载模式(Mode)选择 JTAG,单击左侧的"Add File"按钮,在弹出的窗口中选择下载文件 rom_test.sof,单击左侧的"Start"按钮开始下载代码,窗口右侧 Progress 中显示下载进度,当下载完成时,Progress 栏显示"100%",如图 8-60 所示。

图 8-59 编程下载配置窗口

2. AS 模式下载

在编程下载配置窗口 Mode 下拉选项中,选择"Active Serial Programming"选项,如图 8-61 所示。弹出存储器件选择对话框,右侧列表显示了 Altera FPGA 芯片对应的配置存储芯片,配置存储器由选用 FPGA 的资源大小确定,本例中使用的 FPGA 对应的存储芯片为 EPCS4,所以选择 EPCS4,如图 8-62 所示。

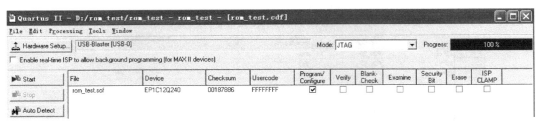

图 8-60　下载进度显示窗口

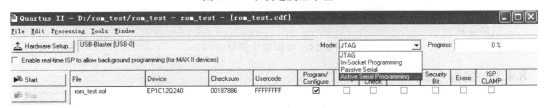

图 8-61　下载模式选择

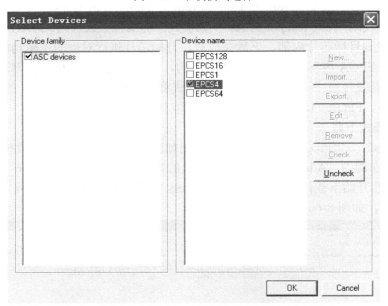

图 8-62　存储器件选择对话框

单击编程下载配置窗口左侧的"Add File"按钮，在弹出的窗口中选择下载文件 rom_test.pof，单击左侧的"Start"按钮开始下载代码，窗口右侧 Progress 中显示下载进度，当下载完成时，Progress 栏显示"100%"，如图 8-63 所示。

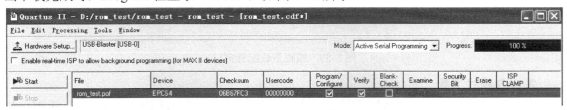

图 8-63　下载进度显示窗口

3. 片内逻辑分析仪设置窗口下载

逻辑分析仪设置窗口中也可实现编程下载，如图 8-64 所示，单击"SOF Manager"标志右侧的"…"按钮,选择下载文件 rom_test.sof,单击"SOF Manager"标志右侧的下载工具即可完成配置代码的下载。

8.4.4 信号采样

配置代码下载结束后,单击逻辑分析仪设置窗口中的"Ready to acquire"工具按钮,即可启动片内逻辑分析仪捕捉数据,片内逻辑分析仪采样波形如图 8-65 所示。其中,rst 为复位信号,en 为输出使能信号,cnt 为内部地址计数器,dataout 为数据输出信号。由采样波形可知 cnt 与 dataout 的逻辑关系符合程序设计的功能要求,从而可验证系统逻辑功能正确。

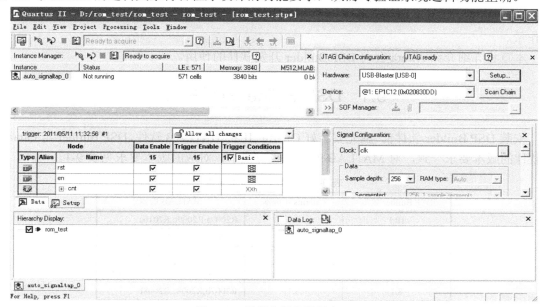

图 8-64　逻辑分析仪设置窗口

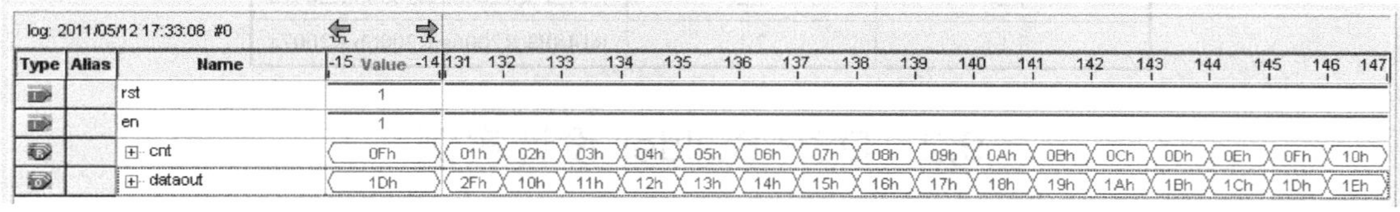

图 8-65　片内逻辑分析仪采样波形

习　题　8

8-1　Quartus II 开发软件中提供的宏模块有哪几类?

8-2　LPM_ROM 宏模块的初始化数据的文件类型有哪几种?

8-3　使用 LPM_ROM 宏模块设计一个三角波信号发生器。

8-4　使用 LPM_DLL 宏模块设计一个倍频电路。

8-5　片内逻辑分析仪的主要功能有哪些?与硬件调试中使用的示波器有何不同?

8-6　如果不使用 MegaWizard Plug-In Manager 工具,如何在自己的设计中调用 LPM 模块?以计数器 lpm_counter 为例,写出调用该模块的程序,其中参数自定。

8-7　LPM_ROM、LPM_RAM、LPM_FIFO 等模块与 FPGA 中嵌入的 EAB,ESB,M4K 有怎样的关系?

第 9 章　DSP Builder 应用

在数字信号处理系统开发中，为了简化系统设计到硬件平台的移植，EDA 厂商开发了针对数字信号处理算法的设计工具，如 Altera 公司开发的 DSP Builder，Xilinx 公司开发的 System Generator 开发工具。利用这些开发工具，设计者可在可在 MATLAB 中完成算法设计，在 Simulink 环境下建模，并将模型文件转换成 VHDL 工程文件，大大减轻了设计者的工作量。

本章将详细介绍 Altera 公司 DSP Builder 开发软件的使用。

9.1　DSP Builder 软件安装

安装 DSP Builder 软件前，应先安装好 Quartus II 和 MATLAB 软件，DSP Builder 与 Quartus II 软件的版本要求一致，对 MATLAB 的版本也有要求，对应的版本要求见表 9-1。

表 9-1　安装软件版本要求

DSP Builder 版本	Quartus II 版本	MATLAB 版本
10.1	10.1	R2009a,R2009b,R2010a
10.0	10.0	R2008a,R2008b,R2009a
9.1	9.1	R2008a,R2008b,R2009a
9.0	9.0	R2007b,R2008a,R2008b,R2009a
8.1	8.1	R2007b,R2008a,R2008b
8.0	8.0	R2006a,R2006b,R2007a,R2007b
7.2	7.2	R14SP3,R2006a,R2006b,R2007a
7.1	7.1	R14SP3,R2006a,R2006b,R2007a

9.2　DSP Builder 设计实例

本节以使用 DSP Builder 设计三角波发生器为例介绍 DSP Builder 设计流程，设计环境为 DSP Builder 9.0b、Quartus II 9.0、MATLAB R2008a。

9.2.1　建立 Simulink 模型

（1）新建文件夹 tri_wave，存放目录为 E:\dspbuilder。运行 MATLAB 软件，把工作目录切换到新建 tri_wave 文件夹，如图 9-1 所示。

（2）在 MATLAB 命令窗口中输入"Simulink"命令，打开"Simulink Library Browser"窗口，如图 9-2 所示。单击"Altera DSP Builder Blockset"选项，右边窗口中显示 Altera DSP Builder 库中的模块，如图 9-3 所示。

（3）新建模型文件，在 Simulink 库管理器中，选择"File"→"New/Model"命令，则弹出新建模型窗口，如图 9-4 所示。

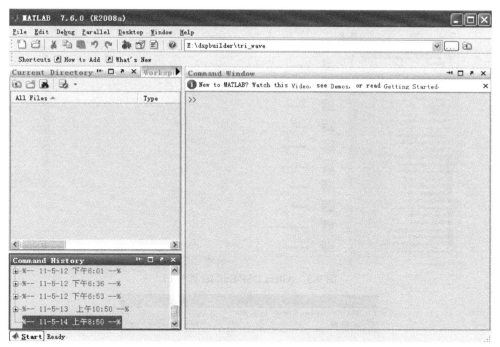

图 9-1　MATLAB 界面

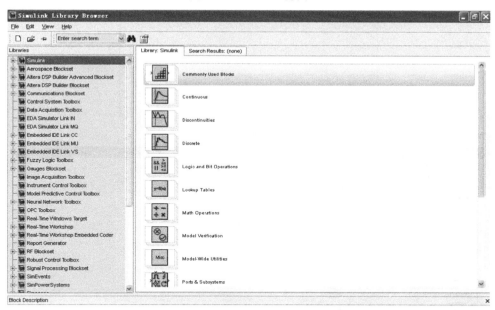

图 9-2　Simulink 库管理器窗口

（4）添加"Signal Compiler"模块。在"Altera DSP Builder Blockset"库中，选择"AltLab"库，在右边的模块列表中选择"Signal Compiler"模块，如图 9-5 所示，将"Signal Compiler"模块拖动新建模型窗口中，如图 9-6 所示。

（5）添加线性递增递减"Increment Decrement"模块。在"Altera DSP Builder Blockset"列表中选择"Arithmetic"库，在右边列表中选择"Increment Decrement"模块，如图 9-7 所示。将该模块拖动新建模型窗口中。

• 197 •

图 9-3　Altera DSP Builder 库窗口

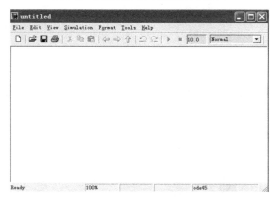

图 9-4　新建模型窗口

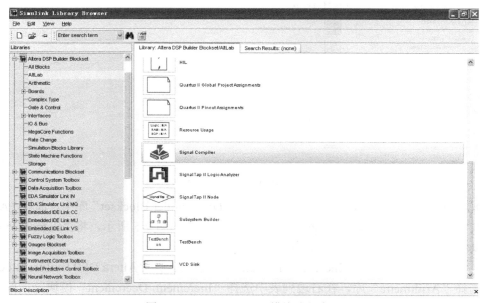

图 9-5　Signal Compiler 模块选择窗口

图 9-6 添加 Signal Compiler 模块

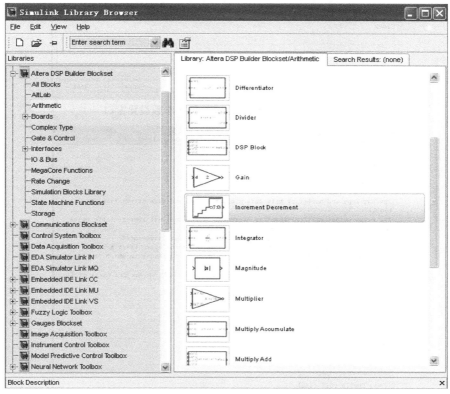

图 9-7 Increment Decrement 模块选择窗口

在新建模型窗口中,双击"Increment Decrement"模块,弹出该模块参数设置窗口,如图 9-8 所示。窗口上半部分定义了该模块的功能及使用说明,窗口下面"Main"选项卡中,总线类型"Bus Type"选择 Unsigned Integer,总线宽度设为 7;"Optional Ports and Settings"选项卡中,初始值 Start Value 设为 0,Direction 选择设为 Increment,设为递增模式,Clock Phase Selection 设为 1,其他为默认设置,如图 9-9 所示。

(6)添加 ROM 模块。在"Altera DSP Builder Blockset"列表中选择"Storage"库,在右边列表中选择 ROM 模块,如图 9-10 所示。拖动 ROM 模块到新建模型文件窗口中。

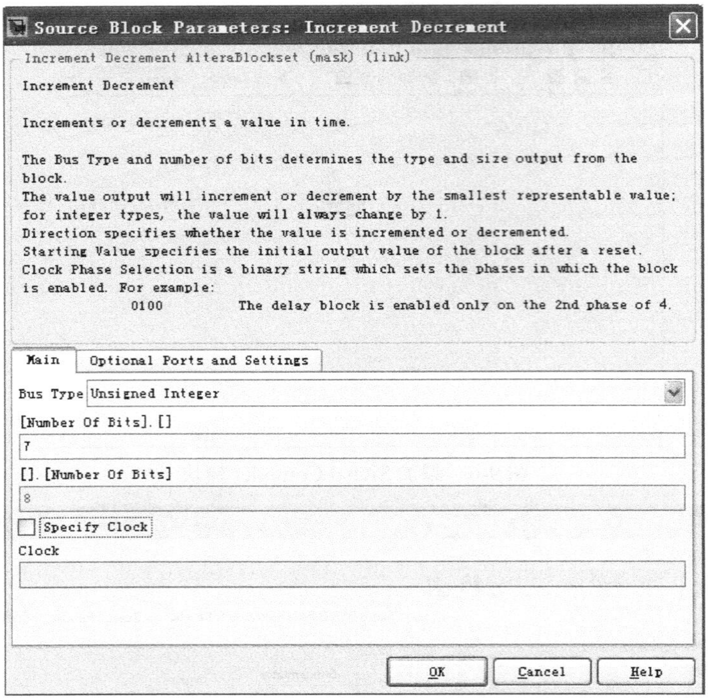

图 9-8　Increment Decrement 模块参数设置窗口

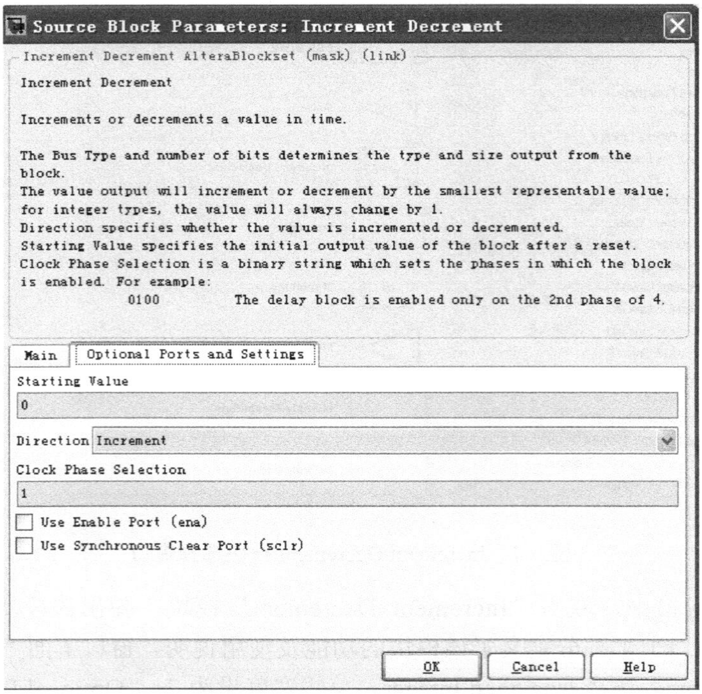

图 9-9　Increment Decrement 模块参数设置窗口

在新建模型文件窗口中，双击 ROM 模块进行参数设置，如图 9-11 所示，在"Main"选项卡中，设置 ROM 数据存储深度（Number of Words）为 128，数据类型（Data Type）设为 Unsigned Integer，数据宽度（Number of Bits）设为 8 位，Memory Block Type 选项设为 AUTO。

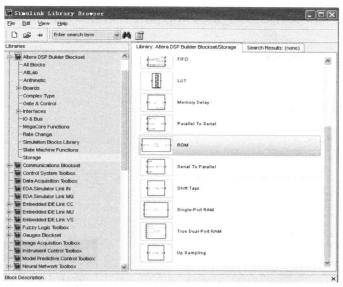

图 9-10　ROM 模块选择窗口

图 9-11　ROM 模块参数设置窗口

在 ROM 模块参数设置窗口中，单击"Initialization"选项卡进行初始化文件设置。首先使用 Quartus II 软件生成初始化文件，设置方法如下：在 Quartus II 软件中，选择"File"→"New"命令，在弹出的文件类型选择窗口中，选择"Memory Initialization File"项，如图 9-12 所示，单击"OK"按钮。弹出存储器初始化数据设置窗口，如图 9-13 所示，设置数据个数 128，数据宽度 8。单击"OK"按钮。

在图 9-14 所示初始化数据输入界面中，按照三角波波形特征输入初始化数据，地址 0 到地址 64 单元输入递增数据 0 到 64，地址 65 到地址 127 单元输入递减数据 63 到 0，输入数据如图 9-14 所示。初始化数据输入完毕后，选择"File"→"Save"命令进行保存，保存文件类型选为 Hex 格式,保存文件名为 tri_wave.hex,保存目录为 E:\dspbuilder\tri_wave,如图 9-15 所示。

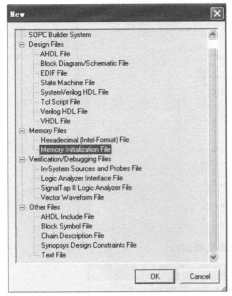

图 9-12 新建文件类型选择窗口

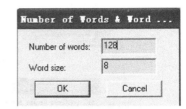

图 9-13 参数设置窗口

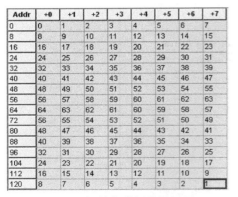

图 9-14 初始化数据设置界面

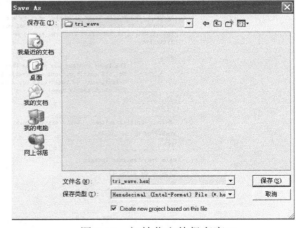

图 9-15 初始化文件保存窗口

生成 ROM 初始化文件后,选择 ROM 模块参数设置窗口中 Initialization 选项卡,Initialization 选项选择"From HEX file",Input HEX File 选项选择 E:\dspbuilder\tri_wave\tri_wave.hex 初始化文件,如图 9-16 所示。

(7) 添加 Input 模块。在"Altera DSP Builder Blockset"列表中,选择 IO&Bus 库,在右边模块列表中选择 Input 模块,如图 9-17 所示。拖动 Input 模块到新建模型窗口中,双击 Input 模块进行参数设置,如图 9-18 所示,Bus Type 选项设置为 Single Bit,即将 Input 模块设为 1 位输入端口,其他为默认设置。

(8) 添加 Product 模块。在"Altera DSP Builder Blockset"列表中,选择 Arithmetic 库,在右边模块列表中选择 Product 模块,如图 9-19 所示。拖动 Product 模块到新建模型窗口中,双击 Product 模块进行参数设置,如图 9-20 所示。

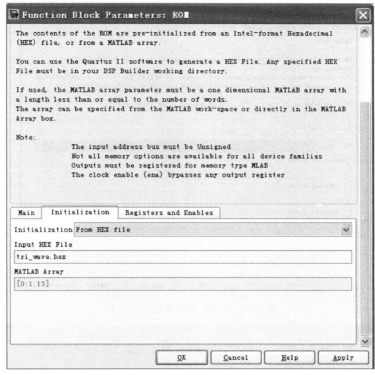

图 9-16　ROM 初始化文件选择窗口

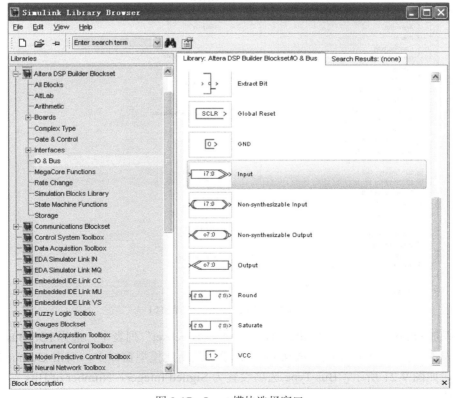

图 9-17　Input 模块选择窗口

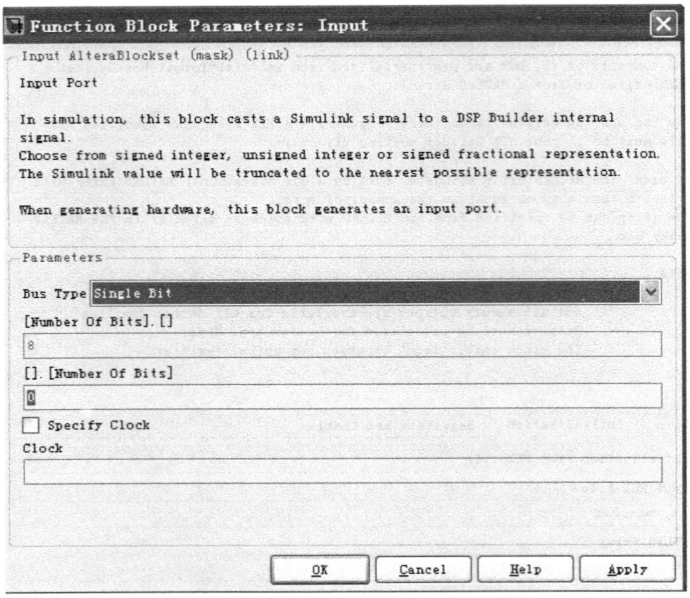

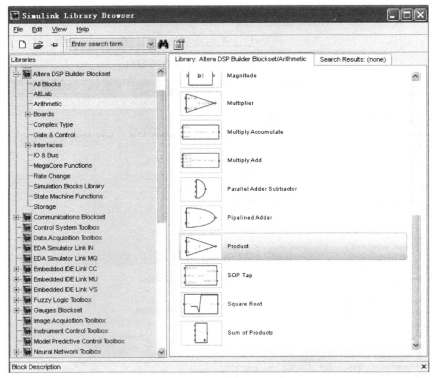

图 9-18　Input 模块参数设置窗口

图 9-19　Product 模块选择窗口

（9）添加 Output 模块。在"Altera DSP Builder Blockset"列表中，选择 IO&Bus 库，在右边模块列表中选择 Output 模块。拖动 Output 模块到新建模型窗口中，双击 Output 模块进行参数设置，如图 9-21 所示，Bus Type 选项设置为 Signed Integer，Number of Bits 参数设为 8，其他为默认设置。

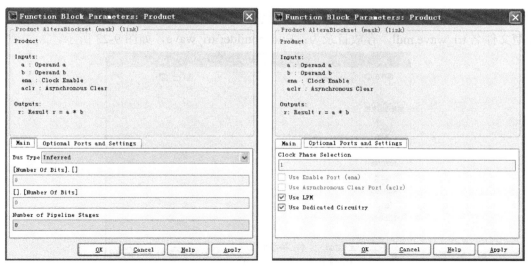

图 9-20 Product 模块参数设置窗口

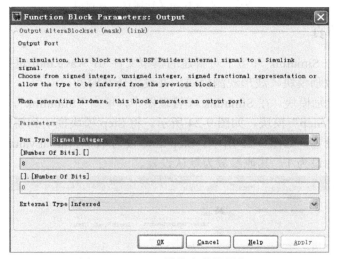

图 9-21 Output 模块参数设置窗口

（10）模块连接。将新建模型文件中的各模块连接起来，连接后的模型图如图 9-22 所示。

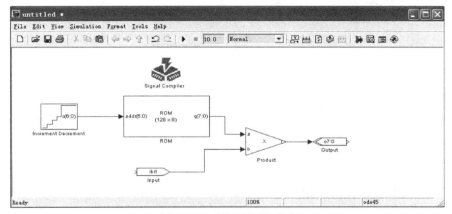

图 9-22 连接后的模型图

· 205 ·

（11）保存模型文件。单击新建模型文件窗口菜单栏"File"→"Save"选项，输入新建模型文件名 tri_wave.mdl，存放目录为：E:\dspbuilder\tri_wave，如图 9-23 所示。

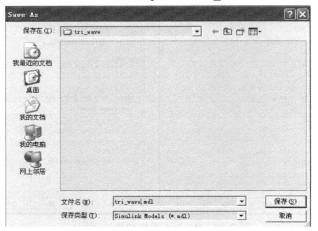

图 9-23　新建模型文件保存设置窗口

9.2.2　模型仿真

下面介绍如何在 Simulink 环境下对新建的模型文件 tri_wave.mdl 进行模型仿真。对模型进行仿真需要添加激励模块、波形观测模块，并设置仿真时间。

（1）添加仿真激励模块。在 Simulink 库管理器中，单击"Simulink"，选择"Sources"库，在右边列表中选择"Step"模块，如图 9-24 所示。将 Step 模块拖动到新建模型文件中，双击 Step 模块进行参数设置，如图 9-25 所示。Step time 设为 100，Initial value 设为 0，Final value 设为 1，Sample time 设为 1，其他参数为默认设置。

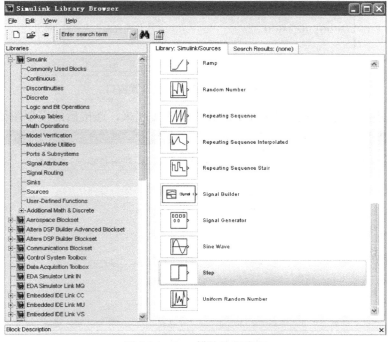

图 9-24　Step 模块选择窗口

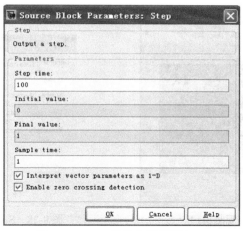

图 9-25　Step 模块参数设置窗口

（2）添加示波器模块。在 Simulink 库管理器中，单击"Simulink"，选择"Sinks"库，在右边列表中选择"Scope"（示波器）模块，如图 9-26 所示。将 Scope 模块拖动到新建模型文件中，双击"Scope"模块打开"Scope"观测窗口，如图 9-27 所示。Scope 观测窗口默认显示一路信号，本例中，需要同时显示激励输入及波形输出两路信号，因此需要增加一路观测信号窗口。设置方法为：单击"Scope"观测窗口的"Parameters"工具栏，弹出 Scope 模块参数设置窗口，如图 9-28 所示，设置 Number of axes 参数为 2，即可同时观测两路信号波形，其他参数设置如图 9-28 所示。

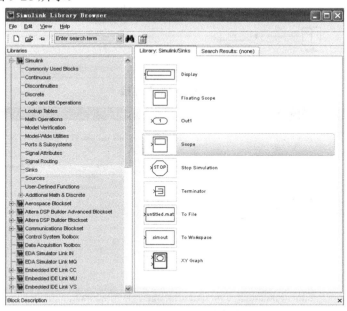

图 9-26　Scope 模块选择窗口

（3）连接添加模块。连接新添加的 Step 模块和 Scope 模块，连接后的模型图如图 9-29 所示。

（4）仿真时间设置。单击模型图菜单栏"Simulation"→"Configuration Parameters"选项，弹出如图 9-30 所示参数设置窗口。在"Simulation Time"选项中,设置仿真起始时间（Start time）为 0.0，仿真结束时间（Stop time）为 1000.0，其他参数设置如图 9-30 所示。

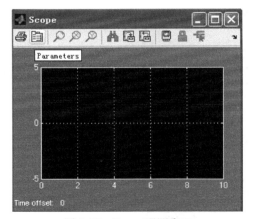 

图 9-27 Scope 观测窗口　　　　　图 9-28 Scope 模块参数设置窗口

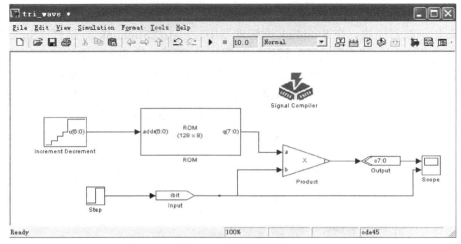

图 9-29 模型图连接

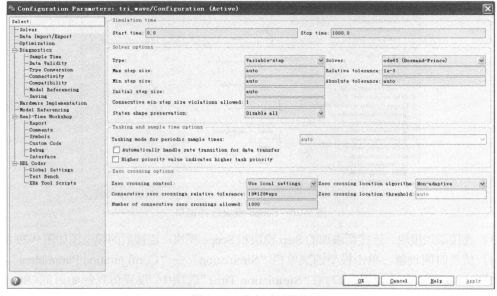

图 9-30 仿真时间设置

（5）仿真。单击模型图菜单栏"Simulation"→"Start"选项，进行波形仿真，双击模型图中的 Scope 模块，打开示波器观测窗口，单击观测窗口中的 Autoscale 工具，则显示仿真波形如图 9-31 所示，波形图上半部分输出锯齿波形，下半部分为激励输入。

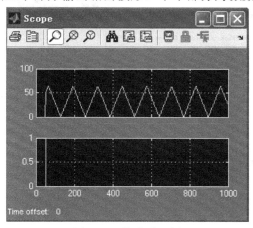

图 9-31　仿真波形图

9.2.3　模型编译

新建模型文件通过仿真可以判断系统功能是否正确，若仿真波形正确，可进一步将模型设计转换成 VHDL 程序，通过引脚定义、编译后下载到 FPGA 内，完成硬件实现。

模型编译包括自动编译和手动编译两种方式。自动编译在 Simulink 环境下，直接对设计模型进行自动综合、布局布线、编译、下载；手动编译首先将设计的模型文件转换成 VHDL 工程文件，在 Quartus 软件中打开转换后的工程文件，在 Quartus 软件中进行综合、引脚定义、编译、下载，还可实现波形仿真。手动编译使用灵活，可自定义引脚，还可将设计的模型文件作为一个子模块在其他顶层模块中例化使用，因此在实际使用中，大多选择手动编译方式。下面将详细介绍自动编译和手动编译的使用方法。

1．自动编译

在模型文件中双击 Signal Compiler 模块，弹出如图 9-32 所示窗口。在"Parameters"参数设置栏中，器件系列 Family 根据实际的芯片型号选择，本例选为 Cyclone；"Simple"选项卡对应的是自动编译，单击"Compile"编译按钮，可对模型文件进行编译，并生成下载代码；然后单击"Scan Jtag"可完成 Jtag 扫描链的检测；单击"Program"按钮可将生成的配置代码下载到硬件芯片中。

2．手动编译

（1）在图 9-32 模块窗口中，选择"Advanced"选项卡进行手动编译，"Advanced"选项对应操作如图 9-33 所示。

单击"Analyze"按钮，执行结束后，在模型文件所在目录下生成 Quartus 工程文件 tri_wave.qpf，存放目录为：E:\dspbuilder\tri_wave\tri_wave_dspbuilder\tri_wave.qpf，如图 9-34 所示。

单击"Synthesis"按钮进行工程综合，综合命令执行结果如图 9-35 所示。

（2）使用 Quartus II 软件打开生成的工程文件 tri_wave.qpf，选择"Assignments"→"Device"命令，进行下载芯片设置，如图 9-36 所示。

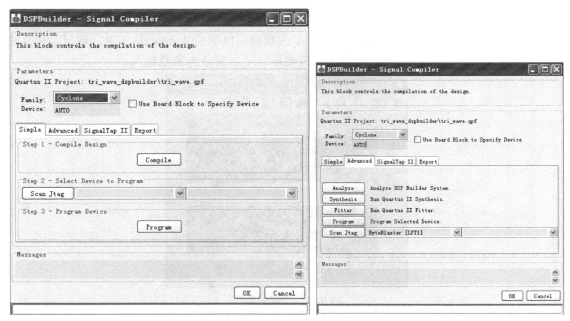

图 9-32　Signal Compiler 模块窗口　　　　　图 9-33　Advanced 选项卡

图 9-34　Analyze 执行结果　　　　　　　　图 9-35　Synthesis 执行结果

双击项目管理器中的 tri_wave_GN 顶层 VHDL 文件，打开后的界面如图 9-37 所示。该工程为模型文件 tri_wave.mdl 自动转换的 Quartus 工程文件，工程实体中定义的端口信号有：输入控制信号 Input，当 Input 为高电平时，三角波输出；时钟信号 Clock，三角波信号在 Clock 同步下输出；8 位三角波输出信号 Output；异步复位信号 aclr，低电压有效。

（3）波形仿真，新建波形文件，设置输入信号波形如图 9-38 所示，波形文件设置方法可参考本书 8.1.5 节。保存波形文件，定义波形文件名为 tri_wave，保存目录为：E:\dspbuilder\tri_wave\tri_wave_dspbuilder，如图 9-39 所示。

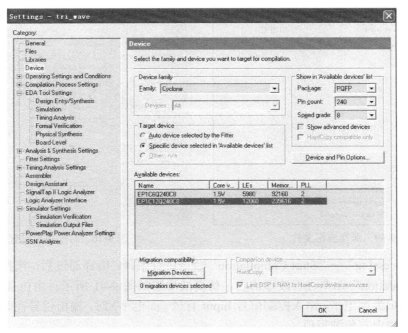

图 9-36 下载芯片设置

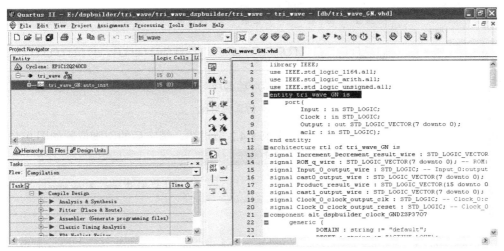

图 9-37 模型文件自动转换的 Quartus 工程

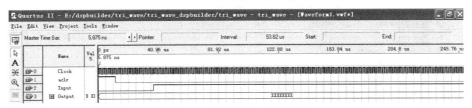

图 9-38 设置输入信号波形

选择"Assignments"→"Settings"命令,弹出如图 9-40 所示窗口,单击左侧的"Simulator Setting"项,在右侧界面"Simulation mode"栏选择 Timing,以进行时序仿真,在"Simulation input"栏选择建立的输入波形文件 tri_wave.vwf,单击"OK"按钮完成设置。

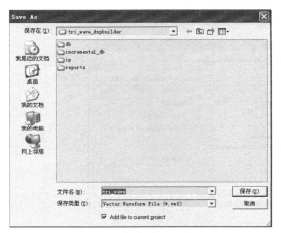
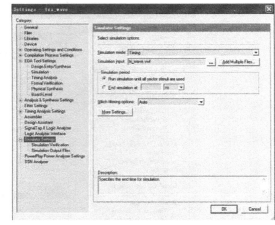

图 9-39　保存波形文件　　　　　　　　图 9-40　时序仿真设置窗口

选择"Processing"→"Start Compilation"命令进行编译，编译通过后，选择"Processing"→"Start Simulation"命令进行波形仿真，仿真波形图如图 9-41 所示。由仿真波形图可知，当复位信号 aclr 为高电平、输入控制信号 Input 有效（高电平）时，输出信号在时钟信号 Clock 同步下，连续输出三角波形值。

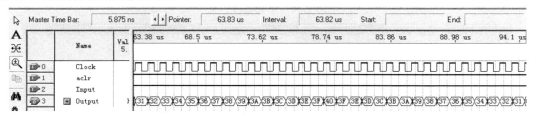

图 9-41　仿真波形图

（4）引脚锁定，引脚锁定方法可参考本书 8.4.2 节讲述，锁定后的引脚位置如图 9-42 所示。

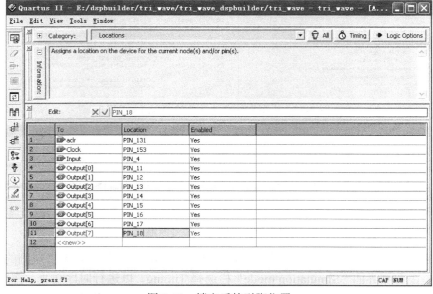

图 9-42　锁定后的引脚位置

（5）编程下载。引脚锁定后，选择"Processing"→"Start Compilation"命令，重新进行编译，编译成功后，将生成 tri_wave.sof、tri_wave.pof 下载文件。编程下载方法可参考 8.4.3 节讲述。

习　题　9

9-1　简述 DSP Builder 的功能。
9-2　DSP Builder 的设计流程主要由哪几部分组成？
9-3　使用 DSP Builder 设计一个正弦波信号发生器。
9-4　说明 MATLAB、DSP Builder 和 Quartus II 间的关系，给出 DSP Builder 设计流程。

第 10 章　SOPC Builder 应用

随着微电子制造工艺的发展，FPGA 内部已集成了微处理器软核或硬核，如 Altera 公司在其产品内集成了 Nios II 软核处理器，Xilinx 公司在其 FPGA 产品中集成了 MicroBlaze 软核和 PowerPC 硬核处理器。为了应用 FPGA 内部处理器进行嵌入式系统开发，EDA 厂商开发了嵌入式开发系统，如 Altera 公司开发了 SOPC Builder 开发环境，Xilinx 公司开发了 EDK 嵌入式开发环境。

SOPC（System on Programmable Chip，片上可编程系统）将处理器、存储器及其他功能模块集成到一片可编程器件上，即在一块可编程芯片上实现整个系统的功能，是 PLD 与 ASIC 技术的融合，是 FPGA 应用的发展趋势，具有以下基本特征：

① 包含一个或多个嵌入式处理器 IP 核；
② 片内具有高速 RAM 资源；
③ 具有丰富的 IP 核；
④ 包含大量的片上可编程逻辑资源；
⑤ 具有处理器调试接口和 FPGA 配置接口。

本章将重点介绍基于 Altera 公司 FPGA 产品的 SOPC Builder 和 Nios II IDE 开发环境的使用。

10.1　SOPC Builder

1. Nios II 处理器简介

Nios II 处理器为 Altera 公司于 2004 年推出的第二代嵌入式软核处理器，采用 32 位 RISC 架构，可达 200 DMIPS 运算处理能力。

Nios II 为 32 位 RISC 嵌入式微处理器，Altera 公司的 Cyclone、Cyclone II、Stratix 和 Stratix II 等系列 FPGA 产品均支持 Nios II 软核处理器。Nios II 处理器包括 3 种类型，分别是 Nios II/f、Nios II/s、Nios II/e。其中 Nios II/f 为高速系列，具有较高的系统性能，占用 FPGA 的内部资源也较多；Nios II/s 为标准型系列；Nios II/e 为经济型系列，性能较低，占用 FPGA 内部资源也较少。

2. SOPC Builder 简介

SOPC Builder 为 Altera 公司开发的基于 Nios II 处理器的嵌入式硬件开发平台，可在 Quartus II 软件中调用，实现对 Nios II 处理器的参数配置，并添加开发系统提供的 IP 核模块，包括存储器、接口协议、存储控制器、时钟锁相环、USB 控制器、视频图像处理模块、外围接口模块等，也可添加用户自定义 IP 核模块。Nios II 处理器通过片内 Avalon 总线连接各模块组成一个完整的系统，为各模块分配地址空间，实现 Nios II 处理器对各模块的读/写访问。

3. Nios II IDE 简介

Nios II IDE 为开发 Nios II 处理器系统的软件开发平台，是一个基于 Eclipse IDE 的集成开发环境。内部包含 GNU 开发工具（包括 GCC 编译器、连接器、汇编工具及 makefile 工具等）、基于 GDB 的调试工具（可实现软件仿真和硬件调试）、集成硬件抽象层 HAL（Hardware Abstraction Layer）、软件开发模板等。

10.2 Nios II 综合设计实例

本节将详细介绍如何利用 Niso II 处理器构建一个基本的 SOPC 系统，实现 Nios II 处理器对开发板上 6 个 LED 灯的流水驱动。

1．新建工程

打开 Quartus II 9.0 软件，如图 10-1 所示。选择"File"→"New Project Wizard"命令，弹出设置窗口，如图 10-2 所示。

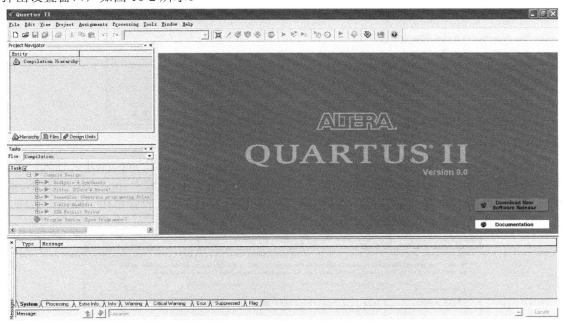

图 10-1　Quartus II 软件界面

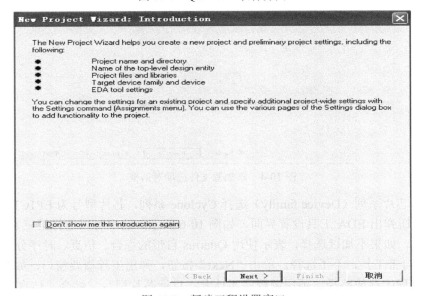

图 10-2　新建工程设置窗口

单击"Next"按钮，出现新建工程设置选项窗口，如图 10-3 所示。

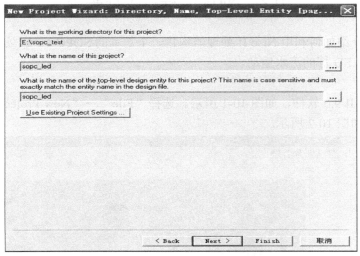

图 10-3　新建工程设置选项窗口

第 1 行信息设置工程存放路径，单击右端的"…"按钮，选择 E:\sopc_test 文件夹；第 2 行定义工程名，输入 sopc_led；第 3 行定义工程中顶层文件的实体名，输入 sopc_led。单击"Next"按钮，弹出如图 10-4 所示对话框，本例工程不用添加输入源文件，直接单击"Next"按钮，弹出目标芯片选择界面，如图 10-5 所示。

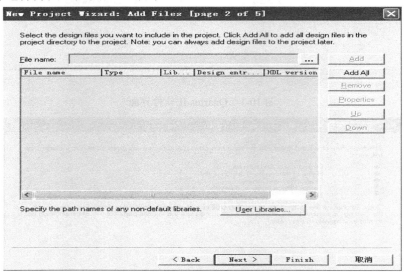

图 10-4　添加源文件选项对话框

本例目标芯片系列（Device family）选择 Cyclone 系列，芯片型号为 EP1C12Q240C8。单击"Next"按钮弹出 EDA 工具设置界面，如图 10-6 所示，这里可以选择第三方综合、仿真、时序分析工具，如果不加以选择，表示使用 Quartus 自带的综合、仿真、时序分析工具，本例使用 Quartus 自带工具，不予选择。单击"Next"按钮，弹出工程概要窗口，如图 10-7 所示，窗口显示了工程的存放路径、顶层源程序实体名、目标芯片型号、综合、仿真、时序分析工具等相关信息。单击"Finish"按钮，完成工程建立设置。

图 10-5　芯片选择窗口

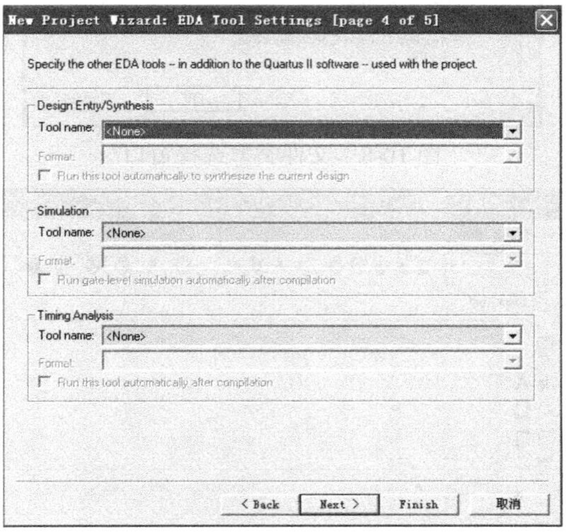

图 10-6　EDA 工具设置窗口

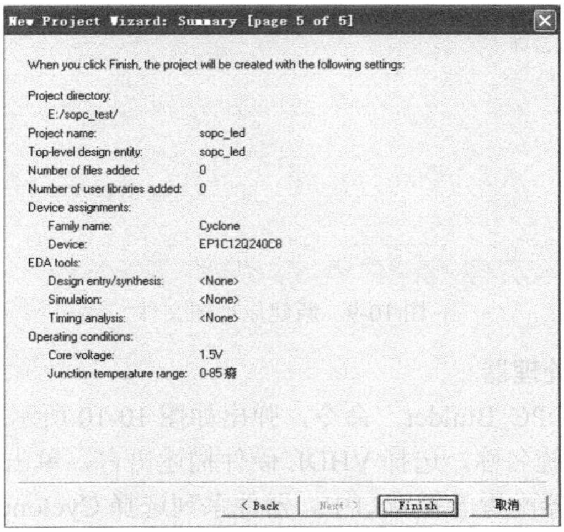

图 10-7　工程概要窗口

2. 新建源文件

选择"File"→"New"命令,弹出如图 10-8 所示文件类型选择窗口,选择"Block Diagram/Schematic File"原理图文件类型。单击"OK"按钮,则工程中显示 Block1.bdf 原理图文件,如图 10-9 所示。

图 10-8 文件类型选择窗口

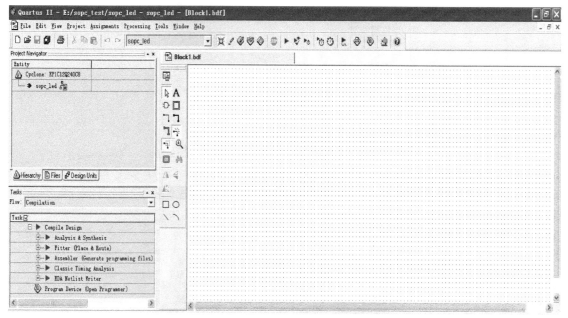

图 10-9 新建原理图文件

3. 配置 Nios II 软核处理器

选择"Tools"→"SOPC Builder"命令,弹出如图 10-10 所示对话框,"System Name"栏中输入 nios_led 作为系统名称,选择 VHDL 硬件描述语言,单击"OK"按钮。

在图 10-11 所示处理器配置选择窗口中,器件系列选择 Cyclone,单击 50.0MHz,修改为 100.0MHz,即设置系统时钟为 100MHz。单击左侧的"System Contents"下面的"Nios II Processor"处理器软核,弹出处理器类型选择窗口,如图 10-12 所示。

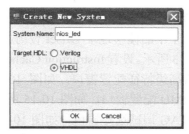

图 10-10　系统目标硬件描述语言选择窗口

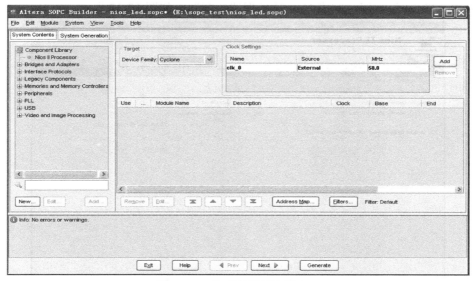

图 10-11　处理器配置选择窗口

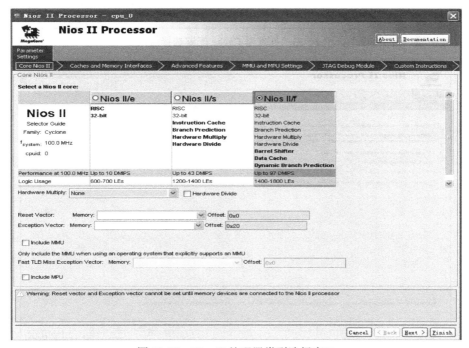

图 10-12　Nios II 处理器类型选择窗口

Nios II 软核处理器有 3 种类型,本例中选择 Nios II/s 标准型,Reset Vector 中偏移地址 Offset 设为 0x0,Exception Vector 中的偏移地址 Offset 设为 0x20,单击"Next"按钮,弹出处理器 Cache 配置窗口,如图 10-13 所示。设置 Instruction Cache 为 4 Kbytes,不使用 Data Cache。单击"Next"按钮,弹出处理器高级特征配置窗口,如图 10-14 所示。本例中不需修改,单击"Next"按钮,弹出处理器 MMU 配置窗口,如图 10-15 所示。本例中无须使用 MMU,单击"Next"按钮,弹出处理器 JTAG 调试选择窗口,如图 10-16 所示。调试等级分为 Level1、Level2、Level3 和 Level4。调试等级越高,所需 FPGA 内逻辑资源也就越多,本例中选择 Level1 等级。单击"Finish"按钮,完成 Nios II 处理器的配置,如图 10-17 所示。

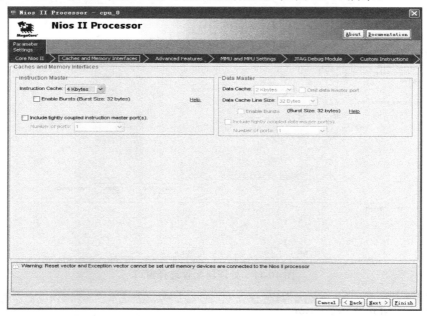

图 10-13　处理器 Cache 配置选择窗口

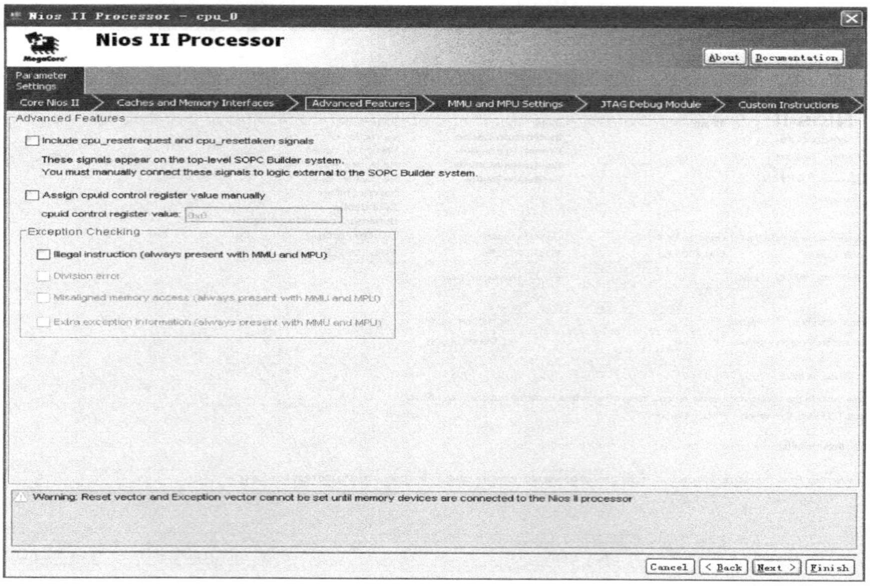

图 10-14　处理器高级特征配置窗口

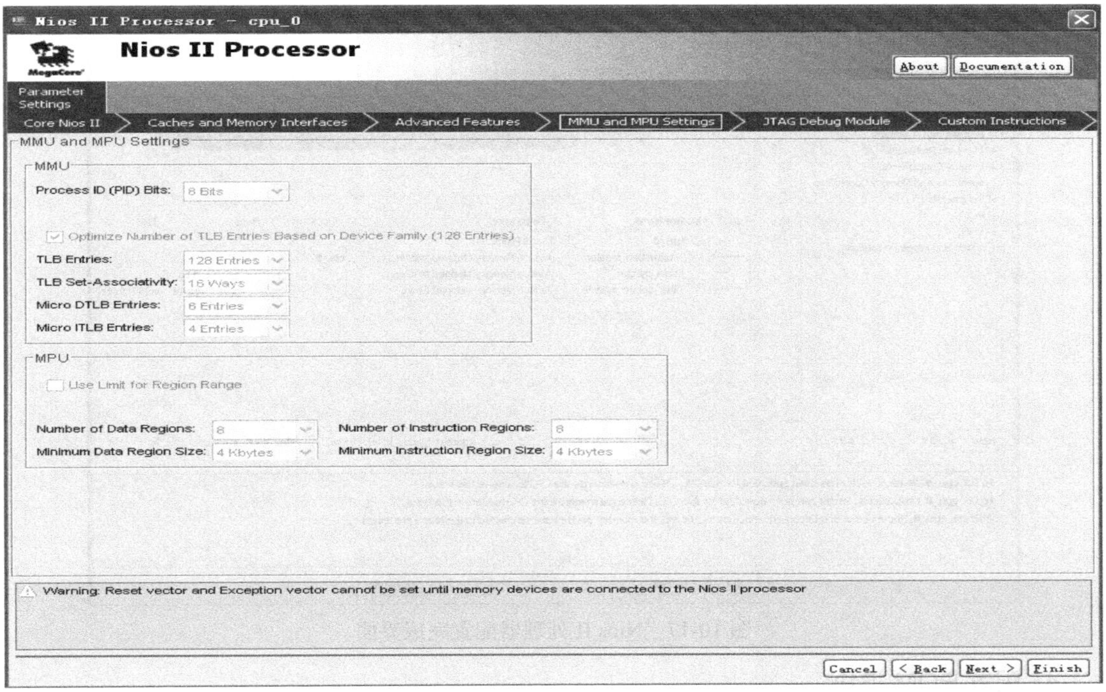

图 10-15 处理器 MMU 配置窗口

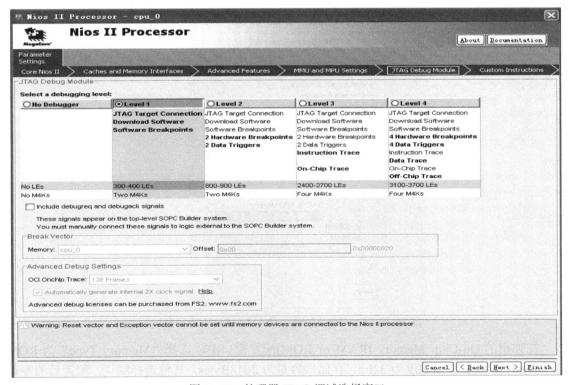

图 10-16 处理器 JTAG 调试选择窗口

在图 10-17 "Module Name"栏，右击"cpu_0"，在弹出选项中选择"Rename"，将处理器模块名称改为"cpu"。

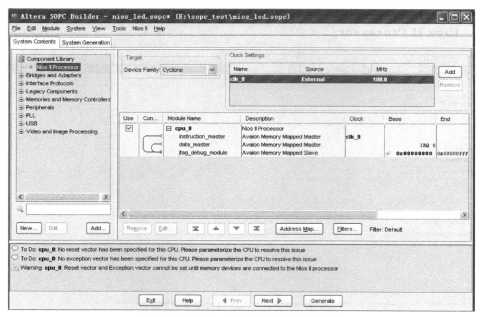

图 10-17　Nios II 处理器配置完成界面

4. 配置 ROM 模块

下面介绍如何为 Nios II 处理器配置 ROM 程序存储器。在"System Contents"列表中双击 On-Chip Memory（RAM or ROM）IP 核，如图 10-18 所示。

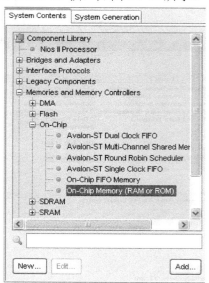

图 10-18　On-Chip Memory (RAM or ROM)选择窗口

在弹出的 On-Chip Memory (RAM or ROM)配置窗口中，选择"Memory Type"为 ROM (Read-only)，设置数据宽度为 32bit，存储器容量为 2048Bytes，其他选择默认，配置后的参数如图 10-19 所示。单击"Finish"按钮完成 ROM 配置，如图 10-20 所示。

ROM 添加到系统中的默认名称为 onchip_memory2_0，右击"Module Name"栏下的"onchip_memory2_0"，选择 Rename，将其更名为 rom。

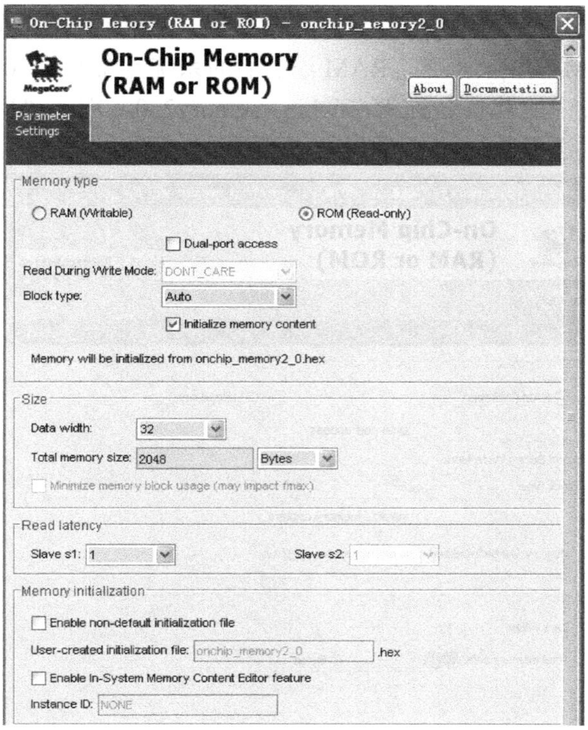

图 10-19　ROM 配置参数窗口

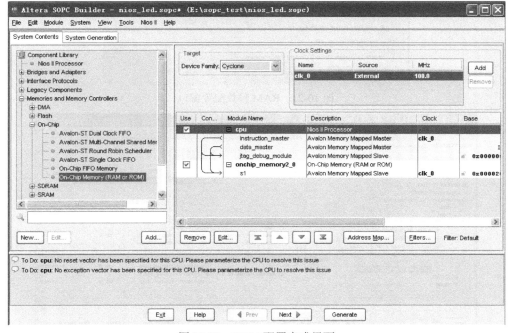

图 10-20　ROM 配置完成界面

5. 配置 RAM 模块

在"System Contents"列表中双击 On-Chip Memory（RAM or ROM）IP 核，在弹出的 On-Chip Memory（RAM or ROM）配置窗口中设置 Memory type 为 RAM（Writable），数据宽度 Data

Width 为 32，存储器容量为 1024Bytes，其他参数默认，配置后端参数如图 10-21 所示。单击"Finish"按钮完成 RAM 模块的配置，RAM 添加后的系统界面如图 10-22 所示。

RAM 添加到系统中的默认名称为 onchip_memory2_0，右击"Module Name"栏下的"onchip_memory2_0"，选择 Rename，将其更名为 ram。

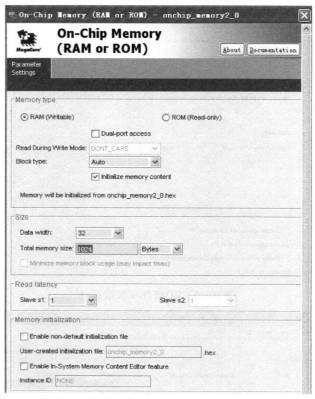

图 10-21　RAM 参数配置窗口

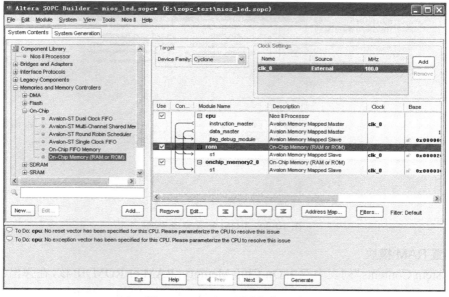

图 10-22　RAM 配置完成界面

6. 添加 PIO 模块

本例要实现 Nios II 处理器对开发板上 6 个 LED 灯的流水控制，通过添加 PIO 模块，配置 LED 灯的驱动信号。在"System Contents"列表中双击 PIO（Parallel I/O）IP 核，如图 10-23 所示。

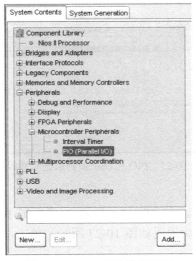

图 10-23　PIO 模块选择窗口

PIO 模块配置如图 10-24 所示，设置 PIO 宽度 Width 为 6，端口驱动传输类型 Direction 选择为 Output ports only，Output Port Reset Value 为 0x0，配置完成后，单击"Finish"按钮。

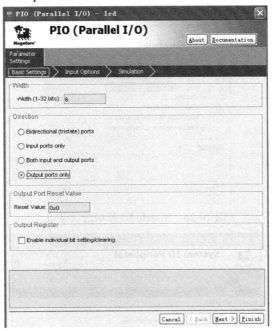

图 10-24　PIO 模块配置

PIO 模块添加到系统后的界面如图 10-25 所示，PIO 模块名为 pio_0，右击"pio_0"，在弹出的选项中选择"Rename"，将 PIO 模块名改为 led。

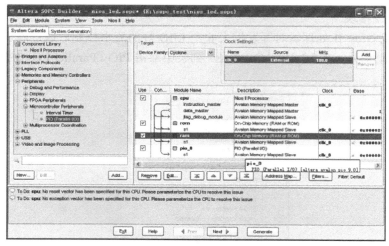

图 10-25　PIO 模块添加到系统后的界面

7. 添加 System ID 模块

System ID 为系统校验模块,在"System Contents"中选择"System ID Peripheral"模块,如图 10-26 所示,System ID 模块说明如图 10-27 所示,单击"Finish"按钮完成 System ID 模块的添加。

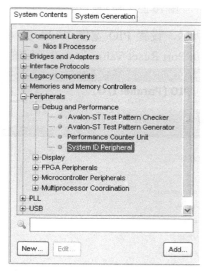

图 10-26　System ID 模块选择窗口

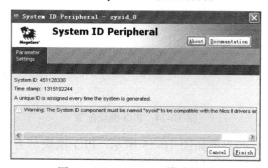

图 10-27　System ID 模块说明

System ID 模块添加到系统后的界面如图 10-28 所示，System ID 模块名为 systemid_0，右击"systemid_0"，在弹出的选项中选择 Rename，将 System ID 模块名改为 sysid。

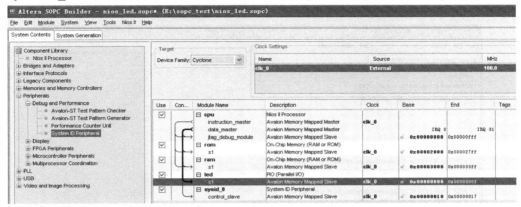

图 10-28　System ID 模块添加到系统后的界面

上述模块添加完毕后，在"Module Name"栏中双击 cpu，对 Nios II 处理器的存储单元进行设置，如图 10-29 所示，设置 Reset Vector：Memory 为 rom，Exception Vector：Memory 为 ram。

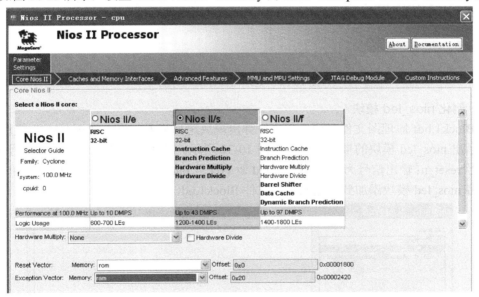

图 10-29　Nios II 处理器存储器设置

8. 分配地址

选择"System"→"Auto-Assign Base Addresses"命令，对各添加模块进行地址分配，如图 10-30 所示。

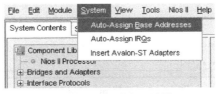

图 10-30　自动分配地址

9. 编译 Nios II

单击图 10-31 下方的"Generate"按钮，编译 Nios II 处理器，编译成功界面如图 10-31 所示。编译成功后，单击"Exit"按钮退出。

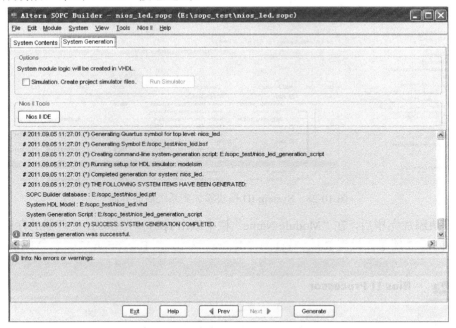

图 10-31 处理器编译成功界面

10. 例化 nios_led 模块

在 Block1.bdf 原理图文件界面内双击，弹出模块选择列表，单击"nios_led"模块，则在右边显示出 nios_led 模块的端口信号，如图 10-32 所示。其中，输入信号有时钟信号 clk_0、复位信号 reset_n；输出信号为 6 位宽度的 led 驱动信号 out_port_from_the_led[5..0]。单击"OK"按钮，将 nios_led 模块添加到新建原理图文件 Block1.bdf 中。

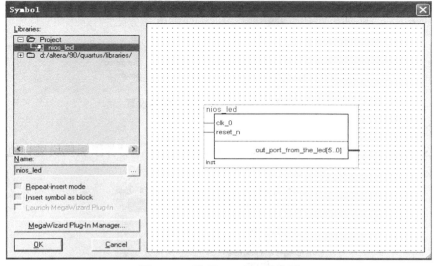

图 10-32 选择 nios_led 模块图

• 228 •

在原理图空白处双击,在弹出的元件添加表中输入元件名 input,则右边显示出 input 元件,如图 10-33 所示,单击"OK"按钮将 input 元件添加到原理图中,向原理图中添加两个 input 元件,分别连接到输入端口 clk_0 和 reset_n,并将 input 元件输入信号名分别修改为 clk 和 reset。

在原理图空白处双击,在弹出的元件添加表中输入元件名 output,则右边显示出 output 元件,如图 10-34 所示,单击"OK"按钮将 output 元件添加到原理图中的输出端口,将 output 元件的输出信号名修改为 led[5..0],如图 10-35 所示。

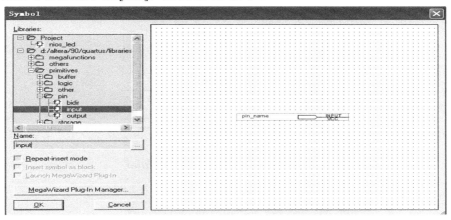

图 10-33　选择 input 模块图

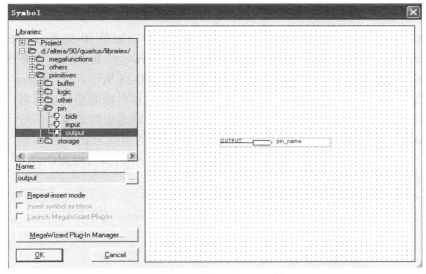

图 10-34　选择 output 元件

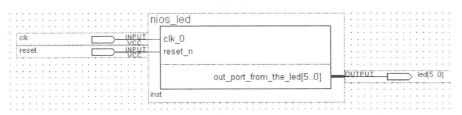

图 10-35　系统原理图

11. 例化系统综合

双击项目管理区中"Compile Design"下的"Analysis & Synthesis",对新建工程 sopc_led 进行综合。综合结束后,在 Analysis & Synthesis 图标的左边显示绿色的对钩,如图 10-36 所示。

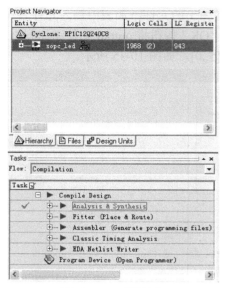

图 10-36　工程综合

12. 引脚约束

选择"Assignments"→"Assignment Editor"命令,弹出如图 10-37 所示引脚锁定编辑窗口。在"Category"列表中选择"Locations",双击"<<new>>"标识符,在弹出列表中选择"Node Finder"选项,弹出"Node Finder"对话框,如图 10-38 所示,在"Filter"列表中,选择"Pins:all",单击"List"按钮,左栏窗口中显示出该工程对应的端口信号名,双击需要锁定引脚的端口信号,则在右栏列表中显示出被选中的需要锁定引脚的端口信号。在对应信号左侧 Location 栏中输入需要锁定的引脚信息,如 clk 对应的引脚为 PIN_29,输入后的引脚锁定信息如图 10-39 所示。选择"File"→"Save"命令,保存引脚约束文件。

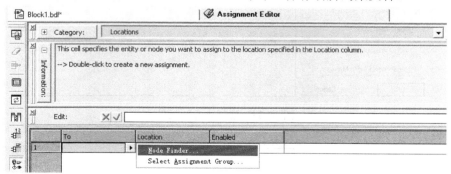

图 10-37　引脚锁定编辑窗口

13. 编译工程

双击"Compile Design"图标编译该工程,编译成功后各选项对应的状态如图 10-40 所示。

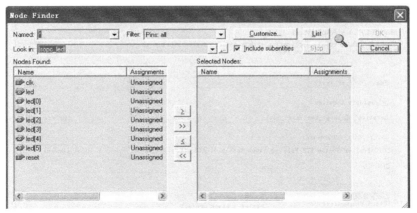

图 10-38 "Node Finder" 对话框

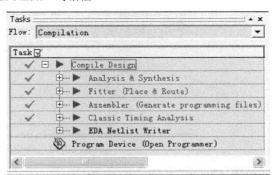

图 10-39 引脚锁定信息　　图 10-40 编译成功后各选项对应的状态

14. 建立软件工程

打开 Nios II 9.0 IDE 软件，选择 "File" → "New" → "Project" 命令新建软件工程，如图 10-41 所示。单击 "Next" 按钮，显示新建软件工程设置窗口，软件工程名 Name 定义为 nios_test，存放目录为 E:\sopc_test\nios_test，目标硬件文件为 E:\sopc_test\nios_led.ptf，选择工程模块 Select Project Template 为 Blank Project，如图 10-42 所示。

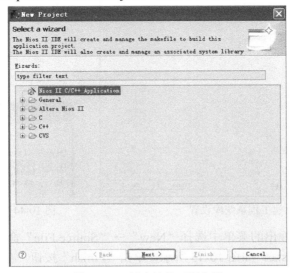

图 10-41 新建软件工程向导

· 231 ·

图 10-42　新建软件工程设置窗口

单击"Next"按钮，选择"Create a new system library named"选项，如图 10-43 所示，单击"Finish"按钮，则在工程管理区显示出新建的软件工程 nios_test，如图 10-44 所示。

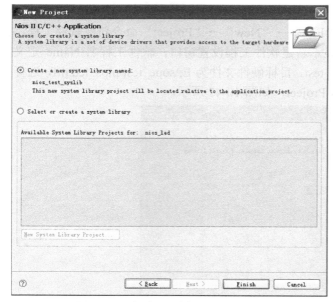

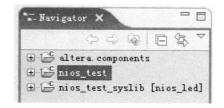

图 10-43　新建工程系统库设置　　　　　图 10-44　建立 nios_test 工程

右击 nios_test，在弹出的菜单中选择"New"→"Source File"命令，在新建源文件窗口中输入源文件名 nios_test.c，如图 10-45 所示，单击"Finish"按钮。在 nios_test.c 文件中输入源程序代码，如图 10-46 所示。

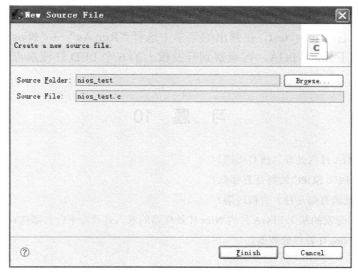

图 10-45　新建源文件设置图

在项目管理区右击 nios_test，在弹出的菜单中选择"Build Project"选项编译软件工程，如图 10-47 所示，编译成功后的界面如图 10-48 所示。

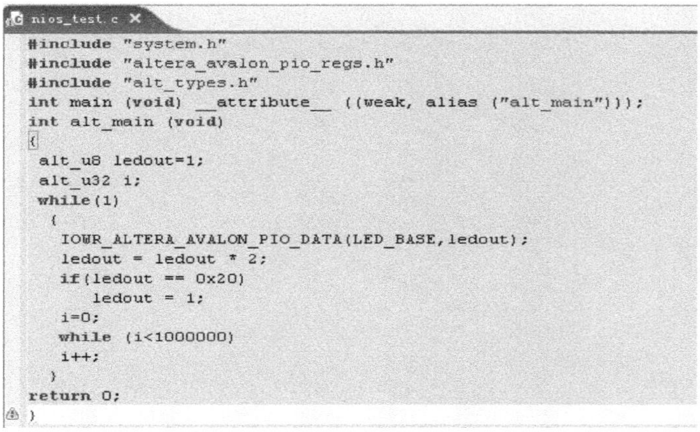

图 10-46　源程序输入　　　　　　　　　　图 10-47　软件工程编译选项

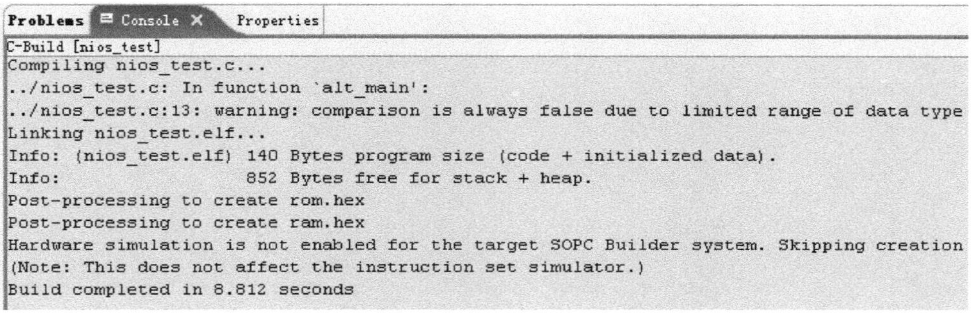

图 10-48　软件工程编译成功界面

· 233 ·

15. 下载测试

在项目管理区右击 nios_test，在弹出的菜单中选择"Run As"→"Nios II Hardwre"命令，将编译生成的代码下载到 FPGA，可观察到开发板上的 6 个 LED 灯流水点亮，实现了项目预先定义的功能。

习 题 10

10-1 常用的 FPGA 片内处理器核有哪些？
10-2 什么是 SOPC？SOPC 的特征有哪些？
10-3 Nios II 处理器有哪几种？有何区别？
10-4 Altera 公司开发的基于 FPGA 片内 Nios II 处理器的嵌入式开发平台有哪些？
10-5 如何配置 Nios II 软核处理器？

第 11 章 EDA 技术实验

11.1 原理图输入方式

11.1.1 实验一 1 位全加器

1. 实验目的

（1）熟悉 Quartus II 的原理图设计流程的全过程。
（2）学习简单组合电路的设计方法、输入步骤。
（3）学习原理图层次化设计步骤。
（4）学习 EDA 设计的仿真和硬件测试方法。

2. 实验原理

半加器原理图如图 11-1 所示，用两个半加器及一个或门可以连接实现 1 位全加器，如图 11-2 所示。

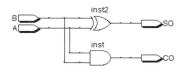

图 11-1 半加器原理图

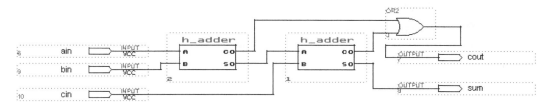

图 11-2 全加器原理图

3. 实验任务

（1）用原理图输入方法设计半加器电路，如图 11-2 所示。
（2）对半加器电路进行仿真分析、引脚锁定、硬件测试。
（3）建立顶层原理图电路，如图 11-1 所示。
（4）对全加器电路进行仿真分析、引脚锁定、编程下载、硬件测试。

4. 实验步骤

首先使用原理图输入方法进行底层半加器设计，综合分析后生成元件符号；建立上层全加器设计文件，调用半加器元件和或门符号，连线完成原理图设计。原理图输入方法参见本书 3.2 节相关设计步骤。

5. 思考题

用已设计好的全加器，实现 4 位串行加法器的设计，并给出仿真波形图及加法器的延时情况。

6. 实验报告

详细叙述全加器的设计流程；给出各层次的原理图及其对应的仿真波形图；给出加法器的延时情况；最后给出硬件测试流程和结果。

11.1.2 实验二 两位十进制计数器

1. 实验目的

（1）熟悉 Quartus II 的原理图设计流程全过程。

（2）学习简单时序电路的设计方法。

（3）学习 EDA 设计的时序仿真和硬件测试方法。

2. 实验原理

两位十进制计数器参考原理图如图 11-3 所示，也可以采用其他器件实现。

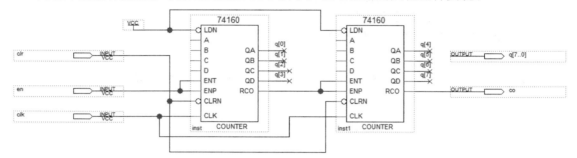

图 11-3 用 74160 设计一个有时钟使能的两位十进制计数器

3. 实验任务

（1）设计两位十进制计数器电路。

（2）在 EDA 环境中输入原理图。

（3）对计数器进行仿真分析、引脚锁定、编程下载、硬件测试。

4. 实验步骤

（1）设计电路原理图

设计含有时钟使能及进位扩展输出的两位十进制计数器，可以选用双十进制计数 74390 或者十进制计数器 74160 和其他一些辅助元件来完成。

（2）输入编辑计数器电路

按照 3.2 节的步骤，找到 74 系列的元件。这些器件的详细功能及其逻辑真值表可以通过查阅"Help"选项来获得。

在原理图绘制过程中，应特别注意图形设计规则中信号标号和总线的表达方式：若将一根细线变成以粗线显示的总线，可以单击使其变成红色，再选"Option"选项中的"Line Style"；若在某线上加信号标号，也应该在该线某处单击使其变成红色，然后输入标号名称，标有相同标号的线段可视作连接线段，不必直接连接。总线可以以标号方式进行连接。例如，一根 8 位的总线 bus1[7..0]欲与另 3 根分别为 1、3、4 位的连线相接，它们的标号可分别表示为 bus1[0]，bus1[3..1]，bus1[7..4]。

（3）波形仿真

按照 3.2 节步骤介绍的仿真流程进行仿真测试。

（4）编程、测试

进行引脚锁定、编程下载和硬件测试。

5. 思考题

用已设计好的计数器，实现 4 位十进制加法计数器的设计，并给出仿真波形图及计数器的延时情况。

6. 实验报告

详细叙述计数器的设计流程；给出原理图及其对应的仿真波形图；给出计数器的延时情况；最后给出硬件测试流程和结果。

11.2 VHDL 文本输入方式

11.2.1 实验三　显示译码器

1. 实验目的

（1）学习 7 段数码显示译码器设计。
（2）学习进程 PROCESS 和 CASE 语句的设计方法。
（3）熟悉 VHDL 文本输入设计的流程。
（4）学习 ModelSim 仿真测试文件编写及功能时序仿真操作流程。

2. 实验原理

（1）设计共阴极数码管的七段显示译码电路，VHDL 参考程序如下：

```
LIBRARY IEEE;
USE IEEE.STD_LOGIC_1164.ALL;
  ENTITY  yima7  IS
    PORT ( A    : IN  STD_LOGIC_VECTOR(3 DOWNTO 0);
           LED7S : OUT STD_LOGIC_VECTOR(6 DOWNTO 0));
  END yima7;
ARCHITECTURE art OF yima7 IS
BEGIN
   PROCESS( A )
   BEGIN
      CASE  A  IS
         WHEN "0000" =>  LED7S <= "0111111" ;
         WHEN "0001" =>  LED7S <= "0000110" ;
         WHEN "0010" =>  LED7S <= "1011011" ;
         WHEN "0011" =>  LED7S <= "1001111" ;
         WHEN "0100" =>  LED7S <= "1100110" ;
         WHEN "0101" =>  LED7S <= "1101101" ;
         WHEN "0110" =>  LED7S <= "1111101" ;
         WHEN "0111" =>  LED7S <= "0000111" ;
         WHEN "1000" =>  LED7S <= "1111111" ;
         WHEN "1001" =>  LED7S <= "1101111" ;
         WHEN "1010" =>  LED7S <= "1110111" ;
         WHEN "1011" =>  LED7S <= "1111100" ;
         WHEN "1100" =>  LED7S <= "0111001" ;
```

```
                WHEN "1101" =>   LED7S <= "1011110" ;
                WHEN "1110" =>   LED7S <= "1111001" ;
                WHEN "1111" =>   LED7S <= "1110001" ;
                WHEN OTHERS =>   NULL;
            END CASE;
        END PROCESS;
    END;
```

(2) 仿真波形输入激励参考程序：
```
    library ieee;
    use ieee.std_logic_1164.all;
    entity yima7_tb is
    end shuma_tb;
    architecture rtl of shuma_tb is
      component shuma
      port(
          a    :in std_logic_vector( 3 downto 0);
          Led7s :out std_logic_vector( 6 downto 0)
          );
      end component;
      signal a    :std_logic_vector( 3 downto 0):="0000";
      signal Led7s :std_logic_vector( 6 downto 0):="0000000";
    begin
    U1:shuma port map (a=>a,Led7s=>Led7s);
    a0_gen:process
    begin
      a(0)<='0';
     wait for 100ns;
      a(0)<='1';
     wait for 100ns;
      a(0)<='0';
     wait for 100ns;
      a(0)<='1';
     wait for 100ns;
     a(0)<='0';
     wait for 100ns;
      a(0)<='1';
     wait for 100ns;
      a(0)<='0';
     wait for 100ns;
      a(0)<='1';
     wait for 100ns;
      a(0)<='0';
     wait for 100ns;
      a(0)<='1';
     wait for 100ns;
      a(0)<='0';
     wait for 100ns;
```

```vhdl
  a(0)<='1';
  wait for 100ns;
   a(0)<='0';
  wait for 100ns;
   a(0)<='1';
  wait for 100ns;
   a(0)<='0';
  wait for 100ns;
   a(0)<='1';
  wait for 100ns;
  a(0)<='0';
  wait;
end process;

a1_gen:process
begin
  a(1)<='0';
  wait for 200ns;
   a(1)<='1';
  wait for 200ns;
   a(1)<='0';
  wait for 200ns;
   a(1)<='1';
  wait for 200ns;
  a(1)<='0';
  wait for 200ns;
   a(1)<='1';
  wait for 200ns;
   a(1)<='0';
  wait for 200ns;
   a(1)<='1';
  wait for 200ns;
   a(1)<='0';
  wait;
end process;

a2_gen:process
begin
  a(2)<='0';
  wait for 400ns;
   a(2)<='1';
  wait for 400ns;
   a(2)<='0';
  wait for 400ns;
   a(2)<='1';
  wait for 400ns;
  a(2)<='0';
  wait;
```

```
    end process;

    a3_gen:process
    begin
      a(3)<='0';
      wait for 800ns;
      a(3)<='1';
      wait for 800ns;
      a(3)<='0';
      wait;
    end process;
    end rtl;
```

3. 实验任务

（1）完成显示译码器的 VHDL 描述。

（2）在 Quartus Ⅱ 上对显示译码器进行编辑、编译、综合、适配、仿真，给出其所有信号的时序仿真波形，根据选用的 Quartus Ⅱ 版本，选择波形文件直接仿真，或者编写测试文件，调用 ModelSim 进行仿真。

（3）进行引脚锁定及硬件下载测试。

4. 思考题

讨论语句 WHEN OTHERS=>NULL 的作用。对于不同的 VHDL 综合器，此句是否具有相同含义和功能？

5. 实验报告

根据以上的实验内容写出实验报告，包括程序设计、源文件编译、仿真分析、硬件测试的详细实验过程；给出设计源程序、程序分析报告、仿真波形图及延时分析报告。

11.2.2　实验四　8位加法器

1. 实验目的

（1）学习加法器的 VHDL 描述方法，了解运算符重载应用。

（2）熟悉 EDA 的延迟仿真分析技术。

（3）熟悉 EDA 硬件测试技术。

2. 实验原理

8 位加法器的参考程序如下：

```
LIBRARY IEEE;
USE IEEE.STD_LOGIC_1164.ALL;
USE IEEE.STD_LOGIC_UNSIGNED.ALL;
ENTITY ADDER8 IS
   PORT ( CIN : IN STD_LOGIC;
        A, B : IN STD_LOGIC_VECTOR(7 DOWNTO 0);
           S : OUT STD_LOGIC_VECTOR(7 DOWNTO 0);
        COUT : OUT STD_LOGIC  );
END ADDER8;
ARCHITECTURE behav OF ADDER8 IS
   SIGNAL SINT : STD_LOGIC_VECTOR(8 DOWNTO 0);
BEGIN
```

```
        SINT <= ('0'& A) + B + CIN;
        S <= SINT(7 DOWNTO 0);
        COUT <= SINT(8);
    END behav;
```

3．实验任务

（1）编写加法器 VHDL 描述程序。

（2）在 Quartus II 上对 8 位加法器进行编辑、编译、综合、适配、仿真，给出时序仿真波形，测试加法器的延时。

（3）引脚锁定后编程下载，在实验板上验证其功能。

4．思考题

（1）在上述程序中能否不定义信号 SINT，直接把输出 S 定义为 9 位，使用一个加法赋值语句完成加法，即 S <= A+B？

（2）上述程序中的第三句是什么含义？能否省略？

5．实验报告

将实验项目原理、设计过程、编译仿真波形和分析结果，以及它们的硬件测试实验结果写进实验报告。

11.2.3　实验五　3 线-8 线译码器

1．实验目的

（1）设计并实现一个 3 线-8 线译码器。

（2）学习顺序语句 CASE 的描述方法。

（3）熟悉 EDA 的延迟仿真分析技术。

（4）熟悉 EDA 硬件测试技术。

2．实验原理

译码器原理图及 VHDL 程序参见例 7-8。

3．实验任务

（1）编写 3 线-8 线译码器的 VHDL 描述程序。

（2）在 Quartus II 上对译码器进行编辑、编译、综合、适配、仿真，给出功能和时序仿真波形。

（3）将输入引脚连接到拨码开关，输出连接到发光二极管，下载后在实验板上验证其功能，记录实验结果。

4．思考题

（1）参考程序中 CASE 语句的 OTHERS 子句含义是什么？能否去掉？为什么？

（2）编写 4 线-16 线译码器 VHDL 描述程序。

5．实验报告

将实验项目原理、设计过程、编译仿真波形和分析结果，以及它们的硬件测试实验结果写进实验报告。

11.2.4 实验六 十进制加法计数器

1. 实验目的

（1）学习时序电路的 VHDL 描述方法。

（2）掌握时序进程中同步、异步控制信号的设计方法。

（3）学习 ModelSim 仿真测试文件编写及功能时序仿真操作流程。

2. 实验原理

（1）设计一个含同步计数使能、异步复位功能的十进制加法计数器。VHDL 参考程序如下：

```
library ieee;
use ieee.std_logic_1164.all;
use ieee.std_logic_arith.all;
use ieee.std_logic_unsigned.all;
entity cnt10 is
port
  (clr,en,clk :in std_logic;
   q :out  std_logic_vector(3 downto 0)
  );
end entity;
architecture behave of cnt10 is
signal tmp  :std_logic_vector(3 downto 0);
begin
  process(clr,clk)
  begin
    if clr='0' then
      tmp<="0000";
    elsif(clk'event and clk='1') then
      if(en='1') then
        if tmp=9then
          tmp<="0000";
        else
          tmp<=tmp+1;
        end if;
      end if;
    end if;
    q<=tmp;
  end process;
end behave;
```

（2）仿真波形输入激励参考程序：

```
library ieee;
use ieee.std_logic_1164.all;
entity cnt10_tb is
end cnt10_tb;
architecture rtl of cnt10_tb is
  component cnt10
    port(
```

```
            clr,en,clk :in std_logic;
            q  :out  std_logic_vector(3 downto 0)
            );
        end component;
        signal clr  :std_logic:='0';
        signal en   :std_logic:='0';
        signal clk  :std_logic:='0';
        signal q    :std_logic_vector(3 downto 0);
        constant clk_period :time :=40 ns;
        begin
          instant:cnt10 port map(clk=>clk,en=>en,clr=>clr,q=>q);
        clk_gen:process
        begin
          wait for clk_period/2;
          clk<='1';
          wait for clk_period/2;
          clk<='0';
        end process;
        clr_gen:process
        begin
          clr<='0';
          wait for 100 ns;
          clr<='1';
          wait;
        end process;
        en_gen:process
        begin
          en<='0';
          wait for 100ns;
          en<='1';
            wait for 100ns;
          en<='0';
            wait for 50ns;
          en<='1';
          wait;
        end process;
     end rtl;
```

3. 实验任务

（1）编写十进制加法计数器的 VHDL 程序。

（2）编写仿真测试文件。

（3）在 QuartusⅡ中调用 ModelSim 对计数器进行功能和时序仿真。

（4）将输入引脚连接到拨码开关，时钟输入锁定到按钮，输出连接到发光二极管，下载后在实验板上验证其功能，记录实验结果。

4. 思考题

（1）在上述程序中是否可以不定义信号 tmp，而直接用输出端口信号完成加法运算，即：q<=q+1？

（2）为计数器增加进位输出 cout 信号描述。

五、实验报告

将实验项目原理、设计过程、编译仿真波形和分析结果，以及它们的硬件测试实验结果写进实验报告。

11.2.5　实验七　4 位十进制计数显示器

1. 实验目的

（1）学习时序电路中多进程的 VHDL 描述方法。
（2）掌握层次化的设计方法。
（3）熟悉 EDA 的仿真分析和硬件测试技术。

2. 实验原理

4 位十进制计数显示器的设计分三步完成。先设计 4 位十进制计数电路，再设计显示译码电路，最后建立一个顶层文件将前两者连接起来。

（1）4 位十进制计数器的 4 位可以分 4 个进程描述，含有同步清零信号 reset 和计数使能控制信号 cin，参考程序如下：

```vhdl
library ieee;
use ieee.std_logic_1164.all;
use ieee.std_logic_unsigned.all;
entity cou4 is
port(
    clk,reset,cin       : in std_logic;
    co                  : out std_logic;
    bcdap               : out std_logic_vector(3 downto 0);
    bcdbp               : out std_logic_vector(3 downto 0);
    bcdcp               : out std_logic_vector(3 downto 0);
    bcddp               : out std_logic_vector(3 downto 0)
    );
end cou4;
architecture behave of cou4 is
signal bcdan: std_logic_vector(3 downto 0);
signal bcdbn: std_logic_vector(3 downto 0);
signal bcdcn: std_logic_vector(3 downto 0);
signal bcddn: std_logic_vector(3 downto 0);
begin
  bcdap<=bcdan;
  bcdbp<=bcdbn;
  bcdcp<=bcdcn;
  bcddp<=bcddn;
 kk1:  process(clk)
    begin
      if(clk'event and clk='1') then
        if (reset='0') then
            bcdan<="0000";
          elsif (cin='1') then
            if(bcdan="1001" ) then
```

```vhdl
            bcdan<="0000";
         else
            bcdan<=bcdan+'1';
         end if;
      end if;
    end if;
 end process kk1;
kk2: process(clk)
  begin
    if(clk'event and clk='1') then
      if (reset='0') then
         bcdbn<="0000";
      elsif(cin='1') and (bcdan="1001") then
         if(bcdbn="1001") then
            bcdbn<="0000";
         else
            bcdbn<=bcdbn+'1';
         end if;
       end if;
     end if;
 end process kk2;
kk3: process(clk)
  begin
    if(clk'event and clk='1') then
      if (reset='0') then
         bcdcn<="0000";
      elsif(cin='1') and (bcdbn="1001") and (bcdan="1001") then
         if(bcdcn="1001") then
            bcdcn<="0000";
         else
            bcdcn<=bcdcn+'1';
         end if;
      end if;
    end if;
 end process kk3;
kk4: process(clk)
  begin
    if(clk'event and clk='1') then
      if (reset='0') then
         bcddn<="0000";
      elsif(cin='1') and (bcdcn="1001") and (bcdbn="1001") and (bcdan=
           "1001") then
         if(bcddn="1001") then
            bcddn<="0000";
         else
            bcddn<=bcddn+'1';
         end if;
      end if;
```

```
        end if;
     end process kk4;
end behave;
```

(2) 7 段译码器的 VHDL 设计参见本书 11.2.1 节。

(3) 使用元件例化语句,将 4 位十进制计数器和七段译码器连接生成显示器的顶层设计文件,参考程序如下:

```
LIBRARY ieee;
USE ieee.std_logic_1164.all;
ENTITY cou47seg IS
 PORT (clk, reset,ena        : IN  std_LOGIC;
          seg1               : out std_logic_vector(6 downto 0);
          seg2               : out std_logic_vector(6 downto 0);
          seg3               : out std_logic_vector(6 downto 0);
          seg4               : out std_logic_vector(6 downto 0));
END cou47seg;
ARCHITECTURE x47 OF cou47seg IS
component yima7
  PORT ( A     : IN  STD_LOGIC_VECTOR(3 DOWNTO 0);
         LED7S : OUT STD_LOGIC_VECTOR(6 DOWNTO 0));
end component;
component cou4
port(
    clk,reset,cin            : in std_logic;
    bcdap                    : out std_logic_vector(3 downto 0);
    bcdbp                    : out std_logic_vector(3 downto 0);
    bcdcp                    : out std_logic_vector(3 downto 0);
    bcddp                    : out std_logic_vector(3 downto 0)
    );
end component;
signal  a,b,c,d              : std_logic_vector(3 downto 0);
begin
  u0:cou4 port map(clk,reset,ena,a,b,c,d);
  u1:yima7 port map(a,seg1);
  u2:yima7 port map(b,seg2);
  u3:yima7 port map(c,seg3);
  u4:yima7 port map(d,seg4);
end x47;
```

3. 实验任务

(1) 对 4 位十进制计数器进行编辑、编译、仿真,给出时序仿真波形。

(2) 对 7 段译码电路进行编辑、编译、仿真,给出仿真波形。

(3) 对 4 位十进制计数译码电路进行编辑、编译、仿真,给出时序仿真波形。

(4) 进行引脚锁定及硬件下载测试,记录实验结果。

(5) 用 RTL Viewer 查看系统内部结构图。

4. 思考题

(1) 4 位十进制计数器能否用一个进程实现?如何描述?

（2）上述计数器参考程序的 4 位是同步连接的，如何描述异步连接的多位十进制计数器？

5. 实验报告

将实验项目原理、设计过程、编译仿真波形和分析结果，以及它们的硬件测试实验结果写入实验报告。

11.2.6 实验八　用状态机实现序列检测器

1. 实验目的

（1）学习时序状态机的 VHDL 描述方法。
（2）学习序列检测器的设计方法。
（3）熟悉 EDA 的仿真分析和硬件测试技术。

2. 实验原理

序列检测器可用于检测一组或多组由二进制码组成的脉冲序列信号，当序列检测器连续收到的一组串行二进制码，与检测器中预先设置的码相同，则输出 1，否则输出 0。

实验要求设计"01111110"的序列检测器，DATAIN 为串行输入信号、CLK 为时钟信号、Q 为检测结果输出。

程序参考例 7-27。

3. 实验任务

（1）确定状态转移图，并用适当方法定义状态信号。
（2）用 VHDL 描述序列检测器。
（3）对序列检测器进行编辑、编译、仿真，给出仿真波形。
（4）进行引脚锁定及硬件下载测试，记录实验结果。
（5）用 State Machine Viewer 查看设计的状态转移图。

4. 思考题

（1）状态机的状态还可以用什么方法描述？
（2）如果想设计一个可改变确定序列的序列检测器，上述程序怎么修改？
（3）上述参考程序采用单进程描述方法，有何优缺点？使用双进程方法描述检测器。

5. 实验报告

根据以上的实验内容写出实验报告，包括设计原理、程序设计、程序分析、仿真分析、硬件测试等详细实验过程。

第12章 综合设计

12.1 移位相加8位硬件乘法器

12.1.1 设计要求

设计一个乘法器,要求:
(1)乘数和被乘数均为8位二进制数,输出16位乘法结果。
(2)采用移位相加原理,设计时序式乘法器。
(3)设置开始控制和结束指示。

12.1.2 设计原理

由加法器构成的时序逻辑方式工作的乘法器原理:乘法通过逐项移位相加原理来实现,从被乘数的最低位开始,若为1,则乘数左移后与上一次的和相加;若为0,左移后以全零相加,直至被乘数的最高位。原理图如图12-1所示。

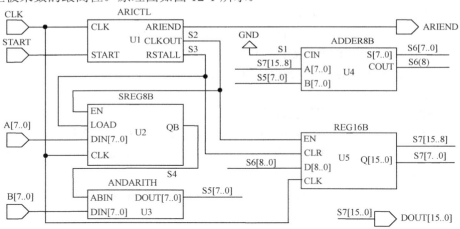

图12-1 8×8移位相加乘法器电路原理图

图12-1中,ARICTL是乘法运算控制模块,START信号为高电平时,在CLK的上升沿完成16位寄存器清零和被乘数A[7..0]向移位寄存器SREG8B的加载;START信号为低电平时,乘法运算开始。

CLK为乘法时钟信号,当被乘数加载于8位右移寄存器SREG8B后,在时钟同步下由低位至高位逐位移出。当数据为1时,与门ANDARITH打开,8位乘数B[7..0]在同一节拍进入8位加法器,与上一节拍锁存在16位锁存器REG16B中的高8位进行相加,其和在下一时钟节拍的上升沿被锁进此锁存器;而当被乘数的移出位为0时,与门全零输出。如此往复,直至8个时钟脉冲后,乘法运算过程中止,此时REG16B的输出值即为最后乘积。

12.1.3 部分参考程序

乘法器模块中部分模块描述参考如下。

1. 选通与门模块 ANDARITH

```
LIBRARY IEEE;
USE IEEE.STD_LOGIC_1164.ALL;
ENTITY ANDARITH IS
    PORT ( ABIN : IN STD_LOGIC;
             DIN : IN STD_LOGIC_VECTOR(7 DOWNTO 0);
             DOUT : OUT STD_LOGIC_VECTOR(7 DOWNTO 0));
END ANDARITH;
ARCHITECTURE ART3 OF ANDARITH IS
BEGIN
    PROCESS(ABIN, DIN)
    BEGIN
        FOR I IN 0 TO 7 LOOP
            DOUT(I) <= DIN(I) AND ABIN;
        END LOOP;
    END PROCESS;
END ART3;
```

2. 16位锁存器 REG16B

```
LIBRARY IEEE;
USE IEEE.STD_LOGIC_1164.ALL;
ENTITY REG16B IS
    PORT ( CLK,CLR,EN : IN STD_LOGIC;
           D : IN STD_LOGIC_VECTOR(8 DOWNTO 0);
           Q : OUT STD_LOGIC_VECTOR(15 DOWNTO 0));
END REG16B;
ARCHITECTURE ART4 OF REG16B IS
    SIGNAL R16S : STD_LOGIC_VECTOR(15 DOWNTO 0);
BEGIN
    PROCESS(CLK, CLR)
    BEGIN
      IF CLR = '1' THEN R16S <= (OTHERS =>'0');       -- 异步清零
        ELSIF CLK'EVENT AND CLK = '1' THEN            -- 锁存输入值
         IF EN='1' THEN
R16S(6 DOWNTO 0)  <= R16S(7 DOWNTO 1);               -- 右移低8位
         R16S(15 DOWNTO 7) <= D;
    END IF;                                           -- 将输入锁到高8位
        END IF;
    END PROCESS;
    Q <= R16S;
END ART4;
```

3. 运算控制器 ARICTL

```
LIBRARY IEEE;
USE IEEE.STD_LOGIC_1164.ALL;
USE IEEE.STD_LOGIC_UNSIGNED.ALL;
```

```vhdl
ENTITY ARICTL IS                                           --乘法运算控制器
 PORT ( CLK: IN STD_LOGIC;      START: IN  STD_LOGIC;
        CLKOUT: OUT STD_LOGIC; RSTALL: OUT STD_LOGIC;
        ARIEND: OUT STD_LOGIC);
END ENTITY ARICTL;
ARCHITECTURE ART5 OF ARICTL IS
SIGNAL CNT4B: STD_LOGIC_VECTOR(3 DOWNTO 0);
BEGIN
  RSTALL<=START;
  PROCESS (CLK, START) IS
  BEGIN
    IF START = '1' THEN CNT4B<= "0000";                    --高电平计数器清零
ELSIF CLK'EVENT AND CLK = '1' THEN
      IF CNT4B<8 THEN                     --运算次数计数,等于 8 表明乘法运算结束
        CNT4B=CNT4B+1;
      END IF;
    END IF;
END PROCESS;
PROCESS (CLK, CNT4B, START) IS
BEGIN
   IF START = '0' THEN
     IF CNT4B<8 THEN                                        --乘法运算正在进行
       CLKOUT <='1';    ARIEND<= '0';
     ELSE CLKOUT <= '0';   ARIEND<= '1';                    --运算已经结束
     END IF;
   ELSE CLKOUT <='1';    ARIEND<= '0';
   END IF;
END PROCESS;
END ARCHITECTURE ART5;
```

12.1.4　设计步骤

（1）了解移位相加乘法器原理，画出结构框图。
（2）完成各个模块的输入、编译、综合及仿真分析。
（3）完成顶层原理图设计输入、综合及仿真分析。
（4）输入锁定到拨码开关，输出锁定到发光二极管，全局综合后下载，在实验系统上硬件验证其功能，并记录运算结果。

12.1.5　设计报告

根据以上的任务要求，将设计项目的设计原理、设计描述、设计仿真和硬件测试的详细步骤写入设计报告。

12.2 秒 表

12.2.1 设计要求

设计一个计时秒表，具体要求如下：
（1）设计一个计时范围为 0.01 秒～60 分钟的数字秒表。
（2）计时器有 6 位数码显示，分别为百分之一秒、十分之一秒、秒、十秒、分、十分。
（3）设置一个控制信号，循环控制计时器的清零、启动、停止功能。
（4）计时到 60 分钟后，蜂鸣器鸣响 10 声。

12.2.2 设计原理

根据秒表的计时要求，秒表结构如图 12-2 所示，由以下几部分组成：
（1）主控模块 KEY，实现单个按钮循环控制清零、启动及停止功能。
（2）4 个十进制计数器，分别对应百分之一秒、十分之一秒、秒和分位。
（3）两个六进制计数器，分别对十秒和十分位。
（4）分频器，产生 100Hz 计时脉冲。
（5）显示译码器，完成 BCD 码到 7 段码的译码。
（6）蜂鸣信号产生模块。

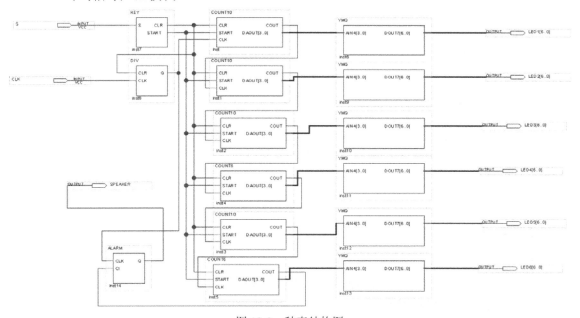

图 12-2 秒表结构图

控制输入信号 S 连接按钮，产生归零信号 RESET 和启动信号 START；CLK 代表计数时钟信号，同实验板上 50MHz 时钟源相连；蜂鸣器鸣响信号 SPEAKER 接蜂鸣器的输入；LED1[0..7]~LED6[0..7]接实验板上 6 个数码管七段码输入口。

12.2.3 部分参考程序

1. 主控模块 KEY

```
LIBRARY IEEE;
USE IEEE.STD_LOGIC_1164.ALL;
USE IEEE.STD_LOGIC_UNSIGNED.ALL;
ENTITY KEY IS
  PORT(S: IN STD_LOGIC;
       CLR,START: OUT STD_LOGIC );
END;
ARCHITECTURE ART OF KEY IS
  SIGNAL Q1:  STD_LOGIC_VECTOR(1 DOWNTO 0):="00";
 BEGIN
  PROCESS(S) IS
   BEGIN
    IF S'EVENT AND S='1' THEN
       IF Q1="10" THEN
          Q1<="00";
            ELSE
               Q1<=Q1+1;
        END IF;
      END IF;

   END PROCESS;
   PROCESS(Q1) IS
    BEGIN
     CASE Q1 IS
       WHEN "00" => CLR<='1';START<='0';
       WHEN "01" => CLR<='0';START<='1';
       WHEN "10" => CLR<='0';START<='0';
       WHEN OTHERS => CLR<='1';START<='0';
      END CASE;
    END PROCESS;
  END ARCHITECTURE ART;
```

12.2.4 设计步骤

（1）分析秒表功能及原理，画出结构框图。
（2）完成各个模块的输入、编译、综合及仿真分析。
（3）完成顶层原理图设计输入、综合及仿真分析。
（4）输入锁定到按钮、拨码开关，输出锁定到发光二极管、数码管，全局综合后下载，在实验系统上硬件验证其功能，分析设计结果。

12.2.5 设计报告

根据以上的任务要求，将设计项目的设计原理、设计描述、设计仿真和硬件测试的详细步骤写入设计报告。

12.3 抢答器

12.3.1 设计要求

设计一个抢答器，具体要求如下：

（1）抢答器可容纳 4 组参赛者，分别用 4 个按钮 S0～S3 模拟。

（2）设置一个系统"开始复位"开关 S，该开关由主持人控制（当主持人按下该开关后，以前的状态复位并且开始计时抢答）。

（3）抢答器具有锁存与显示功能。即选手按动按钮，锁存相应的编号，并在 LED 数码管上显示，同时扬声器发出报警声响提示。选手抢答实行优先锁存，优先抢答选手的编号一直保持到主持人将系统清除为止。

（4）抢答器具有定时抢答功能，且一次抢答的时间为 0～30s。当主持人启动"开始复位"键后，定时器进行减计时。

（5）如果定时时间已到，无人抢答，本次抢答无效，系统报警并禁止抢答，定时显示器上显示 00。

12.3.2 设计原理

根据系统设计要求可知，系统的输入信号有：4 组抢答开关 S[3..0]、系统清零信号 CLEAR，时钟信号 CLK。系统的输出信号有：4 个组抢答成功与否的指示灯输出 LED[3..0]，两位倒计时数码显示信号 JSXSH、JSXSL，抢答成功组别显示信号 ZBXS，报警信号 BJXS。

主持人拨动 CLEAR 系统复位，所有输出端都自动清零，计时器置入有效抢答时间；主持人按下 CLEAR，抢答开始，计时器开始倒计时，在有效时间内有人抢答，STOP 输出高电平，倒计时停止，并且对应的 LED 指示灯点亮，STATES 锁存输出到译码显示模块，显示抢答人的组号，并锁定输入端 S 以阻止系统响应其他抢答者的信号。当有效时间到了之后还没有人抢答，则计时模块发出报警信号 WARN，同时反馈到抢答鉴别锁存模块，禁止选手再抢答。抢答器的系统框图如图 12-3 所示，主要由抢答鉴别锁存 LOCK 模块、计时模块 COUNT、译码模块 YMQ 和报警器模块 ALARM 组成。

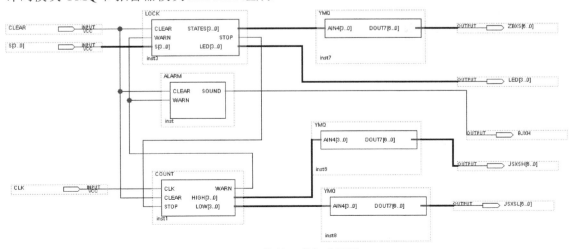

图 12-3 抢答器的组成框图

12.3.3 部分参考程序

1. 抢答鉴别锁存模块 LOCK

```
LIBRARY IEEE;
USE IEEE.STD_LOGIC_1164.ALL;
ENTITY LOCK IS
  PORT( CLEAR:IN STD_LOGIC;
          WARN:IN STD_LOGIC;
            S:IN STD_LOGIC_VECTOR(3 DOWNTO 0);
          STATES:OUT STD_LOGIC_VECTOR(3 DOWNTO 0);
            STOP:OUT STD_LOGIC;
           LED:OUT STD_LOGIC_VECTOR(3 DOWNTO 0));
END LOCK;
ARCHITECTURE ONE OF LOCK IS
SIGNAL G:STD_LOGIC_VECTOR(3 DOWNTO 0);
SIGNAL STOP1: STD_LOGIC;
BEGIN
  PROCESS(CLEAR,S,WARN)
    BEGIN
     IF CLEAR='1' THEN G<="0000";LED<="0000";
       ELSIF (WARN='0' AND STOP1='0') THEN
         G<=S;
     END IF;
      STOP1<=G(0) OR G(1) OR G(2) OR G(3);
         LED<=G;
CASE G IS
 WHEN "0001"=>STATES<="0001";
 WHEN "0010"=>STATES<="0010";
 WHEN "0100"=>STATES<="0011";
 WHEN "1000"=>STATES<="0100";
 WHEN OTHERS=>STATES<="0000";
END CASE;
END PROCESS;
STOP<=STOP1;
END ARCHITECTURE ONE;
```

2. 计时器模块 COUNT

```
LIBRARY IEEE;
USE IEEE.STD_LOGIC_1164.ALL;
USE IEEE.STD_LOGIC_UNSIGNED.ALL;
ENTITY COUNT IS
  PORT(CLK,CLEAR,STOP:IN STD_LOGIC;
       WARN:OUT STD_LOGIC;
        HIGH,LOW:OUT STD_LOGIC_VECTOR(3 DOWNTO 0));
END COUNT;
ARCHITECTURE THREE OF COUNT IS
   SIGNAL TMPA: STD_LOGIC_VECTOR(3 DOWNTO 0);
   SIGNAL TMPB: STD_LOGIC_VECTOR(3 DOWNTO 0);
    BEGIN
 PROCESS(CLEAR,CLK) IS
   BEGIN
```

```vhdl
        IF CLEAR='1' THEN TMPA<="0000"; TMPB<="0011"; WARN<='0';
      ELSIF CLK'EVENT AND CLK='1' THEN
         IF STOP='0' THEN
            IF TMPA="0000" THEN
              IF TMPB="0000" THEN
                   TMPB<="0000";TMPA<="0000";WARN<='1';
                ELSE
                   TMPB<=TMPB-1;
                   TMPA<="1001";
                END IF;
            ELSE
  TMPA<=TMPA-1;
            END IF;
         ELSE
  WARN<='1';
         END IF;
      END IF;
 END PROCESS;
 LOW<=TMPA;  HIGH<=TMPB;
END ARCHITECTURE THREE;
```

3. 报警模块 ALARM

```vhdl
LIBRARY IEEE;
USE IEEE.STD_LOGIC_1164.ALL;
ENTITY ALARM IS
  PORT(CLEAR,WARN:IN STD_LOGIC;
            SOUND:OUT STD_LOGIC);
END;
ARCHITECTURE FOUR OF ALARM IS
BEGIN
     PROCESS(WARN,CLEAR)
      BEGIN
       IF CLEAR='1' THEN SOUND<='0';
       ELSIF WARN='1' THEN
          SOUND<='1';
          ELSE SOUND<='0';
       END IF;
END PROCESS;
END;


LIBRARY IEEE;
USE IEEE.STD_LOGIC_1164.ALL;
ENTITY LOCK IS
  PORT( CLEAR,CLK:IN STD_LOGIC;
            WARN:IN STD_LOGIC;
              S:IN STD_LOGIC_VECTOR(3 DOWNTO 0);
           STATES:OUT STD_LOGIC_VECTOR(3 DOWNTO 0);
            STOP:OUT STD_LOGIC;
             LED:OUT STD_LOGIC_VECTOR(3 DOWNTO 0));
END LOCK;
ARCHITECTURE ONE OF LOCK IS
```

```
SIGNAL G:STD_LOGIC_VECTOR(3 DOWNTO 0);
SIGNAL STOP1: STD_LOGIC;
BEGIN
  STOP1<=G(0) OR G(1) OR G(2) OR G(3);
  PROCESS(CLEAR,S,WARN,CLK)
    BEGIN
     IF CLEAR='1' THEN G<="0000";LED<="0000";
        ELSIF CLK'EVENT AND CLK='1' THEN
          IF (WARN='0' AND STOP1='0') THEN
          G<=S;
          END IF;
       END IF;
       LED<=G;
CASE G IS
 WHEN "0001"=>STATES<="0001";
 WHEN "0010"=>STATES<="0010";
 WHEN "0100"=>STATES<="0011";
 WHEN "1000"=>STATES<="0100";
 WHEN OTHERS=>STATES<="0000";
END CASE;
END PROCESS;
STOP<=STOP1;
END ARCHITECTURE ONE;
```

12.3.4 设计步骤

（1）分析抢答器功能及工作原理，画出结构框图。
（2）完成各个模块的输入、编译、综合及仿真分析。
（3）完成顶层原理图设计输入、综合及仿真分析。
（4）输入锁定到按钮、拨码开关，输出锁定到发光二极管、数码管，全局综合后下载，在实验系统上硬件验证其功能，分析设计结果。

12.3.5 设计报告

根据以上的任务要求，将设计项目的设计原理、设计描述、设计仿真和硬件测试的详细步骤写入设计报告。

12.4 数 字 钟

12.4.1 设计要求

设计一个数字钟，具体要求如下：
（1）具有时、分、秒计数显示功能，以 24 小时循环计时。
（2）具有清零、校时、校分功能。
（3）具有整点蜂鸣器报时功能。

12.4.2 设计方案

根据设计要求,数字钟的结构如图 12-4 所示,包括时、分、秒计时模块 CNT24、MINUTE、CNTM60,七段译码模块 YMQ,以及报时模块 ALARM。

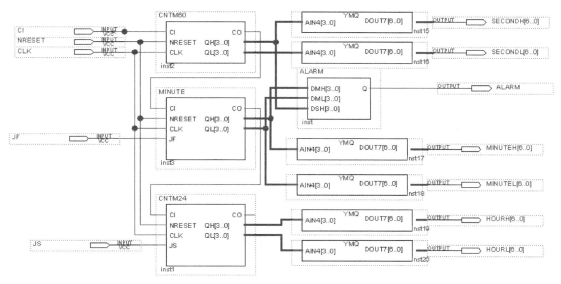

图 12-4 数字钟结构图

12.4.3 部分参考程序

1. 计分、校分模块 MINUTE

```
LIBRARY IEEE;
USE IEEE.STD_LOGIC_1164.ALL;
USE IEEE.STD_LOGIC_UNSIGNED.ALL;

ENTITY MINUTE IS
    PORT(CI,NRESET,CLK,JF:IN STD_LOGIC;
        CO:OUT STD_LOGIC;
        QH,QL:out STD_LOGIC_VECTOR(3 DOWNTO 0));
END ENTITY MINUTE;
ARCHITECTURE ART OF MINUTE IS
  SIGNAL QH1,QL1: STD_LOGIC_VECTOR(3 DOWNTO 0);
BEGIN
CO<='1'WHEN(QH1="0101" AND QL1="1001" AND CI='1')ELSE'0';
PROCESS(CLK,NRESET) IS
BEGIN
IF(NRESET='0')THEN
QH1<="0000";
QL1<="0000";
ELSIF(CLK'EVENT AND CLK='1')THEN
  IF(CI='1')OR (JF='1') THEN
    IF(QL1=9)THEN
      QL1<="0000";
```

```
           IF(QH1=5)THEN
              QH1<="0000";
           ELSE
              QH1<=QH1+1;
            END IF;
          ELSE
          QL1<=QL1+1;
         END IF;
       END IF;
     END IF;
     END PROCESS;
     QL<=QL1;QH<=QH1;
     END ARCHITECTURE ART;
```

2. 整点报时模块 ALARM

```
LIBRARY IEEE;
USE IEEE.STD_LOGIC_1164.ALL;
USE IEEE.STD_LOGIC_UNSIGNED.ALL;
ENTITY ALARM IS
  PORT(DMH,DML,DSH: IN STD_LOGIC_VECTOR(3 DOWNTO 0);
       Q: OUT STD_LOGIC );
END ;
ARCHITECTURE ART OF ALARM IS
  BEGIN
   PROCESS(DMH,DML,DSH) IS
    BEGIN
    IF DMH="0101" AND DML="1001" AND DSH="0101" THEN
     Q<='1';
      ELSE
       Q<='0';
    END IF;
   END PROCESS;
END ARCHITECTURE ART;
```

12.4.4 设计步骤

（1）分析数字钟的功能及工作原理，画出结构框图。
（2）完成各个模块的输入、编译、综合及仿真分析。
（3）完成顶层原理图设计输入、综合及仿真分析。
（4）输入锁定到按钮、拨码开关，输出锁定到发光二极管、数码管，全局综合后下载，在实验系统上硬件验证其功能，分析设计结果。

12.4.5 设计报告

根据以上的任务要求，将设计项目的设计原理、设计描述、设计仿真和硬件测试的详细步骤写入设计报告。

12.5 交通灯控制器

12.5.1 设计要求

设计一个由一条主干道和一条支干道的十字路口的交通灯控制器，具体要求如下：
(1) 主、支干道各设有一个绿、黄、红指示灯，两个显示数码管。
(2) 主干道处于常允许通行状态，而支干道有车来才允许通行。当主干道允许通行亮绿灯时，支干道亮红灯；而支干道允许通行亮绿灯时，主干道亮红灯。
(3) 当主、支道均有车时，两者交替允许通行，主干道每次放行 45s，支干道每次放行 25s，由亮绿灯变成亮红灯转换时，先亮 5s 的黄灯作为过渡，并进行减计时显示。

12.5.2 设计原理

根据设计要求，设计思路如下：
(1) 设置支干道有车开关 SB。
(2) 系统中要求有 3 种定时信号 45s、25s 和 5s，需要设计 3 种相应的计时显示电路。计时方法为倒计时。定时的起始信号由主控电路给出，定时时间结束的信号输入到主控电路。
(3) 主控制电路的输入信号一方面来自车辆检测，另一方面来自 45s、25s、5s 的定时到信号；输出有计时启动信号（置计数起始值）和红绿灯驱动信号。系统状态转移图如图 12-5 所示，用状态机描述。
(4) 综上分析，交通灯控制器由计数器模块、译码显示模块、主控制器模块这 3 大部分组成，系统结构如图 12-6 所示。

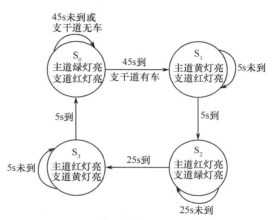

图 12-5 交通控制器的状态转移图

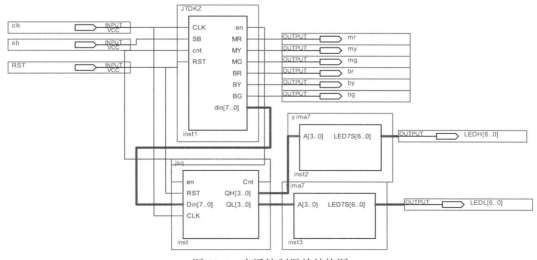

图 12-6 交通控制器的结构图

12.5.3 部分参考程序

1. 交通灯主控制器模块 JTDKZ

```vhdl
LIBRARY IEEE;
USE IEEE.STD_LOGIC_1164.ALL;
ENTITY JTDKZ IS
  PORT(CLK,SB,cnt,RST:IN STD_LOGIC;
       en,MR,MY,MG,BR,BY,BG: OUT STD_LOGIC;
       din:out STD_LOGIC_vector(7 downto 0));
END ENTITY JTDKZ;
ARCHITECTURE ART OF JTDKZ IS
  TYPE STATE_TYPE IS(A,B,C,D);
  SIGNAL p_STATE,n_state: STATE_TYPE;
  BEGIN
reg:PROCESS(CLK, rst) IS

    BEGIN
      if rst='1' then
      p_STATE<=A;

      ELSIF(CLK'EVENT AND CLK='1')THEN
      p_STATE<=n_state;
END IF;
end process reg;
com:PROCESS(sb,cnt,p_state)
begin
CASE p_STATE IS
    WHEN A=>MR<='0'; MY<='0'; MG<='1';
               BR<='1'; BY<='0'; BG<='0';
         IF(SB AND cnt)='1' THEN
            n_STATE<=B;
            din<="00000101"; EN<='0';
          ELSE
            n_STATE<=A;
            din<="01000101"; EN<='1';
         END IF;
WHEN B=>MR<='0'; MY<='1'; MG<='0';
             BR<='1'; BY<='0'; BG<='0';
         IF cnt='1' THEN
             n_STATE<=C; din<="00100101"; EN<='0';
         ELSE
           n_STATE<=B; din<="01000101"; EN<='1';
         END IF;
WHEN C=>MR<='1'; MY<='0'; MG<='0';
             BR<='0'; BY<='0'; BG<='1';
         IF cnt='1' THEN
             n_STATE<=D; din<="00000101"; EN<='0';
         ELSE
```

```
                        n_STATE<=C; din<="01000101"; EN<='1';
                END IF;
    WHEN D=>MR<='1'; MY<='0';  MG<='0';
                BR<='0'; BY<='1'; BG<='0';
            IF cnt='1' THEN
                n_STATE<=A;din<="01000101"; EN<='0';
            ELSE
                n_STATE<=D; din<="01000101"; EN<='1';
            END IF;
    END CASE;

    END PROCESS com;
    END ARCHITECTURE ART;
```

2. 计数器模块 JSQ

```
    LIBRARY IEEE;
    USE IEEE.STD_LOGIC_1164.ALL;
    USE IEEE.STD_LOGIC_UNSIGNED.ALL;
     ENTITY jsq IS
        PORT(en, RST: IN STD_LOGIC;
            Din: IN STD_LOGIC_VECTOR(7 DOWNTO 0);
            CLK:IN STD_LOGIC;
            Cnt: OUT STD_LOGIC;
        QH, QL:BUFFER STD_LOGIC_VECTOR(3 DOWNTO 0));
     END ENTITY jsq;
    ARCHITECTURE ART OF jsq IS
    BEGIN
    cnt<='1' WHEN (QH="0000" AND QL="0000") ELSE '0';

    PROCESS(CLK,en,RST)
    BEGIN
    IF RST='1' THEN
       QH<="0100";QL<="0101";
    ELSIF CLK'EVENT AND CLK='1' THEN
       IF en='0' THEN
            QH<=Din(7 DOWNTO 4);
            QL<=Din(3 DOWNTO 0);
    elsIF QL=0 THEN
            QL<="1001";
            IF QH=0 THEN
                QH<="1001";
            ELSE
                QH<=QH-1;
            END IF;
       ELSE
            QL<=QL-1;
     END IF;
    END IF;
```

```
END PROCESS;
END ARCHITECTURE ART;
```

12.5.4 设计步骤

（1）分析交通灯控制器功能及工作原理，画出结构框图。
（2）完成各个模块的输入、编译、综合及仿真分析。
（3）完成顶层原理图设计输入、综合及仿真分析。
（4）输入锁定到按钮、拨码开关，输出锁定到发光二极管、数码管，全局综合后下载，在实验系统上硬件验证其功能，并分析设计结果。

12.5.5 设计报告

根据以上的任务要求，将设计项目的设计原理、设计描述、设计仿真和硬件测试的详细步骤写入设计报告。

12.6 多路彩灯控制器

12.6.1 设计要求

设计一个 16 路彩灯控制器，要求如下：
（1）6 种花型循环变化；
（2）输出 16 个 LED 灯；
（3）可以选择快慢两种节拍。

12.6.2 设计方案

根据系统设计要求可知，整个系统共有 3 个输入信号：控制彩灯节奏快慢的基准时钟信号 CLK_IN，系统清零信号 CLR，彩灯节奏快慢选择开关 CHOSE_KEY；共有 16 个输出信号 LED[15..0]，分别用于控制 16 路彩灯。

整个彩灯控制器可分为两大部分，如图 12-7 所示：时序控制模块 SXKZ，产生节奏控制信号，设计方案选择产生基准时钟频率的 1/4 和 1/8 的时钟信号来改变节奏；显示控制模块 XSKZ，生成变化的花型信号。

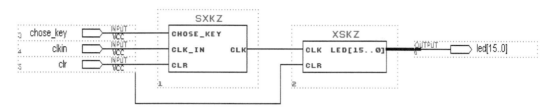

图 12-7　彩灯控制器组成原理图

12.6.3 VHDL 参考程序

1. 时序控制模块 SXKZ

```
LIBRARY IEEE;
```

```vhdl
USE IEEE.STD_LOGIC_1164.ALL;
USE IEEE.STD_LOGIC_UNSIGNED.ALL;
ENTITY SXKZ IS
  PORT(CHOSE_KEY:IN STD_LOGIC;
       CLK_IN:IN STD_LOGIC;
CLR:IN STD_LOGIC;
       CLK:OUT STD_LOGIC);
END ENTITY SXKZ;
ARCHITECTURE ART OF SXKZ IS
  SIGNAL CLLK:STD_LOGIC;
  BEGIN
    PROCESS(CLK_IN,CLR,CHOSE_KEY) IS
    VARIABLE TEMP:STD_LOGIC_VECTOR(2 DOWNTO 0);
    BEGIN
      IF CLR='1' THEN                              --清零
CLLK<='0';TEMP:="000";
      ELSIF RISING_EDGE(CLK_IN) THEN
        IF CHOSE_KEY='1' THEN                      --时钟分频
          IF TEMP="011" THEN
            TEMP:="000";
            CLLK<=NOT CLLK;
          ELSE
            TEMP:=TEMP+'1';
          END IF;
        ELSE
          IF TEMP="111" THEN
            TEMP:="000";
            CLLK<=NOT CLLK;
          ELSE
            TEMP:=TEMP+'1';
          END IF;
        END IF;
      END IF;
    END PROCESS;
    CLK<=CLLK;
END ARCHITECTURE ART;
```

2. **显示控制模块 XSKZ**

```vhdl
LIBRARY IEEE;
USE IEEE.STD_LOGIC_1164.ALL;
ENTITY XSKZ IS
  PORT(CLK:IN STD_LOGIC;
       CLR:IN STD_LOGIC;
       LED:OUT STD_LOGIC_VECTOR(15 DOWNTO 0));
END ENTITY XSKZ;
ARCHITECTURE ART OF XSKZ IS
TYPE STATE IS(S0,S1,S2,S3,S4,S5,S6);
  SIGNAL CURRENT_STATE:STATE;
```

```vhdl
    SIGNAL FLOWER:STD_LOGIC_VECTOR(15 DOWNTO 0);
    BEGIN
    PROCESS(CLR,CLK) IS
CONSTANT F1:STD_LOGIC_VECTOR(15 DOWNTO 0):="0001000100010001";
    CONSTANT F2:STD_LOGIC_VECTOR(15 DOWNTO 0):="1010101010101010";
    CONSTANT F2:STD_LOGIC_VECTOR(15 DOWNTO 0):="0011001100110011";
    CONSTANT F4:STD_LOGIC_VECTOR(15 DOWNTO 0):="0100100100100100";
    CONSTANT F5:STD_LOGIC_VECTOR(15 DOWNTO 0):="1001010010100101";
    CONSTANT F6:STD_LOGIC_VECTOR(15 DOWNTO 0):="1101101101100110";
--6种花型的定义
    BEGIN
     IF CLR='1' THEN
       CURRENT_STATE<=S0;
     ELSIF RISING_EDGE(CLK) THEN
       CASE CURRENT_STATE IS
         WHEN S0=>
             FLOWER<="ZZZZZZZZZZZZZZZZ";
             CURRENT_STATE<=S1;
         WHEN S1=>
             FLOWER<=F1;
             CURRENT_STATE<=S2;
         WHEN S2=>
             FLOWER<=F2;
             CURRENT_STATE<=S3;
         WHEN S3=>
             FLOWER<=F3;
             CURRENT_STATE<=S4;
         WHEN S4=>
             FLOWER<=F4;
             CURRENT_STATE<=S5;
         WHEN S5=>
             FLOWER<=F5;
         CURRENT_STATE<=S6;
         WHEN S6=>
             FLOWER<=F6;
             CURRENT_STATE<=S1;
       END CASE;
     END IF;
    END PROCESS;
    LED<=FLOWER;
END ARCHITECTURE ART;
```

12.6.4 设计步骤

（1）分析彩灯控制器功能及工作原理，画出结构框图。
（2）完成各个模块的输入、编译、综合及仿真分析。
（3）完成顶层原理图设计输入、综合及仿真分析。

（4）输入锁定到按钮、拨码开关，输出锁定到发光二极管、数码管，全局综合后下载，在实验系统上硬件验证其功能，并分析设计结果。

12.6.5　设计报告

根据以上的任务要求，将设计项目的设计原理、设计描述、设计仿真和硬件测试的详细步骤写入设计报告。

附录 A DE2-115 实验板引脚配置信息

DE2-115 是友晶科技公司研制的 FPGA 开发板,包含的主要模块:目标芯片 Cyclone IV E EP4CE115F29C7;存储器有 64MB×2 SDRAM、2MB SRAM、8MB Flash;通信端口 10/100/1000Mbps 以太网口×2、USB 2.0;时钟模块 50MHz×3 振荡器;SMA in/out Altera 串行配置芯片 EPCS64 等,如图 A-1 所示。

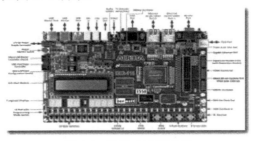

图 A-1 DE2-115 开发板

DE2-115 开发板设有拨动开关、按钮、发光二极管、数码管、时钟等常用输入/输出装置,其引脚配置情况见表 A-1~表 A-5。

表 A-1 拨动开关引脚配置

Signal Name	FPGA Pin No.	Description	I/O Standard
SW[0]	PIN_AB28	Slide Switch[0]	Depending on JP7
SW[1]	PIN_AC28	Slide Switch[1]	Depending on JP7
SW[2]	PIN_AC27	Slide Switch[2]	Depending on JP7
SW[3]	PIN_AD27	Slide Switch[3]	Depending on JP7
SW[4]	PIN_AB27	Slide Switch[4]	Depending on JP7
SW[5]	PIN_AC26	Slide Switch[5]	Depending on JP7
SW[6]	PIN_AD26	Slide Switch[6]	Depending on JP7
SW[7]	PIN_AB26	Slide Switch[7]	Depending on JP7
SW[8]	PIN_AC25	Slide Switch[8]	Depending on JP7
SW[9]	PIN_AB25	Slide Switch[9]	Depending on JP7
SW[10]	PIN_AC24	Slide Switch[10]	Depending on JP7
SW[11]	PIN_AB24	Slide Switch[11]	Depending on JP7
SW[12]	PIN_AB23	Slide Switch[12]	Depending on JP7
SW[13]	PIN_AA24	Slide Switch[13]	Depending on JP7
SW[14]	PIN_AA23	Slide Switch[14]	Depending on JP7
SW[15]	PIN_AA22	Slide Switch[15]	Depending on JP7
SW[16]	PIN_Y24	Slide Switch[16]	Depending on JP7
SW[17]	PIN_Y23	Slide Switch[17]	Depending on JP7

表 A-2　按钮开关引脚配置

Signal Name	FPGA Pin No.	Description	I/O Standard
KEY[0]	PIN_M23	Push-button[0]	Depending on JP7
KEY[1]	PIN_M21	Push-button[1]	Depending on JP7
KEY[2]	PIN_N21	Push-button[2]	Depending on JP7
KEY[3]	PIN_R24	Push-button[3]	Depending on JP7

表 A-3　LED 引脚配置

Signal Name	FPGA Pin No.	Description	I/OStandard
LEDR[0]	PIN_G19	LED Red[0]	2.5V
LEDR[1]	PIN_F19	LED Red[1]	2.5V
LEDR[2]	PIN_E19	LED Red[2]	2.5V
LEDR[3]	PIN_F21	LED Red[3]	2.5V
LEDR[4]	PIN_F18	LED Red[4]	2.5V
LEDR[5]	PIN_E18	LED Red[5]	2.5V
LEDR[6]	PIN_J19	LED Red[6]	2.5V
LEDR[7]	PIN_H19	LED Red[7]	2.5V
LEDR[8]	PIN_J17	LED Red[8]	2.5V
LEDR[9]	PIN_G17	LED Red[9]	2.5V
LEDR[10]	PIN_J15	LED Red[10]	2.5V
LEDR[11]	PIN_H16	LED Red[11]	2.5V
LEDR[12]	PIN_J16	LED Red[12]	2.5V
LEDR[13]	PIN_H17	LED Red[13]	2.5V
LEDR[14]	PIN_F15	LED Red[14]	2.5V
LEDR[15]	PIN_G15	LED Red[15]	2.5V
LEDR[16]	PIN_G16	LED Red[16]	2.5V
LEDR[17]	PIN_H15	LED Red[17]	2.5V
LEDG[0]	PIN_E21	LED Green[0]	2.5V
LEDG[1]	PIN_E22	LED Green[1]	2.5V
LEDG[2]	PIN_E25	LED Green[2]	2.5V
LEDG[3]	PIN_E24	LED Green[3]	2.5V
LEDG[4]	PIN_H21	LED Green[4]	2.5V
LEDG[5]	PIN_G20	LED Green[5]	2.5V
LEDG[6]	PIN_G22	LED Green[6]	2.5V
LEDG[7]	PIN_G21	LED Green[7]	2.5V
LEDG[8]	PIN_F17	LED Green[8]	2.5V

表 A-4 七段数码管引脚配置

Signal Name	FPGA Pin No.	Description	I/O Standard
HEX0[0]	PIN_G18	Seven Segment Digit 0[0]	2.5V
HEX0[1]	PIN_F22	Seven Segment Digit 0[1]	2.5V
HEX0[2]	PIN_E17	Seven Segment Digit 0[2]	2.5V
HEX0[3]	PIN_L26	Seven Segment Digit 0[3]	Depending on JP7
HEX0[4]	PIN_L25	Seven Segment Digit 0[4]	Depending on JP7
HEX0[5]	PIN_J22	Seven Segment Digit 0[5]	Depending on JP7
HEX0[6]	PIN_H22	Seven Segment Digit 0[6]	Depending on JP7
HEX1[0]	PIN_M24	Seven Segment Digit 1[0]	Depending on JP7
HEX1[1]	PIN_Y22	Seven Segment Digit 1[1]	Depending on JP7
HEX1[2]	PIN_W21	Seven Segment Digit 1[2]	Depending on JP7
HEX1[3]	PIN_W22	Seven Segment Digit 1[3]	Depending on JP7
HEX1[4]	PIN_W25	Seven Segment Digit 1[4]	Depending on JP7
HEX1[5]	PIN_U23	Seven Segment Digit 1[5]	Depending on JP7
HEX1[6]	PIN_U24	Seven Segment Digit 1[6]	Depending on JP7
HEX2[0]	PIN_AA25	Seven Segment Digit 2[0]	Depending on JP7
HEX2[1]	PIN_AA26	Seven Segment Digit 2[1]	Depending on JP7
HEX2[2]	PIN_Y25	Seven Segment Digit 2[2]	Depending on JP7
HEX2[3]	PIN_W26	Seven Segment Digit 2[3]	Depending on JP7
HEX2[4]	PIN_Y26	Seven Segment Digit 2[4]	Depending on JP7
HEX2[5]	PIN_W27	Seven Segment Digit 2[5]	Depending on JP7
HEX2[6]	PIN_W28	Seven Segment Digit 2[6]	Depending on JP7
HEX3[0]	PIN_V21	Seven Segment Digit 3[0]	Depending on JP7
HEX3[1]	PIN_U21	Seven Segment Digit 3[1]	Depending on JP7
HEX3[2]	PIN_AB20	Seven Segment Digit 3[2]	Depending on JP6
HEX3[3]	PIN_AA21	Seven Segment Digit 3[3]	Depending on JP6
HEX3[4]	PIN_AD24	Seven Segment Digit 3[4]	Depending on JP6
HEX3[5]	PIN_AF23	Seven Segment Digit 3[5]	Depending on JP6
HEX3[6]	PIN_Y19	Seven Segment Digit 3[6]	Depending on JP6
HEX4[0]	PIN_AB19	Seven Segment Digit 4[0]	Depending on JP6
HEX4[1]	PIN_AA19	Seven Segment Digit 4[1]	Depending on JP6
HEX4[2]	PIN_AG21	Seven Segment Digit 4[2]	Depending on JP6
HEX4[3]	PIN_AH21	Seven Segment Digit 4[3]	Depending on JP6
HEX4[4]	PIN_AE19	Seven Segment Digit 4[4]	Depending on JP6
HEX4[5]	PIN_AF19	Seven Segment Digit 4[5]	Depending on JP6
HEX4[6]	PIN_AE18	Seven Segment Digit 4[6]	Depending on JP6
HEX5[0]	PIN_AD18	Seven Segment Digit 5[0]	Depending on JP6
HEX5[1]	PIN_AC18	Seven Segment Digit 5[1]	Depending on JP6

续表

Signal Name	FPGA Pin No.	Description	I/O Standard
HEX5[2]	PIN_AB18	Seven Segment Digit 5[2]	Depending on JP6
HEX5[3]	PIN_AH19	Seven Segment Digit 5[3]	Depending on JP6
HEX5[4]	PIN_AG19	Seven Segment Digit 5[4]	Depending on JP6
HEX5[5]	PIN_AF18	Seven Segment Digit 5[5]	Depending on JP6
HEX5[6]	PIN_AH18	Seven Segment Digit 5[6]	Depending on JP6
HEX6[0]	PIN_AA17	Seven Segment Digit 6[0]	Depending on JP6
HEX6[1]	PIN_AB16	Seven Segment Digit 6[1]	Depending on JP6
HEX6[2]	PIN_AA16	Seven Segment Digit 6[2]	Depending on JP6
HEX6[3]	PIN_AB17	Seven Segment Digit 6[3]	Depending on JP6
HEX6[4]	PIN_AB15	Seven Segment Digit 6[4]	Depending on JP6
HEX6[5]	PIN_AA15	Seven Segment Digit 6[5]	Depending on JP6
HEX6[6]	PIN_AC17	Seven Segment Digit 6[6]	Depending on JP6
HEX7[0]	PIN_AD17	Seven Segment Digit 7[0]	Depending on JP6
HEX7[1]	PIN_AE17	Seven Segment Digit 7[1]	Depending on JP6
HEX7[2]	PIN_AG17	Seven Segment Digit 7[2]	Depending on JP6
HEX7[3]	PIN_AH17	Seven Segment Digit 7[3]	Depending on JP6
HEX7[4]	PIN_AF17	Seven Segment Digit 7[4]	Depending on JP6
HEX7[5]	PIN_AG18	Seven Segment Digit 7[5]	Depending on JP6
HEX7[6]	PIN_AA14	Seven Segment Digit 7[6]	3.3V

表 A-5　时钟信号引脚配置信息

Signal Name	FPGA Pin No.	Description	I/O Standard
CLOCK_50	PIN_Y2	50MHz clock input	3.3V
CLOCK2_50	PIN_AG14	50MHz clock input	3.3V
CLOCK3_50	PIN_AG15	50MHz clock input	Depending on JP6
SMA_CLKOUT	PIN_AE23	External (SMA) clock output	Depending on JP6
SMA_CLKIN	PIN_AH14	External (SMA) clock input	3.3V

参 考 文 献

[1] 王毓银，陈鸽，杨静，等. 数字电路逻辑设计.2版[M]. 北京：高等教育出版社，2005.
[2] 马建国，孟宪元. FPGA现代数字系统设计[M]. 北京：清华大学出版社，2010.
[3] 潘松，黄继业. EDA技术与VHDL[M]. 北京：清华大学出版社，2009.
[4] 谭会生，张昌凡. EDA技术及应用.2版[M]. 西安：西安电子科技大学出版社，2004.
[5] 卢毅，赖杰. VHDL与数字电路设计[M]. 北京：科学出版社，2001.
[6] 田耘，徐文波. Xilinx FPGA开发实用教程[M]. 北京：清华大学出版社，2008.
[7] 聂小燕，鲁才. 数字电路EDA设计与应用[M]. 北京：人民邮电出版社，2010.
[8] 徐欣，于红旗，易凡，等. 基于FPGA的嵌入式系统设计[M]. 北京：机械工业出版社，2005.
[9] 罗胜钦，毛志刚，张申科. 系统芯片（SOC）设计原理[M]. 北京：机械工业出版社，2007.
[10] 周立功. SOPC嵌入式系统基础教程[M].北京：北京航空航天大学出版社，2006.
[11] 陈云洽，保延翔. CPLD应用技术与数字系统设计[M].北京：电子工业出版社，2004.
[12] 赵峰，马迪铭，孙炜，等.FPGA上的嵌入式系统设计实例[M]. 西安：西安电子科技大学出版社，2008.
[13] 刘韬，楼兴华.FPGA 数字电子系统设计与开发实例导航[M].北京：人民邮电出版社，2006.
[14] 任爱峰，罗丰，等. 基于FPGA的嵌入式系统设计——Altera SoC FPGA.2版[M]. 西安：西安电子科技大学出版社，2014.